贵金属首饰制作工艺

第二版

王昶　袁军平 ◎ 编著

化学工业出版社

·北京·

内容简介

面对新的经营环境和激烈的市场竞争,珠宝首饰企业必须努力提高首饰制作的工艺水平和产品质量,增强珠宝首饰产品在国内、国际市场的竞争力,满足广大消费者对珠宝首饰产品的需求。为此编写了本书。

全书共分 13 章,系统全面地介绍了贵金属首饰的概念、分类与结构;贵金属首饰材料;贵金属首饰成色的检测原理与方法;传统贵金属首饰制作工艺;首饰制作工具及设备;首饰的失蜡铸造与蜡镶工艺;首饰的执模与镶嵌工艺;首饰的机械加工工艺;电铸工艺;首饰的表面处理工艺;首饰的先进制造技术;首饰制作中的贵金属回收和贵金属首饰的变色、保养与清洗等内容。

本书可作为大中专院校珠宝首饰专业教学使用或参考,也可作为珠宝首饰行业从业人员参考。

图书在版编目(CIP)数据

贵金属首饰制作工艺/王昶,袁军平编著.—2 版.
—北京:化学工业出版社,2021.4
ISBN 978-7-122-38443-0

Ⅰ.①贵…　Ⅱ.①王…②袁…　Ⅲ.①贵金属-首饰
-制作　Ⅳ.①TS934.3

中国版本图书馆 CIP 数据核字(2021)第 017998 号

责任编辑:邢　涛	文字编辑:温潇潇　陈小滔
责任校对:王　静	装帧设计:韩　飞

出版发行:化学工业出版社(北京市东城区青年湖南街 13 号　邮政编码 100011)
印　　装:北京印刷集团有限责任公司
787mm×1092mm　1/16　印张 16¾　字数 394 千字　2021 年 4 月北京第 2 版第 1 次印刷

购书咨询:010-64518888　售后服务:010-64518899
网　　址:http://www.cip.com.cn
凡购买本书,如有缺损质量问题,本社销售中心负责调换。

定　　价:88.00 元

前　言

我国的珠宝首饰业有着悠久的历史和光辉灿烂的文化。据考古发现，我国先民在商代就已开始用黄金制作首饰了，如在北京平谷区刘家河商代中期墓葬中，曾出土金臂钏两件、金耳环一件，在山西石楼商代遗址中也出土过金耳环。千百年来，我国首饰以其富有民族特色的造型设计和精湛的制作工艺，在世界上享有盛誉。

珠宝首饰业是文化创意产业的一个重要分支，得到了国家和多个地方的大力支持。改革开放以来，中国珠宝业以年均两位数以上的速度连续多年高速增长，被誉为都市里的朝阳产业。中国已成为世界著名的珠宝首饰加工制造基地，国际一线珠宝品牌的大部分珠宝首饰产品是在中国珠三角地区加工制作的。同时，随着经济的发展和消费能力的增强，我国现已成为全球最重要的新兴珠宝首饰消费市场。迄今我国黄金、铂金、玉石消费位列世界第一；钻石消费位列世界第二。此外，在我国，白银、水晶等时尚性装饰产品也大受青年消费者欢迎。随着我国加入 WTO 和经济全球化的影响，珠宝首饰产业既面临着新的机遇，更面临着严峻的挑战。尤其是近年来国际宏观经济环境不佳，对珠宝首饰行业造成了较大冲击，面对新的经营环境和激烈的市场竞争，珠宝首饰企业必须努力提高首饰制作的工艺水平，增强珠宝首饰产品在国内、国际市场的竞争能力。为此我们在 2008 年出版的《贵金属首饰材料与制作工艺》一书的基础上，结合这十多年来的技术发展以及未来的发展趋势，对原有内容进行了较大篇幅的更新与补充。本书共分 13 章，由广州番禺职业技术学院珠宝学院王昶教授和袁军平教授级高级工程师共同完成。具体章节的编写分工如下：前言、第1~4章、9章、13章由王昶编写，第5~8章、11章由袁军平编写，第10章、12章由王昶、袁军平共同编写。在编写过程中，我们得到了香港金银首饰工商总会永远荣誉会长、广州番禺职业技术学院名誉教授黄云光先生的大力支持和帮助，在此我们向黄云光先生表示由衷的敬意和感谢！在本书的编写过程中，我们还得到了广州番禺职业技术学院珠宝学院全体老师的支持和帮助，在此表示诚挚的谢意。

由于贵金属首饰材料与制作工艺技术发展很快，加之我们水平有限，书中存在的不当之处恳请各位专家、读者批评指正。

编著者
2020 年 8 月

目 录

第一章

绪　论

人类使用首饰的历史源远流长，首饰也是人类装饰自己的主要手段。早期的人类所使用的首饰材料有动物的牙齿、皮、骨头及贝壳、石子等。随着人类从野蛮走向文明，首饰的材料、种类发生了重大的变化。我国古代对黄金和白银的认识和利用，有着悠久的历史和灿烂的文化。

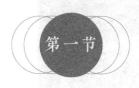

第一节　我国古代对黄金和白银的利用

一、我国先民对黄金的利用

黄金素有"百金之王""五金之长"之称。自从我国先民认识了黄金，它就被用于日常生活的诸多领域，如首饰业、货币制造业和工艺品制造业等。

1. 首饰用黄金

黄金是我国古代制作首饰的主要材料，它不仅可以单独制作首饰，如金戒指、金镯子、金耳环、金带钩、金冠、金项链等。同时还可以用作镶嵌有玉石、宝石、珍珠首饰的底座。在漫长的历史长河中，先民利用黄金创造了大量经典传世的不朽之作。据考古发现，我国先民在商代就已开始用黄金制作简单的首饰了。如在北京平谷区刘家河商代中期墓葬中，曾出土金臂钏两件（图1-1）、金耳环一件，在山西石楼商代遗址中也出土过金耳环。到了春秋战国时期，黄金制作工艺得到了极大的发展，即使是北方的少数民族亦能用黄金制作非常复杂的金冠饰，如1972年冬在内蒙古自治区杭锦旗阿鲁柴登匈奴墓中出土的金冠饰（图1-2），其工艺制作精良，立体构图，圆雕、浮雕技术并用，从黄金制作工艺上看，有范铸、镶镂、抽丝、编垒、镶嵌等，反映出匈奴民族巧妙的艺术构思和先进的黄金制作工艺。

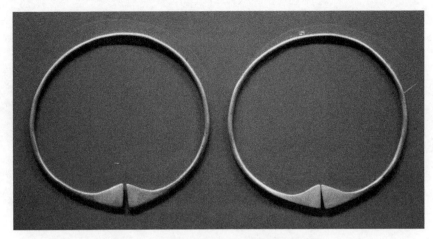

图 1-1　金臂钏（商代，现藏首都博物馆）

图 1-2　鹰顶金冠饰（战国，现藏内蒙古博物馆）

长沙五里牌汉墓出土的东汉镂空花金球（图 1-3），金球分扁圆、六方、圆形三种，用薄金片制成球形，周围用细金丝捻成边饰，空当处堆焊小如芝麻的金珠，粒粒可数，组织巧妙，造型别致精巧，堪称金饰中的精品。

湖南安乡刘弘墓出土的嵌绿松石龙纹金带扣（图 1-4）精彩地展现了我国西晋时高超的掐丝、金珠、焊接、镶嵌工艺。最值得称道的是龙体上如鱼子般的细小金珠，排列得均匀整齐、清晰光亮，颗颗能辨，肉眼几乎观察不到焊痕，工艺之精湛令人咋舌，代表了西晋时期的金珠加工及焊接水平。

在陕西西安东郊的唐代李倕公主墓中出土了集多种工艺、多种材质于一体的冠饰（图 1-5），用到包括金、银等十多种材料，采用了锤揲、鎏金、贴金、掐丝、镶嵌、金珠以及

图 1-3　镂空花金球（东汉，湖南博物馆藏）

图 1-4　嵌绿松石龙纹金带扣（西晋，湖南博物馆藏）

彩绘等多种工艺，充分展示了唐代高超的艺术与工艺水平。

图 1-5　复原的李倕冠饰（唐代）

凤簪是女子发髻上的主要装饰，江苏涟水妙通塔宋代地宫出土的元代金摩羯托凤簪是此类型中的精品，凤鸟曲颈昂首，用两枚金片分别锤揲后扣合而成。凤的脑后和颈部装饰羽翎，两翼平张。簪身呈管状，饰有细密的羽毛纹，见图1-6。

图1-6 金摩羯托凤簪（元代，淮安博物馆藏）

1972年江西南城朱佑槟夫妇墓出土了几件明代金簪（图1-7），簪首装饰的楼阁以花丝工艺制成，楼阁外绕树木，内设神殿，神殿内还有仙鹿白鹤，中间竟还有些不及米粒大的男女人物，姿态生动，工艺之精，令人叹为观止。

图1-7 明代累丝阁楼人物纯金发簪（明代，国家博物馆藏）

1958年7月北京十三陵出土的明代万历皇帝的金丝翼善冠（图1-8），其结构巧妙，制作精细，金丝纤细如发、编织匀称紧密，工艺精湛。

故宫博物院收藏的清代金累丝龙戏珠纹手镯，见图1-9，主要采用錾金、累丝、点翠等工艺加工而成。每环外錾龙双双缠绕，龙首相对，张口衔珍珠一颗，边沿錾联珠纹做装饰，寓意"双龙戏珠"。局部纹饰用蓝色点翠，内环满錾灵芝纹，是手镯中的精品。

图 1-8 金丝翼善冠（明代，现藏北京定陵博物馆）

图 1-9 金累丝龙戏珠纹手镯（清代，故宫博物院藏）

2. 货币用黄金

我国古代所使用的流通货币有许多种，但主要是铜币、银币和金币。其中铜币和银币较常见，而金币则较少见。中国最早出现的金币，是在战国时期的楚国制成的。楚金的形状主要为版形和饼形。这种金币是在一大块金饼上加盖十几个小方形钤记而成。钤记的文字主要有"郢爰"，郢即楚国的都城（现湖北荆州西北纪南城）；"陈爰"，因楚顷襄王二十一年（公元前 278 年）郢失陷后迁都于陈（现河南淮阳）。

郢爰，是楚国通行的金币，有出土实物为证。整版郢爰于 1969 年春，首先发现于安徽六安陈小庄一处楚金窖藏，出土郢爰大小共 7 块，其中有两块是完整的，分别重 268.3g 和 269.8g，每件面上打有"郢爰"二字的印记 16 个。

1970 年在安徽临泉艾亭集西南出土了被切割的陈爰。1972 年又在陕西省咸阳市窖店公社西毛大队路永坡村发现了 8 件完整的陈爰。1982 年江苏省盱眙县穆店公社的南窑庄出土楚汉金币窖藏中，有 2 块是至今发现最大，印记最多的郢爰，其中一块面钤印郢爰阴文印记纵 6 行，横 9 行，共 54 个印记，另有半印 6 个；另一块面钤郢爰阴文印记纵 5 行，横 7 行，共 35 个印记，另有半印 11 个。

此外，1984 年河北省灵寿县北 30km 岔头村战国早期的一座中山国墓，出土金贝四枚，金贝是无文字，仿海贝形状铸造的，也是有唇、齿纹。这是战国中早期的金贝币。

1929 年陕西兴平市念流寨出土秦代金饼七枚，是战国晚期至秦代的遗物。1963 年在临潼区武家屯发现金饼八枚，是战国晚期的秦国器物。以上两地出土的金饼形制基本相同。临潼武家屯出土的八个金饼，其形制为：直径 6cm，圆形薄身，通体光素，含金量达 99％，可见当时先民们已掌握了相当高的黄金提纯技术，金饼色泽金黄，净重为 250g（即五市两）。其中五个，正面阴刻篆书"四两半"。

金饼是汉代的重型金币。汉武帝太始二年（公元前 95 年），诏令将金饼铸成马蹄形、麟趾形，名为马蹄金和麟趾金。2011 年，位于江西南昌的西汉海昏侯墓，开始考古挖掘，出土金饼 400 多枚，马蹄金、麟趾金、金板若干，总重达 120kg。这是迄今为止发现的汉代墓葬中黄金最多的。所有黄金制品的纯度最低为 98％，多数为 99％以上。

上述出土的金饼（包括马蹄金和麟趾金），个体重量虽然不同，但绝大多数接近一个固定数值，即汉代的一斤。使用的方法可能和郢爰一样，主要是称量使用，也可以剪切通行。东汉很少用黄金，重要的原因与王莽的黄金国有政策有关。王莽在居摄二年（公元 7 年）发行错刀契刀，目的是收买黄金，同时规定侯以下不得挟黄金，王莽死时，"省中黄金万斤者为一匮，尚有六十匮，黄门、钩盾、藏府、中尚方处处各有数匮"。据彭信威《中国货币史》以黄金七十匮计算，计七十万斤（王莽时的斤），约合 179200kg，与罗马帝国的黄金储量 179100kg，基本相同。

金币到北朝时趋于减少，其原因或许是黄金更多地用于器物和装饰，黄金的产量没有增加，有许多黄金长久埋在地下，因而导致在货币流通中黄金大大减少，它的价格腾贵，其结果是黄金不再以斤作为计量单位，而代之以两计。后魏时，金币除饼形之外，还出现铤（锭）的形式。

唐代以铜钱作为主要货币，黄金偶尔也作为支付手段，文献中记载黄金用作支付时，首先需将黄金变卖成铜钱，然后才能支付。唐代币用黄金铸成的形状主要为铤状，《唐大诏令集》记载，开元二年（公元 714 年）唐玄宗下《禁金玉饰绣敕》："所有服饰金银器物，令付有司，令铸为铤，仍别贮掌，以供军国"。

唐以后各朝代，出土实物中金币渐少。金属货币除铜币外，银币的用量逐渐增多。

清末的黄金币，只有同治年间，新疆的耶库粕（Yaakub Bog）在喀什噶尔铸造铁勒金币，是土耳其式金币，上面全是回文。光绪二十二年至二十三年（1896—1897 年），天津造币厂铸造的响金（一钱、二钱两种），背为龙纹，环以回文，这是在天津所铸而且使用过的黄金货币。

3. 工艺品及饮食器皿用黄金

我国古代工艺品以青铜器、玉器、木器、银器最多，但也有一批优质的金器。这些金器按其用途可分为饮食器、乐器、法器等。

1978 年在湖北省随县擂鼓墩发掘的战国早期曾侯乙墓葬中，出土一金盏和金匕（图 1-10）。盏似碗形，有耳、有足、带盖，盏高 10.7cm，口径 15.1cm，足高 0.7cm，重

2150g。金匕出土时置于盏内，长 13cm，重 50g，匕端略呈椭圆凹弧形，内镂空云纹。此盏、匕为饮食器无疑。

图 1-10　金盏和金匕（战国，现藏湖北省博物馆）

　　1970 年，在西安南郊何家村出土了一批唐代窖藏金银器，其中有两件鸳鸯莲瓣纹金碗，高 5.5cm，口径 13.7cm，足径 6.7cm。据有关资料记载，金碗乃皇家所用的酒器，容一斤许。

　　我国古代乐器按制作材料，可以分为金、石、丝、竹、匏、土、革、木八种，即所谓的"八音"，金有青铜质、铜质，而黄金质的乐器极少见。曾侯乙墓出土的青铜质编钟，曾令中外震惊。故宫博物院收藏的一套清代康熙五十四年制纯金编钟，共 16 枚（图 1-11）。编钟大小基本相同，中空，以壁的厚薄调节音高，钟高 21.2cm，钮高 6cm，厚 1.2～2.1cm，外形略呈椭圆形、腰径外鼓。上径 13.6cm，中径 20.6cm，下径 16.2cm 全套金钟共重 460818g。

　　佛教在我国古代生活中占有十分重要的地位，崇佛最盛的两个朝代可能是唐朝和清朝。唐朝诸皇帝都曾将佛指舍利迎入内宫以殊礼供奉，当然倡佛的表现形式，一方面是寺庙林立僧众增多；另一方面是以至贵之物为佛、菩萨造像和打造各种法器，以示敬重、虔诚，祈求赐福，其级别最高的便是皇家以纯金所造者。1983 年陕西扶风法门寺地宫中出土唐代金银器 121 件，其中与佛教有关的造像和法器有：捧真身菩萨一尊、香案、舍利棺椁、宝函、锡杖、如意、钵盂等。其中捧真身菩萨通高 38.5cm，重 1926g。故宫博物院藏有清乾隆年间所造镶珍珠金立佛一尊，佛高 49cm。有镜彩石金曼达法器一件，呈圆筒形，高 7.2cm，直径 18.4cm，法器中央为圆形七级高坛，坛顶镶红色半球形彩石一粒。

二、我国先民对白银的利用

　　自从我国先民认识了银矿物，并掌握了冶炼银矿石的技术后，白银这种贵金属材料，就被广泛地用于日常生活的诸多领域，如制造首饰、铸造货币、制作工艺品及器皿等。

图 1-11　金编钟（清代，现藏故宫博物院）

1. 首饰用白银

由于白银柔软坚韧，具有较好的延展性，易于加工成型。因此在首饰制作方面与黄金一样具有悠久的历史。如 1951 年 11 月在河南辉县固围村 5 号战国墓出土的包金镶玉嵌琉璃银带钩（图 1-12），用白银铸造，整体长 18.4cm，宽 4.9cm，造型优美，整体铸成浮雕式的兽首和长尾鸟形象，采用鎏金、镶嵌、錾刻等多种方法，将不同质地、不同色泽的材料，巧妙地配合使用，使不同色彩的对比非常和谐，产生绚丽多彩的装饰效果，反映了当时金银工艺的水平。

在法门寺塔基地宫中出土的金银器中，发现了"文思院造"的铭文款识，证明在唐代已建立了掌管宫廷金银等珍贵器物制作的专门机构。其中，鎏金双蜂团花纹银香囊（图 1-13）是迄今发现的唐代香囊存世品中最大的一枚，它锤揲成球体，通体镂空，部分纹饰鎏金。上下半球体以合页铰链相连，钩状司前控制香囊之开合，香囊内的香盂铆接于双层持平环上，环又与下半球形铆接，无论球体如何滚动，香盂面始终保持平衡，说明近代用于航海、航空的陀螺仪原理，早在唐代已被我国工匠所掌握。

1986 年，在内蒙古自治区通辽市奈曼旗青龙山陈国公主墓出土的银冠饰，高31.4cm，口径 18cm。该银冠系用银丝连缀 16 片镂雕鎏金薄银片制成。银片上以镂雕的几何纹作地，玲珑剔透，每片边缘呈卷云形，向上攒聚为如意形。冠正面、后面及两侧面均錾有凤凰、云朵图案。正面还缀有对称的云雕鎏金金银凤凰一对，及 22 件镂雕凤凰、花卉、宝珠纹饰的圆形鎏金银牌。

图 1-12　包金镶玉嵌琉璃银带钩（战国，现藏中国国家博物馆）

图 1-13　鎏金双蜂团花纹银香囊（唐代，陕西省法门寺博物馆藏）

2. 货币用白银

我国古代使用的流通货币有许多种，但主要是铜币、金币和银币，其中铜币最为常见，银币次之，金币最少。

根据现代考古资料证实，白银用作货币最早出现在战国时期。1974 年 8 月，河南省扶沟县古城村出土了白银制作的货币——银布，共计 18 枚，总重 3072.9g。1974 年，河北省平山县中山国王墓出土银贝四枚，无文字，是仿海贝形状铸造的。正面一道贝唇，两俯视有若干条贝齿。

我国古代把白银用作货币大量使用，是在唐宋以后。1956 年 12 月西安市北郊唐大明宫遗址范围内出土的四块唐银铤，呈笏板状，记重均为"五拾两"。1970 年，西安何家村唐代窖藏出土了银饼和银铤，这些银饼系浇铸而成，为不规则圆形，中间略厚于周边。其中 1 件錾刻铭文"怀集县开十庸调银拾两专当官令王文乐典陈友匠高童"。其刻字的一面有一圆形补疤，应是为达到十两的重量而补加的。1982 年，江苏扬州出土的唐银为束腰船形复置似案的银铤。铤或银一笏，皆指当时五十两，"铤"是正式规定的白银的计算单位名称。

宋代的银币形制是束腰状的银铤。宋代的大银铤重 50 两，小银铤 25 两、12 两许、7 两许、3 两许等。大银铤两端多呈弧形、束腰形，多有记地、记用、记重、官吏、匠人名称等。

元代进一步建立了银本位制，把白银作为一种主要货币，把以银为"钞母"的"交钞"称为"银钞"，各种"岁课"多用"银钞"，已很少征收实物。据《新元史·食货志·钞法》记载，"至元三十年八月诏：诸路交钞库所贮银九十三万六千九百五十两，除存留十九万二千四百五十两为钞母，余悉数运于京师"。元以前锭作铤，此后又名银锭为"元宝"。1957 年江苏句容赤山湖边出土元银两锭，两端圆弧，束腰形，表面微凹，背面蜂窝状，面文有"平准，至元十四年，银伍拾两"等字，背铸"元宝"二字，长 14.5cm，厚 3cm，重分别为 1895.94g、1897.19g。1966 年河北怀来县小南门姑子坟出土一枚元代银锭，正面铭文"肆拾玖两玖分又壹分""行人郭义"，有"金银梁铺"戳记，右上有元代押一方，右下有元代押二方，下有"使司"戳记各一方，中左有不明长方戳记等。元银常有"行人"名字，为专司检验银锭成分的人，这锭白银正说明白银在民间仍在流通。

明代，银币成为正式货币。世宗嘉靖年间，规定各种铜钱对白银的比价，当时嘉靖钱每七百文合银一两，洪武等钱千文合银一两，前代钱三千文合银一两。这种银钱比价，变换了几次，但维持不住。这种钱、银的比价，接近银钱两本位制。但白银仍没有成为铸币，仍是以各种形式和大小的银锭元宝来流通。

清代的白银名称和形式、种类繁多。大体可分为四种，元宝，一般称为马蹄银，又叫宝银。形制高其两端，以 50 两为标准。间亦有方形者，称为方宝或槽宝。中锭，重约十两，也有各种形式，多为锤形，也有非马蹄形的，叫作小元宝。小锭，又称锞子，其形状有多种，以呈馒头形为最多，重量由一二两至三五两。凡重量在一两以下，叫做散碎银子，如滴珠、福珠、板银等。清政府规定以纹银为标准，成色为 935.347‰，这不过是全国性的假想的标准银，实际上并不存在。银色十分纷繁，流通时很不方便，外国银元流入内地不久，便大受欢迎。

银元这种大型的银币，15 世纪末始铸于欧洲，明万历年间（1573—1620 年）开始流入中国。清康熙年间，流入中国的外国银币，有西班牙的双柱（pillar dollar）、法国银元（e'cu）、荷兰银元（rixdollar）、威尼斯银元（duccatoon）。乾隆初年中国最通行的银币有三种：马钱（荷兰）、花边钱（西班牙双柱）、十字钱（crusado，葡萄牙银币）。中国正式铸造圆形银币是乾隆五十八年（1793 年），名为"乾隆宝藏"，又称"章卡"，分重一钱五分、重一钱、重五分三等，不过只行于西藏。嘉庆、道光年间改铸嘉庆宝藏，道光宝藏，这种宝藏与当时国内流行的银元不同，是仿西藏原来的银币，形式很薄小。嘉庆年间，银业方面曾仿造新式银元，因贬值而被禁止。道光年间，为供助军饷，发行两种银币：一是道光十八年（1838 年）在台湾铸造的，币面铸寿星像，像下铸有"库平柒贰"四字，像左篆书"道光年铸"，背铸一鼎，上下左右各有一满字，初重七钱二分，以后减重；二是道光二十四年（1844 年）在漳州铸造没有图纹的"漳州军饷"银元。道光年间各地都曾铸造银币，咸丰间，上海有几家船商曾发行银饼。四川在光绪年间曾铸造一种卢比，俗称四川卢比，用光绪的半身像，这是中国最早的以人像为币纹的银圆。

中国机器铸造银币始于吉林，但大规模机铸银元自光绪十五年（1889年）从广东造币厂开铸"龙洋"开始。"龙洋"面文"光绪元宝"，背为蟠龙，其上为"广东省造"，下为"库平七钱三分"（光绪十六年改为七钱二分）。宣统二年（1910年），清政府颁布《币制则例》，规定银元为主币，每枚重库平七钱二分含纯银九成，合六钱四分八厘。银币在清朝广泛使用，就连清政府与列强签订的赔款条约，都是以白银计算的。

1914年颁布《国币条例》，铸造袁世凯头像银元，俗称"袁大头"。1933年颁布《银本位币铸造条例》，规定每枚银元总重26.6971g，含纯银23.4934g，并铸帆船图案的"船洋"，直到1935年禁止流通。

3. 工艺品及器皿用白银

我国古代的工艺品以青铜器、玉器、木器和金银器为主。其中又以银器为最。这些银器根据其用途又可分为饮食器、法器等，为皇亲贵戚、王公大臣、富商巨贾享用。

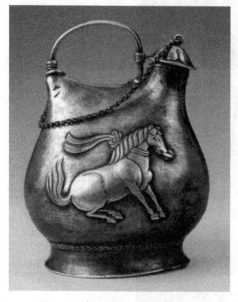

图1-14　舞马衔杯纹皮囊式银壶
（唐代，现藏陕西省历史博物馆）

图1-15　银槎杯（元代）

在安徽寿县出土的战国时期的"楚王银匜"，高4.9cm，口径11.8～12.5cm，重100g。匜流下面的腹部刻有"楚王室客为之"六字。匜外的底部则刻有"室客十"三字，经考证此为楚王招待宾客宴饮的酒器。这也是我国目前发现最早的银质器皿之一。1970年在西安何家村唐代窖藏金银器中，有一件舞马衔杯纹皮囊式银壶（图1-14），高18.5cm，口径2.3cm。造型采用了我国北方游牧民族携带的皮囊和马镫的综合形状。扁圆形的壶身顶端一角，开有竖筒状的小壶口，上置覆莲瓣式的壶盖。盖顶和弓状的壶柄以麦穗银链相连，壶身下焊有椭圆形圈足。这种仿制皮囊壶的形式，既便于军旅外出时携带，又便于日常生活的使用，可见设计之巧妙，工艺之精湛。此外，1982年在江苏丹徒丁卯桥发现一大型唐代银器窖藏，出土银器900件，其中有鎏金龟负论语玉烛银酒筹器，高34.2cm，筒深22cm，龟长24.6cm，由龟座和圆筒组成。这件酒器造型奇妙，纹饰华丽，具有很高的工艺水平。除了上述银器皿外，出土的银器还有许多，除了酒器外，还有茶具和工艺装饰品等不胜枚举。

元代金银器制作中涌现出一些著名的匠人，如朱碧山、谢君羽、君和以及闻宣等，他们的作品在社会上享有很高的知名度。朱碧山制作的银槎杯（图1-15）以白银铸成独木舟状，中空可以贮酒，槎和人均为铸成后再加雕琢而成，具有传统绘画与雕塑的特点。作品将制作者的人品、境界与修养等诸多因素巧妙地融于一体，极富首饰匠人的个人色彩，堪称金银器物中罕见的精品。

清代的宫廷金银细工工艺分工很细，创作了许多精美的银工艺品，现藏于故宫博物院的银累丝花瓶（图1-16）即为其中的代表作。它通体用三种粗细不等的银丝累成菊花形，以很粗的银方丝焊接为胎，用较粗的银圆丝累卷草图案，用细圆丝在轮廓外累卷须，每个菊瓣内有均匀细腻的凤状花叶纹，通身累丝灵透，饶有异趣。

图1-16　银累丝花瓶（清代，故宫博物院藏）

银在佛教、法器方面的应用很多，也留下了一大批精品。1983年在陕西扶风法门寺地宫出土的唐代金银器121件，其中用白银制作的典型的法器有迎真身银金花十二锡杖和鎏金双鸳团花银盆等。锡杖浇铸、钣金成型，纹饰鎏金，鱼子纹地。杖首有垂直相交的四股银丝，盘曲成两个桃形外轮。每股各套扁圆形折鎏花锡环三枚，共十二环。轮心的杖顶有三层"莲座"托五钴金刚杵一枚；杵尖又有四层"莲座"托宝珠一枚；其上的轮顶为五层"莲座"，又托宝珠一枚。杖身中空，錾刻有手持法铃、身披袈裟立于莲台之上的僧人十三体。锡杖通体刻花，杖上段刻四出团花，衬忍冬花。杖身中段刻六出团花，衬缠枝蔓草鱼子纹，间以蜀葵。下段錾刻一整两破式的二方连续团花图案，并衬以流云纹。整体造型装饰，雍容华贵，制作精绝，在国内是仅见的等级最高的金银质银杖。

第二节　贵金属首饰发展概述

一、首饰的起源

人类使用首饰的历史非常悠久，早期的人类所使用的首饰材料有动物的牙齿、皮革、骨头、贝壳和石子等。随着人类从野蛮走向文明，生产力的逐步提高，人类所使用的首饰材料也发生了极其重大的变化。

1. 石器时代

首饰是一种装饰人体的工艺品，最原始的首饰可以追溯到人类的石器时代，19000 年前，北京周口店的"山顶洞人"就使用由兽骨、兽牙和贝壳等材料穿孔，并用赤铁矿粉末染成红色的串饰，被当作美的象征而长期佩戴。这是迄今考古发现的最早的一件首饰，它标志着我们的祖先从那时起就进入了新的文明阶段。对于这一现象，我国著名的古人类学家贾兰坡分析说："很可能是当时被公认为英雄的那些人的猎获物。每得到一个这样的猎获物，即拔下一颗牙齿，穿上孔，佩戴在身上作标志。"这些穿孔的牙齿全是犬齿。为什么要使用犬齿？贾兰坡指出："因为犬齿齿根较长，齿腔较大，从两面穿孔易透。另一方面犬齿在全部牙齿中是最少也是最尖锐有力的。最尖锐的牙齿更能表现其英雄。"这种原始装饰品的出现，主要是用来满足人们心理上的愉悦，它包含着人们对自然，对人类社会的认识观和原始宗教观，它是充满幻想色彩的。在石器时代，人们用硬度大且带有利刃的石头制作工具进行生产劳动，而首饰便是人类除石制工具外，制造的第一种物品，它必然与早期的人类活动密切相关。从石制工具的制造到装饰品的出现二者之间经历了漫长的数十万年的时间。

向自然索取食物，需要勇敢和力量，没有比野兽更大的力量是捕获不到动物的；躲避抵抗猛兽的侵害也需要勇敢和力量，人类为了生存发展，就需要不断地与野兽搏斗，因此佩戴用野兽的骨骼和牙齿，以及自然界中的美石制作而成的饰品，表示自己可以战胜野兽，使原始人得到强大的精神力量，在生存斗争中，变得更加勇猛、机敏、更有力量。也就是说，这些装饰品最初是作为人类在劳动中的智慧、勇敢和力量的象征而被佩戴的。同时也说明一个问题，首饰起源于人类的狩猎时期，是由那些勇敢、智慧的部落首领或英雄首先佩戴的。因此，原始人在制造和使用石制工具的同时，将动物的牙齿、骨骼和自然界的美石切磨、穿孔串在一起而成的串饰，就成了人类历史上最早的首饰。这样，首饰不仅成了美化人类自身的一种物质，而且还是一种象征权力、意志、力量、勇敢和财富的标志。

2. 原始首饰观

原始人类的物质生产水平十分低下，以现代人的观念去分析古代，或按现代人的逻辑去推断原始首饰的起源和发展，会与实际情况产生相当大的距离，这种"不可知性"导致了多种观点共存的局面。

功能说认为，在实用性领先原则基础上，以发展生产工具为起点的旧石器时代，石斧、骨针、贝壳刀等工具不仅能给人们带来实用的功利，同时也带来了制造的愉快和使用的快感。这种所谓精神因素可以提醒原始人，将一些轻巧的工具（如骨针）随身保存起来。当然，最方便的就是挂在身上不影响劳动的地方，反映着佩戴者在集体劳动中所起的作用和所处的地位。但这种推论尚缺乏可靠的证据，甚至显得有些牵强。

生存说从原始人的精神世界入手，分析了在原始社会精神文化中存在的互为矛盾又相互渗透的两个方面：一方面是朴素的自然观，围绕着生存和生产必需的自然知识，通过调节、选择、适应的过程，逐步积累经验；另一方面是神秘的自然观，认为世间万物都受某种无形的"超自然力"的支配。

美化说认为，人们不打扮自身，不戴装饰物，照样可以生存，因此用"生存说"难以解释装饰的起源。装饰是人类物质生活发展到一定阶段、审美意识觉醒后的产物。人们对自然物进行选材、加工，以期能达到对称、光滑或崇拜物的形态，随身佩戴，保佑并美化自己，表现出群体特征或个体地位和尊严。武士把射杀的猎物牙齿作为饰物佩戴，体现出胆识和力量，这对于群体中的异性也会有特别的吸引力。

异化说则认为，人类在发现自然的同时，努力吸取着猎物的长处，渴求达到某些动物天生具有，而人却力所不能及的能力，如鸟的飞翔能力，猛兽的撕咬能力等等。早在旧石器时代中期，人类就开始将鸟的羽毛装饰在身上，佩戴野兽牙制成的项链，以期从装饰中"吸收"野兽的功能来强化自己。随着人类自我意识的觉醒和原始宗教的形成，装饰的原始幼稚动机逐步被图腾文化所取代，首饰成为追求美和宗教信仰的代表物。

综上所述，首饰意识的产生，是从偶然的触发、再现，到有意识的追求。劳动生活和自然景观的节奏中所体现出来的韵律、对称、连续、间隔、重叠、单独、组合、粗细、疏密、反复、交叉、错综统一等自然规律，都逐渐被自觉地掌握和表现在首饰的制作上，从而使首饰成了美丽和宝贵的象征品。

首饰的形成和演变，在一定程度上反映了各个时代生产力和民族文化的发展水平，尤其是对首饰的取材用料上，更能窥见社会发展和时代变迁的痕迹。例如玉石首饰，它是随新石器时代的到来而产生和演变的，从就地取材到按需寻觅，从仿造自然到有意识地雕凿创造，从采玉技术、鉴别能力、加工工具到刻凿雕刻技术，人们的思维能力和审美观念，在首饰制作上得到了充分的发挥，显示了人类无与伦比的智慧。而金属首饰则是人类在掌握了从自然界矿石中冶炼金属以及对金属进行加工的工艺之后才产生的。

二、 贵金属首饰的发展历史

贵金属首饰是指以贵金属材料（黄金、白银、铂金、钯金等）为主体材料制作的供人们佩戴的装饰品。

贵金属具有优良的物理化学性能和价值贵重属性，理所当然地成为首饰业首选的制作材料。在漫长的首饰发展史中，以黄金、白银为材料的金银首饰长期占据着首饰制造业中的主导地位。每一时期的金银首饰都具有其特定的历史文化内涵以及相应的制作工艺特点。

（一）我国古代金银首饰的发展

1. 夏商周时期

据目前考古资料，夏代尚无贵金属制作的器物出土。

商代金器的分布范围主要是以商文化为中心的中原地区，以及商王朝北部、西北部和偏西南的少数民族地区。在今河南、河北、山东、山西、内蒙古、甘肃、青海及四川等地，都曾发现过这一时期的金器。总的来说，这一时期的金器，形制工艺比较简单，器形小巧，纹饰少见，大多为装饰品。在形状和偶有发现的纹饰上，地区文化的特点十分明显。商王朝统治区的黄金制品，大多为金箔、金叶和金片，主要用于器物的装饰，如河南郑州商城遗址出土的金片上，压印有夔龙纹；河南安阳殷墟出土的金箔，厚度极薄；河北藁城台西村商代遗址出土的金片上，阴刻有云雷纹。在商王朝西北部地区出土的黄金制品，主要是供人佩戴的黄金首饰，如北京昌平刘家河商代墓葬中出土的金臂钏、金耳环、金笄等，不但器形完整，而且集发饰、耳饰、臂饰等成系列发现，颇为珍贵。其中金臂钏系用直径 0.3cm 的金条相对弯成环形，环两端呈扇面形；金笄长 27.7cm，器身一面光平，一面有脊，截断面呈三角形，尾端有榫状结构。臂钏与耳环似用锤揲法制成，金笄则为范铸成型。在山西保德林遮峪商墓中还出土有金丝，说明当时先民们就已能将黄金加工成细丝了。在这一时期出土的金器中，最令人瞩目的，是四川广汉三星堆遗址出土的一批金器，不仅数量多，而且形状别具一格。在已发掘的一号和二号祭祀坑中，出土了金杖、金面罩、金叶、虎形金饰、鱼形金饰及圆形金饰等。其中颇为独特的金面罩，系用纯金皮模压而成，双眉双眼皆镂空，鼻部凸起，高 9cm，残宽 22cm。此外金杖和各种金饰件，也都是商文化及其他地区文化所未见的，可知当时蜀文化已具有较高的文明。

西周时期则已经出现了金银平脱工艺。在北京琉璃河西周燕国墓中出土了一件木胎漆觚，器身上镶有三道金箔，下面的两道金箔上还嵌有绿松石。这是迄今发现最早的一件金平脱器。

2. 春秋战国时期

战国以前出现的金银器，造型极为简单。到了战国时期，社会变革带来了生产、生活领域中的重大变化，中国金银首饰有了新的进步，贵金属冶炼技术逐步提高，首饰制作工艺也得到较大提高，并已掌握了鎏金技术。从出土的金银器范围来看，区域明显扩大，金银器的形状种类增多，从金银器的艺术特色和制作工艺看，南方和北方差异较大。

北方出土金银器的匈奴墓葬，以内蒙古自治区杭锦旗阿鲁柴登、准格尔旗西沟畔和陕西神木纳村高兔等最为重要。在内蒙古自治区杭锦旗阿鲁柴登出土了迄今最为珍贵的匈奴王遗物。其中金器 218 件，重约 4000g，银器 5 件。金器品种极为丰富，有鹰形金冠顶、金冠带、长方饰牌、虎形饰片、羊形饰片、刺猬形饰片、鸟形饰片、鸟形圆扣、金串珠、金锁链、金项圈及金耳坠等。金银器的制作方法包括范铸、锤揲、镂镂、编垒、掐丝、镶嵌等，几乎使用了金细工艺中的一切技术，足以代表战国晚期匈奴族金细工艺的技术水平和艺术造诣。

这个时期，在中原地区的墓葬遗址中，以陕西宝鸡益门村 2 号秦国墓葬、河南洛阳金村古墓、河南辉县固围村魏国墓地、河北平山县中山王墓出土的金银器最有代表性。其中陕西宝鸡益门村 2 号墓出土的金器全部系浇铸而成。河南辉县固围村魏国墓出土的一件包金镶玉琉璃银带钩，底为银托，面作包金构成蟠龙等浮雕图案，并嵌以白玉玦和琉璃珠，带钩部用白玉雕成鸭头状。整个带钩采用多种材料和工艺制成。

这个时期，在南方地区出土的金银器数量不多，如浙江绍兴 306 号战国墓葬中，出土了玉耳金舟，为迄今在该地区发现的最早金器之一。说明金玉结合工艺在南方已经出现。最为重要的发现是湖北随县曾侯乙墓出土的一批金器，其中包括金盏、金杯、金器盖、金漏勺、金带钩和金箔等。

3. 秦汉时期

秦代金银器迄今为止极为少见。曾在山东淄博窝托村西汉齐王刘襄陪葬器物中，发现一件秦始皇三十三年造的鎏金刻花银盘。此外，在陕西临潼秦始皇陵的俑坑中，曾出土了圆形带孔大金泡。在 2 号铜车马上亦发现了金银制附件。根据研究，秦朝的金银器制作已综合使用了铸造、焊接、掐丝、嵌铸法、锉磨、抛光、多种机械连接及胶粘等工艺技术，而且达到很高的水平。

汉朝是一个国力强盛、充满朝气的王朝，其金银器制造已具有相当规模，当时统治阶级拥有大量黄金，西汉皇帝多以黄金赏赐臣下，甚至铸造金饼、马蹄金等金币投入流通领域。汉代的金银制品，除继续使用包、镶、镀、错等方法装饰铜器和铁器外，还将金银制成金箔或泥屑，用于漆器和丝织物上，以增强富丽感。最为重要的是，汉代金细工艺逐渐发展成熟，最终脱离青铜工艺的传统技术，走向独立发展的道路，使金银器的形制、纹饰以及色彩更加精巧玲珑，为以后金银器的发展繁荣奠定了基础，也让汉朝的金银首饰艺术呈现多元发展的态势，出现了色彩丰富的纹饰，独具风采。与先秦时期成型方法相比，汉代多以锤揲、焊接法成型，范铸成型减少。图案花纹的加工，一般是先锤打呈立雕或浅浮雕后，再用镂刻等方法处理细部。而先秦时期金银器上的纹饰简约，且多为压印或铸造而成。汉代已掌握了熔金为珠的技法，有的小金粒细如苋子。通常在器物上焊成联珠、花纹或鱼子地纹。在拉金成丝的基础上，金丝可细如毫发，用以编缀成辫股或各种网状组织，再焊接于器物上，并用金丝堆垒各种镂空状图案。同时，汉代还较广泛地运用了掐丝镶嵌的方法，镶嵌材料以玉、松石、玛瑙、玻璃为主。后几种技法在先秦时期，仅见于北方匈奴族的金银器制作中。而在汉代，已普遍运用于各地的金银器制作中。

汉代金银器在河北、河南、山东、江苏、安徽、湖南、广西、广东、陕西、甘肃、吉林、内蒙古、新疆、云南等地均有发现。除大量金银饰品外，主要还有车马器、带钩、器皿、金印和金银医针等，涉及面较为广泛。

4. 魏晋南北朝时期

魏晋南北朝时期，各族文化交流密切，首饰工艺有了很大发展，金银器的社会功能进一步扩大，制作技术更加娴熟，器形、图案也不断创新。这个时期的金银器数量较多，较为常见的金银器仍为饰品，即镯、钗、簪、环、珠和各种雕镂，锤铸的饰件、饰片等。这个时期的戒指，錾刻花纹增多，戒面扩大，有的还雕镂图案或镶嵌宝石。在工艺上掐丝镶嵌、焊缀金珠等手法仍较盛行。该时期金银首饰的发展就更加具有地域特征，这和当时动荡的社会背景有着必然的关联。各民族人民在不断的战乱和长期共同生活中，对外交流扩大，又受到了其他宗教和民族文化的影响，所以一些金银首饰的制作风格就在不断改变。

金银首饰的加工工艺、纹路图样等都在不断地变化，被打上了明显的时代印记。

5. 隋唐时期

唐代是我国金银器工艺发展史的辉煌时期，唐代对外开放的政策，极大地促进了中西文化的交流，大量涌入的外来文化和商品使金银器的制作进入高度兴盛发展阶段。在唐代以前金银器皿很少，考古发现的遗物总共不过几十件。而目前已发现唐代金银器皿600余件，金银器皿代表了金属工艺的最高水平。唐代中期已形成了较完整的金银细工工艺，研究和总结了销金、拍金、镀金、织金、研金、披金、泥金、镂金、捻金、戗金、圈金、贴金、嵌金、裹金等14种金银的加工方法，并且饰物装饰部位的特点也逐渐显露出来。

唐代的金银器物种类，可以分为食器、饮器、容器、药具、日用杂器、宗教用器和装饰品。装饰品类包括发饰（簪、钗、步摇、胜、栉、勒子）、面饰、耳饰、冠饰、颈饰、手饰、带饰、佩饰。金银器的纹饰有动物、植物以及人物故事等诸多方面。

唐代金银器的工艺技术极其复杂、精细。当时已广泛使用了锤击、浇铸、焊接、切削、抛光、铆、镀、錾刻、镂空等工艺。

器物的成型，最主要的制法是锤击成型，还有浇铸成型、浇铸及锤击成型、锤击焊接成型、焊接成型等。

器物纹饰制法，最主要的是锤击成型后花纹平錾，此外锤击成型的器物中还有纹饰模冲、纹饰模冲与平錾结合、纹饰镂刻与平软件包结合、纹饰镂刻、掐丝焊等。另有浇铸成型纹饰铸成与平錾、浇铸成型纹饰平錾、浇铸锤击成型纹丝焊接等。银质器物，纹饰一般涂金。

器物的焊接，有大焊、小焊、两次焊、掐丝焊等数种工艺。焊口平直，不易发现焊缝。

器物的切削加工，螺纹清晰、起刀点和落刀点显著。有的小金盒，螺纹同心度很强，纹路细密，子扣系锥面加工，子母钮接触严密。各种加工件，很少有轴心摆动的情况，标志着当时切削加工已趋成熟。

唐朝熠熠生辉、绚烂多彩的金银首饰已经成为唐朝独特的文化标志，造型丰富、色彩绚丽、工艺精湛、风格独特，让唐朝纹饰精美的金银首饰达到金属工艺的最高水平。

6. 宋元时期

宋代金银器在唐代基础上不断创新，形成了鲜明的时代特色。随着商品经济的发展，宋朝的民俗开放、经济繁荣，金银制作业在民间很发达。作为金银首饰，需求最多的便是婚嫁时节。受"程朱理学"的影响，宋代开创了具有自己时代特色的崭新风格金银饰品，这些金银饰品没有唐代饰品那般华丽富贵、华美细腻，不过多了一份典雅秀丽、清净素雅，和宋代艺术风格一致，植物纹样饰品比较常见，尤以松、竹、梅等象征气节的植物为多。宋代金银饰品种类繁多，主要有发饰、耳饰、指饰、腕饰、带饰、帔坠、佩饰等，其中发饰占据着大宗，其次是腕饰与耳饰。宋代金银首饰的风格也从一定程度上影响了后来明、清时期金银首饰的发展。

从制作工艺上看，自秦以来流行的掐丝镶嵌、焊缀金珠的技法在宋朝几乎不见，而较多运用锤揲、錾刻、镂雕、铸造、焊接等技法。具有厚重艺术效果的夹层技法，为宋代以前金银器制作中所未见的。镂雕工艺在唐代基础上进一步精进，其代表作品是江苏南京墓府山北宋墓出土的鸡心形金饰，以两块可以开合的镂空金片构成。最具特色的是，宋代金银器采用了立雕装饰和浮雕型凸花工艺。河北定县净众院舍利塔塔基下出土的宋代银器，是立体装饰的代表。而浮雕型凸花工艺是宋代金银器普遍运用、最具特色的装饰技法。这种凸花工艺是根据画面题材的主次及形态上的差异，通过运用压印浅凸花、锤雕中凸花和雕塑半立体形高凸花三种手法加以表现，使画面层次分明，主题突出，形象极为逼真。其中雕塑半立体形高凸花，制作技术较复杂。通常是先制好半立体的空心塑像，然后再将其焊接到器壁上。如江苏江浦出土的压印香草纹银瓶，江苏溧阳小平桥出土的乳钉狮纹鎏金银盏，福建邵武出土的鎏金银八角杯和鎏金银八角盘，以及安徽六安出土的银童子花卉托杯等，均是这类凸花工艺作品的代表作。

元代首饰制作沿袭了唐、宋以来的官府手工业体制，有官作和民作之分。元代金银首饰在宋代的基础上，不论是造型、品种、款式、风格等都有了进一步的发展，首饰种类丰富，作为人体佩戴的外部装饰品，几乎每个部位均有相对应的金银首饰。首饰造型多样，题材广泛，既有祥瑞题材，即龙、凤、如意等常规意义上的吉祥图案造型，也有仿生日常生活中的动物、瓜果蔬菜等造型，还有迦陵频加、飞天、宝相花、葫芦形等佛道宗教类题材的造型。元代的金银器以银器为多，金银器品种除日用器皿和饰品外，陈设品增多，如瓶、盒、樽、奁、架等。从造型纹饰上看，元代金银器仍讲究造型，素面者较多，或只于局部点缀装饰。但某些金银器亦表现出一种纹饰华丽繁复的趋向。如江苏省吕师孟墓出土的缠枝花果金饰件，正方形或长方形，四周有框，框内以锤揲和镂刻技法作出高浮雕状的缠枝花果。

元代的金银首饰工艺复杂，使用了锤揲、錾刻、打条、穿结、掐丝、镶嵌等制作工艺。尤其是嵌宝首饰的流行，在元代之前，中国的金银首饰多以单纯的金银为主材料，这是因为当时镶嵌技术较低，无法保证珠宝镶嵌的稳定性。元代开始，这种工艺又重新出现在了金银首饰制作上，说明当时的宝石镶嵌工艺已达到较高的水平。最能体现元代金银器风格特色的是元代金银器制作中涌现出一些著名的匠人，如朱碧山、谢君羽、君和以及闻宣等，他们的作品在社会上享有很高的知名度。尽管这些名匠流传下来的作品极少，但从已经发现的几件器物看，确实足以代表元代金银工艺的技术水平和艺术造诣。

7. 明清时期

与明代的文化发展相比宋代、元代就比较保守，尤其是皇室的金银饰品形成了更加完善的体系，所以制作金银首饰的时候越来越远离生机勃勃、清新典雅等风格，呈现华丽浓艳、华贵雍容、复杂繁琐的宫廷气息，金包玉、在金上镶嵌宝石等方式，集各种名贵材料于一体，精雕细刻，与以前朝代的金银首饰有一种截然不同的感觉。明代金银首饰，往往会刻下象征权力的龙凤图案，和宫廷装饰风格更加贴近。明代的金银器所见颇多，主要出于帝王公侯的陵墓。其中最著名的是明神宗朱翊钧墓——定陵。定陵出土了金冠、金壶、金爵、金碗、金盘、金盂、金盒、玉碗或瓷碗上的雕金碗盖、银盘以及大量的金钗、金簪、金环、金镯等，多达20余种，500多件。从制作工艺看，定陵出土的金银器多用打胎法制成胎型。主体纹样采用锤制法，呈浅浮雕状，然后再用錾刻法处理细部，并结合花丝工艺和镂镶等技法，制成精美的图案。这些金银器大都雕刻精细，并镶嵌有各色宝石，其中包括极为名贵的祖母绿、猫眼石等。许多器物上刻有制作年月、器物名称和重量，有的还刻有经管官和匠作的姓名，从文字上看，大部分是"银作局"的制品。

清朝时期，尽管文化依然趋向保守，不过和明代相比多了一份生机和精美，尤其对龙凤纹饰的使用推崇到了极致。清朝金银首饰保存到现在的大多都是传世精品，继承了传统风格，同时也受到其他艺术、宗教和外来文化的影响，金银首饰的造型和纹路也发生了重大变化，或格调高雅，或富丽堂皇，再加上加工精致的各色宝石的点缀搭配，整个器物更是色彩缤纷、金碧辉煌。清代金银器的加工特点，可以用精、细二字概括。在器物的造型、纹饰、色彩调配上，均达到了很高的水平。

清代的花丝工艺在明代的基础上更为精进。其制品除首饰外，还包括瓶、盒等容器，以及各式佛龛等。形制多样，细腻华美。总之，清代的金银器丰富多彩，技艺精湛。其制作工艺包括了范铸、锤揲、炸珠、焊接、镂镂、掐丝、镶嵌、点翠等，并综合了起突、隐起、阴线、阳线、镂空等各种手法。皇家所用金银器，主要来自宫廷造办处的金玉作，以及地方督抚所贡。所贡的金银器大多产于北京、南京、杭州、苏州、扬州和广州等地。这些地方的金银器都有着悠久的历史和非凡的技艺。可以说，清代金银工艺的繁荣，不仅继承了中国传统工艺技法而且有所发展，并且为今天金银工艺的发展创新奠定了雄厚的基础。

（二）中国近现代金银首饰的发展

辛亥革命以后，清朝政府覆灭，宫廷艺术流向民间，"金店""银楼""首饰楼"等纷纷开张，并发展了金银器皿等摆件。但是由于时代巨变，战乱纷呈，清末民国时期一些首饰品种及其技艺逐渐衰落或消失。

新中国成立后，中央人民政府对贵金属买卖实施全面管制，同时着手挽救并恢复工艺美术和首饰制造业，在北京、上海、广州、天津、武汉等市和山东、四川等地相继成立了首饰厂、金银制品厂，出台了一系列政策措施鼓励首饰业的发展，许多老工艺匠人、技术工人又重新回到了首饰制造行业中来，开发了多种金银首饰新工艺，使古老的传统工艺重新焕发出光彩。

改革开放以来，中国金银首饰产业得到了快速发展。2002年上海黄金交易所的开业和2007年中国证监会批准上海期货交易所上市黄金期货等相关政策的实施，标志着中国黄金市场走向全面开放。在我国经济持续快速增长和人均收入水平不断提高的背景下，人们在满足基本生活需要的基础上，逐渐增加了对高档消费品的消费，兼具保值属性和彰显个性的金银首饰，成为中国居民的消费热点。伴随年轻消费者和新兴中产阶级的崛起，个人消费提质的需求逐步升级，年轻一代的珠宝消费习惯更趋于日常化，能够在多种情景下提高珠宝产品的复购率，为金银珠宝行业的发展提供了更大的发展空间。

随着科学技术的进步，相关行业的先进技术、工艺、设备不断地被引入首饰制作行业，使贵金属首饰制作逐渐向现代化生产方式转变，特别是21世纪以来，首饰制作技术得到了极大的发展，许多企业以新技术、新工艺为导向，最大限度地利用高科技的设备和手段来提高首饰产品的质量和效益，以摆脱依靠增加人力资源投入来提高生产效益的单一做法。现代贵金属首饰制作工艺也在发生着深刻的变化，涵盖了贵金属材料学、宝石学、有色金属及其合金学、材料合成与加工工艺、材料表面处理技术、机械制造、计算机技术、应用化学及工艺美术等多学科的理论和方法，制作工艺过程中的技术含量在不断增加，新工艺、新技术在不断涌现。

特别是近几年，随着黄金首饰的设计和工艺不断推陈出新，黄金饰品的产品风格不再局限于传统的端庄大气，兼具古典与现代气质的黄金饰品，如 3D 硬金、古法金、5G 硬金等，得到了众多消费者的青睐。2019 年，全国黄金实际消费量 1002.78t，其中黄金首饰 676.23t，金条及金币 225.80t，工业及其他 100.75t。中国已连续多年成为全球最大的黄金、白银和铂金首饰制造国和消费国。从产品结构上看，黄金饰品是我国消费量最大的珠宝产品，占比接近 60%。

随着银饰行业的发展，很多国外高端银饰品牌进入中国抢占国内市场，中国的银饰消费也从一开始的低端消费向中高端、高品位的银饰品过渡，消费者的眼光和品味更加时尚，中高收入的消费群体追求高品质生活的需求大大刺激了高端银饰品的发展，所消费的银饰也越来越贴近国际流行趋势。现代时尚银饰在原料方面有着相对较低的制作成本，在材料上拥有中性不俗的质感，在款式上更注重休闲个性，在设计上更加大胆夸张，更适合日常佩戴打扮自己，大中城市的时尚达人每个季节都购买数套时尚银饰，用来搭配不同的服装和表达不同的心情。2016 年我国白银首饰及器皿用银 4000t 左右，销售量居世界首位。2018 年全球首饰制造用银增至 20290 万盎司（6310t），创下十年来的新高。现代银饰不限于传统银饰的概念，银饰象征的富贵意义已不复存在，更多是成为彰显个性的装饰品，再加上银饰品是介于黄金、铂金和仿金饰品之间的终端首饰市场，既体现了高端铸造首饰的高质量和保值性的特征，又融合了低端普通装饰品的低价格和装饰性特征，更能迎合消费者追求品味和时尚性的需求，具有广阔的市场前景。

第三节　贵金属首饰的分类

根据不同的分类原则、依据和标准，对贵金属首饰进行分类，可以划分出不同的种类。

一、按照贵金属材料划分

根据首饰制作材料的不同，可以划分为：

① 黄金首饰。包括纯金首饰和不同金含量的 K 金首饰。

② 白银首饰。包括纯银首饰和不同银含量的银合金首饰

③ 铂金首饰。包括纯铂首饰和不同铂含量的铂合金首饰。

④ 钯金首饰。包括纯钯首饰和不同钯含量的钯合金首饰。

二、按照首饰的结构和款式划分

根据首饰结构和款式的不同，可以划分为戒指、手镯（包括手链）、项链、吊坠、耳环、胸针、领夹、领针、袖扣等。

1. 戒指

戒指的结构是由戒面和指圈（俗称戒脚）两部分组成。所谓戒面，是指露在指背

上的那一部分戒指，包括镶嵌有宝石的戒面和没有镶嵌宝石的素身黄金、白银、铂金、钯金质戒面两种类型。其中镶嵌宝石的戒面由宝石和戒托两部分组成。所谓戒脚，是指连接在戒面上的圆形指圈，有封闭式和开口式两种，前者称为死扣脚，后者则称活扣脚。

戒指是首饰中使用最多的一类，戒指的款式类型多样，一般可以分为无宝戒、镶宝戒和特殊规格戒等三类，而每一类又包含有不同的品种和款式。

① 无宝戒。无宝戒是指不镶嵌任何宝石和其他装饰物的戒指，通常用黄金、白银、铂金、钯金材料直接制作而成。这种戒指的款式主要有：天元戒（或称铜鼓戒）、龙凤戒（或称九彩戒）、如意花线戒、福禄线戒、花面方戒、光面方戒、鸡心戒、长方戒、闪光戒、喷砂戒等。

② 镶宝戒。镶宝戒是指镶饰了各种宝石的戒指。根据所镶宝石的名贵程度和所用贵金属材料的价值高低可分为三档。以铂金、K白金、K黄金制作，并镶嵌了钻石、红宝石、蓝宝石、祖母绿、优质翡翠、优质珍珠、优质欧泊、金绿宝石、变石、优质猫眼石等名贵宝石的为高档镶宝戒指；以K黄金制作，并镶嵌了普通红宝石和蓝宝石、普通翡翠、锆石、石榴石、尖晶石、碧玺、绿柱石、海蓝宝石、紫晶、橄榄石、托帕石、普通欧泊等中档宝石的为中档镶宝戒指；而以低K黄金或白银制作，并镶嵌玛瑙、绿松石、水晶、玉髓等低档宝石的为低档镶宝戒指。此外，还有多种宝石组合镶嵌在一只戒指上，如红宝石配钻戒、蓝宝石配钻戒、翡翠配钻戒等。

③ 其他类型戒指。是指一些具有特殊用途的专用戒指。如印章戒指、族徽戒指、订婚戒指、结婚戒指、结婚纪念戒指、特殊纪念戒指等。

2. 手镯

手镯是指戴在手腕上或手臂上的环形装饰品。由具二方连续纹样的镯身和门扣两部分组成。制作手镯的材料可用黄金、白银、铂金、钯金等贵金属材料，也可用珠宝玉石，这里我们着重介绍的是用贵金属材料制作的手镯。

① 贵金属手镯。由黄金、白银、铂金、钯金等贵金属材料制成的手镯，其款式有链式、光杆式、连杆式、雕刻式、套环式、编织式、螺旋式、响铃式等。

贵金属手镯有些是用金属丝编织或绕制而成，有些是用金属薄片串接而成，也有些是用金属环串制而成。手镯形状有些完全固定，不能变化；有些则可随手形而变化，称为手链镯。

② 镶宝贵金属手镯。在贵金属制成的环或链上镶嵌珠宝玉石而成的手镯。所镶宝石包括钻石、红宝石、蓝宝石、祖母绿、翡翠、珍珠、石榴石、橄榄石、紫晶等。

3. 耳环

耳环（也称耳垂、耳坠、耳钳），由饰面和插针或弹簧夹两部分组成。式样上，耳环可分为需在耳朵上打孔和无需打孔两类。前者是在耳朵上打孔后，用耳环背面的一根插针穿过耳孔，再用夹子卡住，故此种耳环又称为插环；后者则无需打孔，只将耳环后面的螺丝柄旋紧在耳垂上（或用弹簧夹夹住耳环），故此种耳环又称为扎环（或称扣环）。

耳环的式样很多，但大致可分为紧贴耳垂的扣式耳环及垂在耳下的垂吊式耳环两类，后者又称为荡环或耳坠。

4. 项链

项链主要由链身和搭扣两个部分组成。链身既可以是一节节单一的花纹链环重复连成，也可以由各种宝石和花片镶制而成。前者可称无宝链，后者可称花式链。搭扣则装在项链的两端，起连接的作用，主要有汇合圆、弹簧夹、剪刀钩、S形钩等几种类型。项链的品种有以下几种类型：

① 无宝链。指由贵金属材料制成的项链，整条项链一般仅由一种花样重复连接而成。主要款式有：马鞭链、单套链、双套链、三套链、福人链（又名方链）、威尼斯链、云头链、S形链、侧身链、二锉链、四锉链、串绳链、松鼠链、牛仔链、方丝链等。

② 花式链。由两种以上不同式样的链条或花片拼接而成的项链，多镶嵌有宝石。款式有：镶钻链、镶宝链、蛋形花边链、福寿链、圆管链、镶珠链、子母链等。

③ 多用链。是一种规格、工艺、设计都较特殊的首饰，除可当作项链使用外，经简单装卸和组合后，还可当作手镯、别针、耳环等使用。如将多用花式链两端的短链拆下，就成了两根短的手镯链，抽出中间一块镶宝饰物背面的针脚又成了一枚胸针。多用链的设计与制作相对较复杂。

④ 颈链。颈链是一种超短型项链，其长度仅够围住脖子，故又称"卡脖链"，其品种款式与无宝链相仿。

⑤ 项圈。这种首饰外形与项链差不多，但它不像项链那样每个环节都可以活动，除了簧扣的搭边之外，几乎没有或仅有一至两个活动关节，因此项圈又称为硬项链。

5. 吊坠

吊坠（又称为挂坠、胸坠、挂件、落头、挂垂、吊垂），是一种由贵金属镶宝或不镶宝制成的装饰品，串在项链中端，正垂于胸前。吊坠本身不独立成为一件首饰，而是作为带坠项链的配套物而存在的。吊坠作为项链的一部分，能使单调的或形状变化较少的项链在整体构成和外形上有所创新，起到"画龙点睛"的作用。吊坠一般可以分为以下几种类型。

① 贵金属吊坠。由贵金属制成的吊坠，不镶宝石和其他装饰物。款式主要有：纯金阳花鸡心片、纯金或K金阴花鸡心片、纯金或纯银锁片、各种K金花式吊坠、福禄寿喜字吊坠、镂空花吊坠、批光吊坠、封闭式照盒吊坠、叉门式照盒吊坠、开闭式照盒吊坠等。

② 镶宝吊坠。由贵金属镶嵌宝石而成的吊坠。根据不同的设计，有许多不同的款式，可以分为方形、圆形、菱形、梯形、椭圆形、鸡心形和不规则形等，还可以是动、植物构成的形状等。

6. 胸针

胸针是通过别针或插针佩戴在上衣上的装饰品。胸针的结构可分为主形体、后庄和拨鱼三个部分，其中后庄、拨鱼与针一起，起着将胸针固定在衣服上的作用。

胸针的款式可分大型和小型两种，一般都镶配有宝石，当然也有不镶宝石的胸针。无宝胸针多为一些自然造型，如旗帜、船、生肖、头像、植物等图案。大型镶宝胸针一般都配有多粒宝石，图案和纹饰都比较复杂，常是以一粒大宝石为主，辅配一系列小宝石的造型，或者是由3～5粒大小基本相同的宝石组成的几何造型，如花鸟鱼虫、植物花卉等。

小型镶宝胸针花样相对简单。

7. 领夹

领夹（又称领带夹、领卡），是一种用来夹住领带和装饰前胸的装饰品。领夹的结构可分为主形体、立柱和齿形长簧三个部分。造型以长条状为多，背后的齿簧用来夹住领带。

8. 领针

领针是用来夹住领结的具有实用和装饰两重功能的饰品。领针的结构可分为花纹和后针两个部分，后针用以穿插和固定饰品之用。也可分成镶宝石与不镶宝石两种。

9. 袖扣

袖扣（又称袖钮），是用于扣住西服袖子的饰品。其背面有一个可活动的管状别钮，用时需将其穿进衣袖处钮洞后，横下别住即可。主要以 K 金或白银制作，品种也可分为镶宝石袖扣和不镶宝石袖扣两种。

三、 其他分类方法

① 根据首饰设计者的意图。根据首饰设计者意图的不同，可以将首饰划分为：商业首饰和艺术首饰。

② 根据首饰的加工（制作）工艺。根据首饰的加工（制作）工艺的不同，可以将首饰划分为：冲压首饰、浇铸首饰、花丝首饰和镶嵌首饰等。其中以黄金、白银、铂金等金属为胎，并镶嵌以各种宝石的首饰为镶嵌首饰；以黄金、白银、铂金拉成细丝，拼焊成各种图案并配以宝石所制成的首饰称为花丝首饰；浇铸首饰和冲压首饰则是指用铸造机和冲压机批量生产出来的首饰。

③ 根据首饰佩戴者的性别差异。根据首饰佩戴者的性别差异，可以将首饰划分为：男性首饰和女性首饰。男性首饰一般粗犷豪放，而女性首饰则小巧纤细。

④ 根据首饰的使用部位。根据首饰的使用部位，可以将首饰划分为：头饰、项饰、手饰、耳饰、胸饰、脚饰等几种类型。

第二章

常用贵金属首饰材料及其属性

贵金属是指有色金属中密度大、产量低、价格昂贵的贵重金属，是包括金（Au）、银（Ag）、钌（Ru）、铑（Rh）、钯（Pd）、锇（Os）、铱（Ir）、铂（Pt）八种元素的统称。除金（Au）、银（Ag）外，其余六种元素统称为铂族金属，其中钌（Ru）、铑（Rh）、钯（Pd）称为轻铂族金属，锇（Os）、铱（Ir）、铂（Pt）称为重铂族金属。在首饰制作中，应用最广的贵金属材料主要有金、银、铂以及钯。

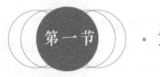 **第一节** ·**黄金及其合金**·

一、黄金的物理性质与化学性质

1. 黄金的物理性质

① 黄金的延展性极好。1g 纯金通常可拉成 320m 长的丝线。如采用现代加工技术，1g 纯金则可拉成 3420m 长的细丝。我国西汉中叶的金缕玉衣就是用直径为 0.14mm 的金丝编织而成。1g 纯金可压成厚度为 0.23×10^{-8} mm 的金箔，即使在显微镜下观察这种金箔还仍然显得非常致密。但是，当其中含有铅、铋、碲、镉、锑、砷、锡等杂质时会变脆，如金箔中含铋达 0.05% 时就可以用手搓碎。

② 黄金具有良好的导电及导热性能。其导电性仅次于银、铜，居第三位。电阻率在 0℃ 时为 $2.065 \times 10^{-2} \Omega \cdot mm^2/m$，温度愈高，电阻率愈大。其导热性仅次于银，在 0℃ 时的热导率为 3.17W/(m·K)。

③ 黄金的密度大。在不同的温度下，其密度略有差异。在 20℃ 时，金的密度为 19.32g/cm³；在 1063℃ 熔化时为 17.3g/cm³；在 1063℃ 凝固时为 18.2g/cm³。

④ 黄金的挥发性很小。在 $1000\sim1300℃$ 之间，金的挥发量微乎其微。金的挥发速度与加热时周围气氛有关。例如，在煤气中蒸发金的损失量为在空气中的六倍；在一氧化碳中的损失量为在空气中的二倍。

2. 黄金的化学性质

① 黄金的化学稳定性强。金虽然与银、铜属同类元素，但其化学稳定性很强，与铂族元素十分相近。金的电离势很高，因此硝酸（HNO_3）、硫酸（H_2SO_4）、盐酸（HCl）、硒酸（H_2SeO_4）、碱溶液（NaOH 或 KOH）、酒石酸、柠檬酸、醋酸、硫化氢、水和空气等试剂或气体不能与之相互作用。但某些单酸、混酸、卤素气体、盐溶液及有机酸等却有溶金性能。例如王水（盐酸和硝酸 3∶1 的混合剂）、氯水、溴水、溴化氢（HBr）、碘化钾中的碘溶液（$KI+I_2$）、酒精碘溶液（$C_2H_5OH+I_2$）、盐酸中的氯化铁溶液（$FeCl_3+HCl$）、氰化物溶液（NaCN、KCN）、氯（温度高于 420K 即 146.84℃）、硫代尿素（$NH_2·CS·NH_2$）、乙炔（C_2H_2，温度为 753K 即 479.84℃）、硒酸和碲酸、硫酸的混合酸等均可与金相互作用。

② 黄金可以形成多种化合物，并在化合物中呈一价或三价。金的氯化物有三氯化金（$AuCl_3$）、一氯化金（AuCl）等。无结晶水的 $AuCl_3$ 为红色，$AuCl_3·2H_2O$ 为橙黄色。在氯气中把金粉加热到 $140\sim150℃$ 生成 $AuCl_3$，将金溶解于王水或含氯气的水溶液中，也生成 $AuCl_3$。$AuCl_3$ 很容易与其他氯化物形成配合物，如 $M[AuCl_4]$、$H[AuCl_4]$ 等，使金以稳定的 $AuCl_4$ 存在，这是氯化提金法的依据。用亚铁盐、二氧化硫、草酸等，可从含金氯化液中沉淀金。

金的氰化物有一氰化金（AuCN）、二氰化金 [$Au(CN)_2$] 等。将盐酸或硫酸与金氰酸钾 [$KAu(CN)_2$] 作用后加热可得 AuCN，它是柠檬黄的结晶粉末，能溶于氨、多硫化铵、碱金属氰化物及硫代硫酸盐中。金的简单氰化物易与碱金属氰化物作用，生成金氰化配合物，例如 $Na[Au(CN)_2]$、$K[Au(CN)_2]$ 等。在有氧存在的条件下，金在氰化液中也能形成上述配合物，使金难以稳定的存在于 $Au(CN)_2$ 溶液中。这一点对氰化提金极为重要。$Au(CN)_2$ 中的金易被还原剂所沉淀。

金的硫化物有一硫化二金（Au_2S）、二硫化二金（Au_2S_2）和三硫化二金（Au_2S_3）。Au_2S 能溶于 KCN 溶液及碱金属硫化物中。

金的氧化物有一氧化二金（Au_2O）、三氧化二金（Au_2O_3）。由于金不直接与氧作用，故金的氧化物仅能从含金溶液中制取。用苛性碱处理冷却稀释的氯化金时，生成一种深紫色粉末，它是氧化金的水化物，加热后生成 Au_2O。当 Au_2O 与水接触时，分解成 Au_2O_3。

金的氢氧化物有三价的 [$Au(OH)_3$]、一价的（AuOH），前者比较稳定。

③ 黄金的化合物很容易还原为单质金。使金还原能力最强的金属是镁、锌和铝。在氰化法提金工艺中就是利用这一性质用锌粉置换的。有机物质也能还原金，如甲酸、草酸、对苯二酚、联氨、乙炔等。金化合物的还原剂很多，高压下的氢和电位序在金之前的金属以及过氧化氢、氯化亚锡、硫酸铁、三氯化钛、氧化铅、二氧化锰、强碱和碱土金属的过氧化物都可以作还原剂。

④ 黄金已有 22 个放射性同位素。这些同位素可用中子、质子、重氢核、α 粒子和 γ

射线轰击稳定的同位素 Au^{197} 或铂、铱、汞的靶子取得。只有原子量为 197 的这种金同位素才是稳定的，其原子核有 79 个质子和 118 个中子，外层有 79 个电子。金的放射性同位素的特殊性质决定了其特殊用途，特别是 Au^{198} 和 Au^{199} 在科技方面具有重要价值。

二、 黄金的成色与计量单位

1. 黄金的成色

黄金的成色是指金的纯度，即金的最低质量含量。传统上黄金成色有三种表示方法，即百分率法、千分率法和 K（karat）数法。百分率法以百分率（％）表示黄金的含量；千分率法以千分率（‰）表示黄金的含量；K 数法源于英文词 karat，是国际上通用的计算黄金纯度或成色的方法，将黄金成色分为 24 等份，纯度最高者即纯金为 24K，纯度最低者为 1K。理论上纯金的纯度为 100％，由 24K＝100％，可以算出 1K＝4.16666666……％。由于 1K 的百分值是无限循环小数，因而世界上各个不同的国家和地区对 1K 的取值规定大小有别。

2. 黄金的计量单位

国际上通用的金衡除了克、千克外，还使用盎司、喱、磅、本尼威特等，现将黄金常用计量单位重量换算列于表 2-1 中。

表 2-1　常用黄金计量单位重量换算表（附国际公认的缩写符号）

重量	金衡喱 （gr.）	本尼威特 （dwt.）	金衡盎司 （t. oz.）	常衡盎司 （av. oz.）	常衡磅 （t. lb.）	克 （g）
1 金衡喱	1	0.041666	0.0020833	0.00228571	0.000142857	0.0648
1 本尼威特	24	1	0.05	0.0548571	0.00342857	1.5552
1 金衡盎司	480	20	1	1.0971428	0.0685714	31.1035
1 金衡磅	5760	240	12	13.165714	0.822857	373.248
1 常衡盎司	437.5	18.2292	0.911458	1	0.0625	28.35
1 常衡磅	7000	291.666	14.58333	16	1	453.6
1mg	0.015432	0.000643	0.00003215	0.000035274	0.0000022046	0.001
1g	15.432	0.643	0.03215	0.035274	0.0022046	1
1kg	15432	643	32.15	35.274	2.2046	1000

三、 纯金与 K 金

1. 纯金

纯金指金的纯度为千分之千。实际上，要达到千分之千的纯金是不可能的，俗话说"金无足赤，人无完人"，绝对的纯金是不存在的。按目前世界最先进技术水平，最纯的黄金也只能达到 99.999999％，是专门用作标准试剂的"试剂金"。由于生产标准试剂级的高纯度黄金要耗费大量原料、燃料，因此它的售价要比国际贵金属交易市场上的足金高出许多倍，即使在特殊工业上，也不敢贸然使用试剂级黄金，以免徒增成本，造成浪费。再者，从首饰使用价值上来说，无任何实际的意义。

与纯金相当的概念，还有足金、千足金、赤金、足赤金和 24K 金。目前，我国市场上用于制造纯金首饰的纯金成色有三种：①"四九金"，成色为 99.99％；②"三九金"，成色为 99.9％，俗称千足金；③"二九金"，成色 99％，俗称"九九金"或"足金"。

纯金质地柔软，色泽金黄，永不褪色。用纯金制成的首饰具有体积小、价值高、便于携带等优点，具有较好的保值功能和装饰功能，历来为我国各民族人民所喜爱。但由于纯金质地柔软，易变形，不能镶嵌宝石和玉石，首饰款式也不易翻新，且易折断、易毛糙、易变形。

2. K金

自古以来，金以其瑰丽的色彩成为重要的首饰和饰品材料。金质地柔软，是所有金属中延性最好的金属，从而使金饰品在使用中易于变形、破断和划伤。人们对首饰和饰品的耐用性和色彩多样性的要求引起了对K金合金的开发。研制K金合金的目的在于提高金的强度和硬度等机械性能和满足用户的感官要求。

所谓K金，就是在纯金中加入一定比例的Ag、Cu、Zn等金属元素构成的金合金，以增加黄金的强度与韧性。K金制是国际流行的黄金计量标准，K金的完整表示法为karat gold。

K金制规定K金分为24种，由1K～24K，24K金为纯金，理论值为100%，相应地，1K＝1/24≈4.16%，于是可以得出各种K金的理论成色。但是，作为首饰用K金，世界各国规定并采用的一般都不低于8K的成色，见表2-2。

表2-2　K金的理论成色　　　　　　　　　　　　单位：%

K数	成色	K数	成色	K数	成色
24K	100	18K	75	12K	50
22K	91.67	16K	66.67	10K	41.67
20K	83.33	14K	58.33	8K	33.33

由于东、西方文化的差异，世界上各地区采用不同的K金合金制作首饰和饰品，如表2-3所示，商品化的K金合金如表2-4所示。

表2-3　不同国家和地区首饰用金的常用成色

国家或地区	常用金成色	对应含金量
中国	千足金,18K	99.9%,75%
印度	22K	91.6%
阿拉伯国家	21K	87.5%
英国	9K为主,22K和18K少量	37.5%,91.6%,75.0%
德国	8K,14K	33.3%,58.5%
意大利、法国	18K	75.0%
俄罗斯	18K～9K	75.0%～37.5%
美国	10K～18K	41.6%～75.0%

表2-4　商品化的K金合金

K数	合金成分	牌号
23.76K	Au99.0-Ti1.0	990Au-Ti(黄色)
22K	Au91.7-Ag3.2-Cu5.1	22LS(深黄色)
	Au91.7-Ag5.5-Cu2.8	22LS(黄色)
18K	Au75.0-Ag12.5-Cu12.5	750Y-3(黄色)
	Au75.0-Ag16.0-Cu9.0	750Y-2(淡黄色)
	Au75.0-Ag9.0-Cu16.0	750Y-4(粉红色)
	Au75.0-Ag4.5-Cu20.5	Au750S(红色)

K 数	合金成分	牌号
14K	Au58.5-Ag26.5-Cu15.0	Au585S(淡黄色)
	Au58.5-Ag20.5-Cu21.0	Au585S(黄色)
	Au58.5-Ag9.0-Cu32.5	Au585(红色)
	Au58.5-Ag10.0-Cu31.5	Au585/100(粉红色)
	Au58.5-Ag30.0-Cu11.5	585/300(黄色)
9K	Au37.5-Ag10.0-Cu45.0-Zn7.5	开 375DF(黄色)

不同成色的 K 金因其他金属加入的比例不同，在色调、硬度、延展性、熔点等方面亦会有所不同。我国国家标准 GB 11887—2012 对首饰用金的成色提出了要求，与国际标准化组织（ISO）推荐的成色一致。它们的特点大致如下：

22K 金，硬度较纯金略高，可用于镶嵌较大的单粒宝石，但由于材料强度较弱，因此款式不宜复杂，在我国首饰中使用不广。

18K 金，硬度适中，延展性较为理想，适宜镶嵌各种宝石，成品不易变形，是首饰业中使用最广的材料。

14K 金，质地较硬，韧性很高，弹性较强，可以镶嵌各种宝石，成品装饰性好，价格适中。

9K 金，硬度大，延展性较差，只适宜制作造型简单，镶嵌单粒宝石的首饰，价格便宜，多用于制作流行款式的首饰、奖章、奖牌等。

3. K 白金（karat white gold）

在 K 金材料中，K 白金占据了非常重要的比重。K 白金即白色的 K 金，是在金中加入 Ag、Cu、Ni、Zn、Pd 炼成的合金。除了 Au 和 Cu 外，其他金属均为白色或灰色，因此其他金属的添加都会对金合金或多或少起到增白效果。Ni、Pd 和 Ag 是 K 白金合金的主要增白金属。白色金合金主要有含 Ni、含 Pd，无 Ni 或/和无 Pd 及含 Ni＋Pd 等四类。在白色金合金首饰市场中前两类分别占 76％和 15％，后两类分别占 7％和 2％。理想 18K 白金合金的要求和限制如表 2-5 所示。

表 2-5　理想 18K 白金合金的要求和限制

主要要求	已知的限制	次要要求	已知的限制
美丽的颜色和反射性	含 Cu 量低	易于焊接或钎焊	
硬度（HV）＜200，以 120～150 为最佳	限制 Ni 含量	适合于电镀或电沉积	
适当的冷加工性	限制 Zn 含量	抗热分裂	
延展率 25％	不含难熔金属	易于再生	不含反应性或挥发性金属
适合于铸造	不含挥发性金属	易于抛光	
价格合理	不含铂族金属	对锈蚀和腐蚀的敏感度低	

① 含 Ni 白色 K 金合金。由于价格便宜和良好的增白效果，Ni 传统上用作 Au 的增白剂，因而 Au-Ni 合金是最常用的首饰白色 K 金合金。从 Au-Ni 二元相图可知，Au-Ni 高温为连续固溶体，在低温下可分解为富 Au 和富 Ni 两相，使合金硬度增加，难于加工。研究表明，含 9％～12％Ni 的 Au 合金几乎接近白色，需用熔模铸造；而含 3.5％～5％Ni 的 Au 合金机械性能优良，但需最后镀 Rh，且抗腐蚀性差。Cu 的添加可改善 Au 合金加工性能，然而大量 Cu 的加入降低 Ni 的增白效果。同时，在约 400℃时会形成金属间化

合物 AuCu 和 AuCu$_3$ 相，使 Au 合金硬度增加。因此，Cu 的添加需综合考虑 Au 合金的色度和延展性。Zn 作为第二增白元素可弥补因 Cu 的加入引起的色度效应并增加 Ni 的增白效果，同时可作为熔模铸造的脱氧剂并可改善加工性能。然而由于熔炼过程中 Zn 的挥发，使合金延展性降低，并给合金的回收造成困难。

② 含 Pd 及含 Pd+Ni 白色 K 金合金。含 Pd 白色 K 金合金具有温暖的灰白色，抗腐蚀性强、硬度低，易于加工，用于制作镶嵌首饰，随组成成分的改变，其力学性能变化平缓。但是由于 Pd 价格高、密度大，导致含 Pd 白色 K 金饰品价格昂贵。同时由于含 Pd 的金合金熔点高（＞1100℃），增加了熔炼铸造难度。18K 白色金合金含 Pd 量应为 10％～13％才能得到良好的白色，并不需镀 Rh。Au、Pd、Ag 是含 Pd 白色 K 金合金的主要组分，同时可以添加适量的 Cu、Zn 和 Ni，以得到合适的物理和力学性能。

③ 无（低）Ni 和无（低）Pd 白色 K 金合金。近几年关于 Ni 对人体皮肤具有潜在毒性的问题引起了极大的关注，为了保护消费者的利益，某些欧洲国家早已制定了有关制造和销售与皮肤接触的含 Ni 首饰的法令。1999 年 7 月欧共体发布了欧洲"Ni 指令"（The Nickel Directive）CE Directive 94/27，强制性地要求所有首饰产品从 2000 年 1 月都必须符合指令规定的组成标准。根据 Ni 指令实施后的效果，欧盟又先后两次对 Ni 指令进行了加严处理。

过去的几十年中，研究者致力于寻找能替代 Ni 的增白元素。到目前为止，只有 5 个合金体系显露出一点苗头，添加元素 Pt、Fe、Mn 和 In。Pt 是 Au 的良好增白剂，长期来与 Pd 一起用于牙科合金中。含 10％Pt、10％Pd、3％ Cu 和 2％Zn 的 18K 金已商品化，其价格取决于 Pd 的含量。Fe 作为第二增白剂已有研究，但需同时加入大量 Pd，以保持合金的色度和加工性，尤其是低 K 数合金（如 14K）。由于 Au-Fe 系为双相组织，使该合金有硬度和腐蚀方面的问题。少量作为 Au 的补充增白剂的 In（约 2％～3％），具有低熔点并可降低 Pd 合金熔点的优点。但 In 含量高会导致合金硬化和难于加工的问题，18K 含Pd 合金中加入 2.5％～7.5％In，合金延展性降低 30％～50％。Mn 作为 Au 的增白剂已为人熟知，虽至今商业化的合金甚少，但它是具有发展前途的白色首饰合金增白剂，具有色白、质软、抗腐蚀的特点。该合金仍需加入≥5％Pd，最好是 10％Pd，然而 Mn 含量高会使合金变脆。

④ 含 Ag 白色 K 金合金。在低 K 数白色金合金（如 8K、9K、10K）中采用高含量的 Ag 作增白剂，使产品具有优美的白色。这类合金较软，延展性好，可以添加适量的 Pd、Cu、Zn 或 Ni，以改善其性能，但 Cu 和 Zn 的加入量需适当控制，以免影响合金的颜色。这类合金的抗腐蚀性较差，易与大气中的硫作用而锈蚀。

四、彩色系列 K 金

彩色 K 金又称彩色金，包括红（含深红、粉红）、橙黄、黄、黄绿、绿、蓝、紫和白、灰、黑等颜色的 K 金。

① 红色 K 金。红色与浅红色 K 金可由 Au、Ag、Cu 三种元素按适当的比例混合冶炼而成。棕色 K 金由 Au、Ag、Pd 按比例冶炼而成。

棕红色 K 金则是在棕色 K 金的基础上，再加入 Cu 冶炼而成。

② 橙色 K 金。可由 Au、Ag、Cu 三种元素混合冶炼而成。

③ 黄色 K 金。包括深黄、金黄、淡黄等色，可由 Au、Ag、Cu 三元合金冶炼而成。

④ 绿色 K 金。可由 Au、Ag、Cu 三元合金冶炼而成。也可在任何 K 金中加入 2%～4% 的镉共同冶炼而成。

⑤ 蓝色 K 金。基本组成为 Au 和 Fe 的合金，但其生产工艺极为保密。在这种 K 金的表面注入钴原子，才使这种 K 金呈现出一层美丽的蓝色。

⑥ 青色 K 金。可由 Au、Ag、Cu 三元合金冶炼而成。

⑦ 紫色 K 金。可由 Au 和 Al 冶炼而成。

⑧ 白色 K 金。可由 Au、Ag 二元合金，或 Au、Ag、Cu 三元合金，或 Au、Ag、Cu、Ni、Zn 多元合金冶炼而成，也可由 Au、Pd、Cu、Ni、Zn 等多元合金冶炼而成。

⑨ 灰色 K 金。在高成色 K 金的基础上，加入适当浓度的 Fe 元素，可制成灰色 K 金。

⑩ 黑色 K 金。黑色 K 金中的黑色，通常来自较高浓度的 Fe 元素，一般是将 Fe 加入纯金中制成，其中 Fe 元素含量将达到 40% 或更高。

对于由 Au、Ag、Cu 三元合金构成的 K 金的冶炼，通常是按照熔点的高低，先将 Ag 熔化，再加入 Au 熔化，然后加些助熔剂以防止氧化，最后加入 Cu 一起熔化。当全部金属都熔融且混合均匀时，就可进行铸锭或浇铸。

彩色 K 金的制作除了用合金冶炼的方法外，还可用电镀方法和化学方法。目前比较常见的彩色 K 金有相当一部分是采用电化学方法制成的，如意大利的二色金和三色金，该方法是在基材表面电镀一定组分的 K 金材料形成彩色镀层，仅附着于 K 金表面，而 K 金的内在色彩还是原来的合金颜色。部分彩色 K 金的颜色和成分见表 2-6。

表 2-6 部分彩色 K 金颜色和成分一览表 单位:%

合金颜色	成色		Au	Ag	Cu	Cd	Al	Fe	Pd
红色	红色	18K	75		25				
		14K	58.5	7	34.5				
		9K	37.5	5	57.5				
	浅红	18K	75	8	17				
		9K	37.5	7.5	55				
	亮红	18K	75				25		
	棕红	10K	38	25	25				12
	棕色	18K	75	6.25					18.75
橙色	红黄	22K	91.7		8.3				
		14K	58.3	6	35.7				
黄色	深黄	18K	75	12.5	12.5				
		14K	58.5	15	26.5				
		9K	37.5	11	51.5				
	金黄	22K	91.7	4.2	4.1				
	淡黄	22K	91.7	8.3					
		14K	58.5	20.5	21				
		9K	37.5	31	31.5				
绿色	淡绿	14K	58.5	35.5	6				
	绿色	18K	75	15	6	4			
蓝色	蓝色	18K	75					25	
青色	青色	18K	75	22	3				
紫色	紫色	19K	78				22		
白色	白色	9K	37.5	58	4.5				
灰色	灰色	18K	75		8			17	
黑色	黑色	14K	58.3					41.7	

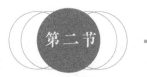

第二节 · 白银及其合金

一、 银的物理化学性质

1. 银的物理性质

银具有良好的延展性和可塑性，可拉制直径为 0.001mm 的细丝，具有良好的导电性，银的熔点为 960.5℃，20℃时的密度为 10.49g/cm³。

2. 银的化学性质

银的化学稳定性较黄金差，在空气中陈放时，其表面会逐渐生成黑色的膜，这是由于 Ag 在室温下也会与 H_2S 缓慢起作用。银的这一特性，严重地影响了它作为贵金属的价值。

银不与氧直接化合，但在熔融状态下银能溶解大量的氧。银冷却固化后，氧就会析出，并时常出现金属喷射现象。

银不与氢、氮和碳直接反应。加热时银易与硫形成 Ag_2S。银还与游离的氯、溴、碘相互作用形成卤化物。

银能溶于硝酸和浓硫酸，并和黄金一样易与王水和饱和含氯的酸起反应，不同的是银形成 AgCl 沉淀，用此法可以分离黄金和白银。

银易形成一价化合物，如 Ag_2O、AgCl、AgCN、Ag_2SO_4 等。

Ag_2O 是一种黑棕色粉末。在含银的溶液中加入碱就可以获得 Ag_2O。Ag_2O 受热后就分解为银和氧。遇到光照时 Ag_2O 则逐渐分解成金属银和氧。将 Ag_2O 溶于氨水中就可制得爆银，呈黑色粉末状或为带金属光泽的黑色结晶体。干燥的爆银遇到轻微撞击和摩擦就会快速分解，从而产生剧烈爆炸。

AgCl 熔点 455℃，沸点 1550℃，不溶于水，易溶于 KCN、NaCN 等，悬浮在稀硫酸中的 AgCl 极易被负电性的金属（如锌、铁等元素）还原成银，这一简单方法被广泛用于精炼银。AgBr 的性质类似于 AgCl，溶于铵盐、硫代硫酸盐、亚硫酸盐和氰化物溶液，易还原成金属银。AgI 是卤化银中最难溶的，不溶于氨水，但溶于 CN^- 和 $S_2O_3^{2-}$ 溶液中，难溶卤化银的感光性能是其最重要的性质，在光的作用下，它们分解成银和游离卤素。利用卤化银的这一性质来生产照相胶片、相纸和感化膜。感光性最好的是 AgBr，其次是 AgCl 和 AgI。

AgCN 的性质接近卤化银，把碱金属氰化物溶液加入到含银的溶液中时，AgCN 就以白色沉淀物出现。

Ag_2SO_4 可通过银溶解于热的浓硫酸中制得。Ag_2SO_4 为无色结晶体，660℃时熔化，温度＞1000℃时分解。Ag_2S 是银化合物中最难溶的，在银盐溶液中通入 H_2S 时产生黑色的 Ag_2S。在潮湿空气下，H_2S 作用于金属银形成 Ag_2S，Ag_2S 与稀酸不起反应，浓硫酸

和硝酸可以氧化 Ag_2S 形成硫酸盐。在空气中加热时，Ag_2S 便分解成金属银和 SO_2。

二、 白银的成色分类

国家标准 GB 11887—2012 中规定，对于银首饰，采用纯度千分数和银、Ag 或 S（S 为英文 silver 的缩写）的组合来表示其纯度，例如，含银 92.5% 的银首饰，其纯度标识可用 925 银、925Ag、925S 或 S925 来表示。对于纯度不低于 99% 的银首饰，纯度标识为足银、990 银、990Ag 或 S990，以往市场上普遍称的千足银（含银量不低于 99.9%），统一标识为足银，如需体现其标称银含量，在备案的企业标准基础上，可在标签的其他位置（不得在饰品名称的前后）明示银含量，且标示银含量的字体不得超过产品的饰品名称字体大小。

根据银的成色，可将其分成高成色首饰银和普通成色首饰银两类。

1. 高成色首饰银

① 纯银。理论上含银量应为 100%，但与金无足赤一样，银亦无足银，以现今科学技术水平，要冶炼出成色为 100% 的银是很难的，只能是接近这一成色值。

② 足银。国家标准规定足银的含银量须不低于 990‰。足银过去常作为流通交易使用的标准银，可作为财产抵押、公司财团的银根、贸易交换的兑换物等。

纯银与足银由于成色较高，因此质地柔软，一般只能用于不镶宝的素银首饰，以具有传统风格的银饰最为常见。

2. 普通首饰银（色银）

色银是在纯银或足银中加入少量的其他金属，一般是加入物理化学性质与银相似的铜元素，形成质地比较坚硬的首饰银。色银富有韧性，并保持了较好的延展性，同时部分合金元素能够在一定程度上抑制空气对银首饰的晦暗作用。因此，许多色银首饰的表面色泽较之纯银与足银更不易改变。色银主要有以下类别：

① 98 银。英文符号为 980S，表示含银 98%，含紫铜 2% 的首饰银。这种色银较之纯银和足银质地稍硬，多用于制作保值性首饰。过去我国一些地方，如北京、上海、广州等，曾将 98 银称为足银。

② 92.5 银（sterling 银）。表示含银 92.5%，含紫铜 7.5% 的首饰银。这种色银既有一定的硬度，又有一定的韧性，比较适宜制作戒指、项链、别针、发夹等首饰，而且利于镶嵌宝石。

③ 80 银（潮银）。表示含银 80%，这种色银硬度大、弹性好，适宜制作手铃、领夹等首饰。

色银还有成色更低的种类，如 70 银、60 银、50 银等。需要特别指出的是银的化学性质没有黄金稳定，特别是暴露在空气中，因易氧化而失去光泽，所以在贵金属首饰中地位一直不高，属于低档贵金属首饰，比铂金和黄金的价值低。由于现代电镀技术的发展，通过在银首饰表面镀铑或镀金的方法，解决银易氧化的问题，其中以镀铑的效果较好，不仅使首饰表面银光闪闪，色如"铂金"，而且，铑层坚硬耐磨，又可防止酸、碱的腐蚀。

第三节　铂金及其合金

铂是一种非常稀少的贵金属，由于铂金的稀有性、稳定性和特殊性，以及银白夺目的金属光泽，其价值比黄金还要昂贵。人类利用铂的历史非常久远，据考古发现距今 3000年前的古埃及时代，人们就已经开始利用铂金，但是从科学角度认识这种贵金属材料却只有 200 多年的历史。1735 年，西班牙人乌罗阿到秘鲁探险时，在品托河发现了这种白色的金属，当时却把它认作是银的一种，称之为"品托河白银"，直到 1750 年才由科学家勃隆莱格将其定名为铂。从历史上看，贵金属的运用都是从工艺品、首饰、宗教饰物、器皿制作开始的。铂以自然状态存在于自然界中并不多见，而且铂在地壳中分布也非常稀少，加上其难溶性和稳定性给铂金采矿、选矿、冶炼和提纯带来很大困难。铂金的高熔点使加工十分困难，尤其用原始方法制作加工则更加不易。由此可知，古代制作加工的铂金制品不是很多，留下来的则更少。

在自然界铂经常与铂族元素共生，铂族元素包括钌（Ru）、锇（Os）、铑（Rh）、铱（Ir）、钯（Pd）、铂（Pt）六种元素。在铂族元素矿物中，这六种元素彼此之间通常构成范围广泛的类质同象现象，其中还有铁、钴、镍等类质同象混入物的出现。

铂族元素矿物均为等轴晶系，但单晶极少见，偶尔有呈六方体或八面体的单晶粒出现。一般呈不规则粒状、葡萄状、树枝状和块状。颜色和条痕均为银白色、钢灰色，金属光泽，无解理，呈锯齿状断口。

铂族元素中的钯，由英国人沃拉斯顿发现于 1803 年。

铂族元素中的铑，由英国人沃拉斯顿发现于 1803 年，但晚于钯的发现。

铂族元素中的铱和锇，由英国人坦内特发现于 1803 年。

铂族元素中的钌，由俄国人克劳斯发现于 1840 年。

铂族元素中的各个元素有着不同的性质，各自的用途也不尽相同。由于铂族元素发现较晚，作为首饰、工艺品以及货币功能远不及黄金和白银。但是铂族金属在现代科学、尖端技术领域得到了广泛的应用，被誉为"先驱材料"。由于铂金具有良好的化学稳定性，以及灿烂的光泽，现在世界上每年要用几十吨铂制作首饰，日本是世界上最喜爱铂金首饰的国家。

一、铂族金属的物理性质

铂族金属的物理性质，见表 2-7。

表 2-7　铂族金属主要物理性质

项目	铂金	钯金	铱金	铑金	锇金	钌金
原子序数	78	46	77	45	76	44
原子量	195.09	106.4	19.22	102.905	109.2	101.07
晶体结构	面心立方	面心立方	面心立方	面心立方	密集立方	密集立方

项目	铂金	钯金	铱金	铑金	锇金	钌金
密度/(g/cm³)	21.35	12.02	22.65	12.44	22.16	12.16
熔点/℃	1773	1552	2443	1960	3050	2310
沸点/℃	3800	2900	4500	3700	3120	3180

由于钌、锇过于稀少分散,用铂族元素矿物熔炼成的金属通常只有钯金、铑金、铱金和铂金四种。

钯金颜色银白,硬度 4~4.5HV,化学性质稳定。因产量较铂金和黄金大,故价值低于铂金和黄金。通常与黄金一起炼制 K 白金或白色 K 金首饰,也可与铂金一起炼制铂钯合金,也可单独用作首饰材料。

铑金颜色银白,硬度 4~4.5HV,化学性质稳定。由于铑金耐腐蚀、抗磨损,现广泛用于电镀业,如用于白银首饰的表面镀铑等。

铱金颜色银白,硬度 7HV,性脆,只能在高温下压成铂片或拉成细丝,化学性质稳定。主要用于制造科学仪器、热电偶、热电阻等。高硬度的铁铱合金和铱铂合金,常用来制作笔尖,也可用于制作首饰。

铂金颜色银白,硬度 4~4.5HV,化学性质稳定,不溶于强酸强碱及常温下的王水,在空气中也不氧化,具有极好的延展性,可拉成很细的丝,轧成很薄的铂箔。

二、铂族金属的化学性质

铂族金属具有极好的抗腐蚀性和抗氧化性,但铂族元素之间的抗腐蚀和抗氧化性是有差别的,且有的差异还很大,见表 2-8。

表 2-8　铂族金属的抗腐蚀性特征表

腐蚀介质		铂	钯	铑	铱	锇	钌
H₂SO₄	浓	/	/	/	/	/	/
HNO₃	70% 室温	/	强	/	/	一般	/
	100℃	/	强	/	/	强	/
王水	室温	强	强	/	/	强	/
	煮沸	强	强	/	/	强	/
HCl	36% 室温	/	/	/	/	/	/
	煮沸	轻	轻	/	/	一般	/
Cl₂	干	轻	一般	/	/	一般	/
	湿	轻	强	/	/	一般	/
NaClO 溶液	室温	/	一般	轻	/	强	强
	100℃	/	强	/	/	强	/
FeCl₃ 溶液	室温	/	一般	/	/	一般	/
	100℃	/	强	/	/	强	/
熔融 Na₂SO₄		轻	一般	一般	/	轻	轻
熔融 NaOH		轻	轻	轻	轻	一般	一般
熔融 Na₂O₂		强	强	轻	一般	强	一般
熔融 NaNO₃		/	一般	/	/	强	/
熔融 Na₂CO₄		轻	轻	轻	轻	轻	轻

注:/—不腐蚀;轻—轻腐蚀;一般—腐蚀;强—强烈腐蚀。引目《贵金属冶金学》

从表中可以看到铂的抗腐蚀能力很强,在冷态时盐酸、硝酸、硫酸以及有机酸都不与铂起作用，加热时硫对铂略起作用。但是王水无论在冷、热状态下都能溶解铂。熔融碱或熔融氧化剂也能腐蚀铂。在温度加热到 100℃时，并处于氧化条件下，各类卤氢酸或卤化物起到配合剂的作用，使得铂被配合而溶解。在铂中加入铑和铱，可以提高其抗腐蚀性能。

自然界的铂族元素多存在于基性、超基性岩体中，常与硫、砷、锑、铋、碲等形成复杂的化合物，或生成天然铂族合金和天然铂、钯。铂族元素还以固熔体形式出现在硫化物、砷化物中，如黄铜矿、镍黄铁矿等。研究发现世界上 97％的铂族金属均与铜镍硫化物有关。由于自然铂或铂族矿物的密度大、抗氧化、耐磨损，常形成风化、坡积的铂族元素金属矿床。

三、 铂金首饰材料的分类

市场流行的铂金首饰可分为两大类。

1. 纯铂金

纯铂金是最高成色的铂金，又称高纯色铂金，理论成色应为 1000‰。但实际上，金无足赤，铂亦无足铂，实际的纯铂金成色总是低于这一数值。纯铂金材料，质地比较柔软，一般只能制作不镶珠宝玉石的纯铂金首饰，如戒指、项链、耳环等。如要镶嵌珠宝玉石，则应采用铂金合金。

2. 铂金合金

它是在纯铂金中加入铱、钯、铜等其他金属构成的合金，用于提高纯铂金的硬度和韧性。

（1）铱铂金

在纯铂金中加入少量铱，冶炼成的合金称为铱铂金。呈银白色，具强金属光泽，硬度较纯铂金高，化学性质稳定，是极好的首饰材料。根据铱和铂的含量不同，铱铂金可分为三种：

① 铱（15％）铂（85％）合金，相对密度 21.59，熔点 1821℃。

② 铱（10％）铂（90％）合金，相对密度 21.54，熔点 1788℃。

③ 铱（5％）铂（95％）合金，相对密度 21.50，熔点 1779℃。

（2）钯铂金

钯铂金是铂金与钯金的合金，这种合金主要由意大利和日本生产。日本市场上的铂金首饰，主要是钯铂合金，18K 钯铂合金中铂的含量为 75％。

由于地域和首饰文化的差异，不同国家和地区制定的市场纯度标准也不一样。

日本、中国香港：允许的铂金纯度为 1000、950、900 和 850 四种，并允许误差为 0.5％。

美国：铂金含量高于 95％的饰品，允许打"Pt"（PLATNUM 或 PLAT）的印记；铂金含量在 75％～95％之间的饰品，必须打上铂族金属的印记，如"铱铂"（IR-10-PAT），表示含铱 10％的合金。铂金含量在 50％～75％之间的饰品，必须打上所含铂族金属的名称及含量，如"585"铂"365"钯（585PAT365PALL）。

欧洲：大部分国家要求采用 950 纯度，其中少部分国家允许铱量当铂量计算。德国允许有其他纯度的标准。

我国的国家标准 GB 11887—2012 中规定，铂金首饰的成色通常采用质量千分数表示，950 铂的含铂量千分数不小于 950，打铂 950 印记（PLATINA 或 P950）；足铂为含铂量千分数不小于 990，打足铂印记或按实际含量打印记。

第四节 · 钯金及其合金 ·

一、钯的物理化学性质

钯对可见光的平均反射率约为 62.8%，比银、铂都低，呈灰白色。钯的密度为 12.02g/cm³，属轻贵金属，与金、铂相比，同等体积的钯首饰质量更轻，同等质量的钯首饰则看起来有更大的体积。

钯的耐腐蚀性能是所有铂族金属中最低的，但还是优于银。在常温大气环境下，钯呈现较好的耐腐蚀性和抗晦暗性。钯在 350～790℃ 与氧作用生成 PdO，但它在高温下不稳定，会发生分解，进一步加热到 870℃ 以上，则 PdO 完全还原成金属钯。PdO_2 呈暗红色，是强氧化剂。在室温下会缓慢失去氧，在 200℃ 以下，分解为 PdO 和氧气。硝酸能溶解钯，热硫酸、熔融硫酸氢钾也能溶解钯。特别是存在氢化物络合物时（如王水），钯就更容易腐蚀溶解。在灼热的温度下钯与氯作用形成氯化钯。钯与王水、盐酸反应形成氯钯酸或氯亚钯酸，往氯亚钯酸中添加过量的氨，可得到四氯铵化物溶液，在溶液中加入盐酸，可以析出亮黄色细小结晶沉淀二氯化二铵络钯，将它煅烧后即分解为金属钯，这一性质可用于钯与其他铂族金属的回收分离。钯与硫反应生成硫化钯，与硒、碲生成硒（碲）化钯。钯采用石墨坩埚熔炼时同样会产生碳中毒，导致其性能变脆。在钯中含其他铂族元素时，将增强钯的抗腐蚀能力。

二、钯金首饰材料的分类

钯金首饰银白闪亮，化学性质较稳定，常态下不易氧化和失去光泽；密度适中，可塑性强，适合打造更具质感、款式更为多样化的首饰，佩戴却不会感到沉重和累赘；硬度较高，适合镶嵌宝石，并且在佩戴过程中不易变形；对人体友好，不会引起皮肤过敏。但是，与铂金首饰相比，钯金首饰的耐腐蚀性和质感均相对差些。

纯钯金首饰是最高成色的钯金首饰，理论成色应为 1000‰。纯钯金材料质地柔软，一般只能制作不镶珠宝玉石的素金首饰，如戒指、项链、耳环等。如要镶嵌珠宝玉石，则需在钯金中加入少量铱、钌、铜等金属来提高纯钯金的硬度和韧性。因此，大多数钯金饰品都是用钯合金制作的，按成色可分为高成色钯金和低成色钯金，高成色钯金的钯含量通常在 80% 以上，其中以含钯 95% 的合金最常用；低成色钯金的钯含量通常不超过 50%。

为保证每件首饰中钯的纯度，每件钯金饰品必须打上 Pd 纯度标识。世界上大多数国家都以质量千分数来表示钯合金首饰的成色，如 Pd850、Pd900、Pd950、Pd990 等，它们分别代表饰品中 Pd 的纯度为 850‰、900‰、950‰和 990‰。

第五节　· 贵金属首饰焊接材料 ·

一、焊接金属材料的性质

　　焊接是首饰加工制作中常用的一道工序，焊接所使用的金属材料包括贵金属金、银、铂族元素和非贵金属元素铜、锌、锡和镍等。用于首饰制作中的焊接金属材料（俗称焊药），通常为合金材料，需要满足以下要求：

　　① 与被焊接材料色泽相同或相近。

　　② 与被焊接材料具有相近的强度和塑性。

　　③ 熔融状态下具有充分的亲和性、流动性和浸润性。

　　④ 融化状态下不会产生过多的氧化物和沉渣，冷却后没有过多的气孔、缩孔和变色现象，焊接过程中不会产生过多的有毒物质。

二、焊药的配制

　　配制焊药应注意对 Zn、Cd、Cu 等元素的控制，因为它们是影响焊药熔点的关键。焊药中适量的 Zn、Cd 能够降低焊药熔点，增强焊药流动性和改变焊缝色泽等作用，但添加过量反而会增加焊缝的脆性，降低焊缝的强度。焊药中的 Cu 主要是保证焊药的塑性，对添加 Zn、Cd 后产生的脆性进行改善，同时也有一定的改色作用。由于 Zn、Cd 等元素易发生氧化反应，配焊药应在真空或保护氛围中进行，以最大限度地减少氧化物的混入，提高焊药的纯净度。首饰制作中常见焊药的基本配方如下：

　　990Ag 高温焊：$Ag85＋Cu9＋Zn6$；

　　990Ag 中温焊：$Ag75＋Cu15＋Zn10$；

　　990Ag 低温焊：$Ag65＋Cu25＋Zn10$；

　　925Ag 高温焊：$Ag66＋Cu25＋Zn9$；

　　925Ag 低温焊：$Ag60＋Cu24＋Zn16$；

　　18K 黄金中温焊：$Au75＋Ag_2.8＋Cu12.2＋Zn1.8＋Cd8.2$；

　　14K 黄金中温焊：$Au58.5＋Ag12＋Cu20＋Zn4＋Cd5.5$；

　　18K 白金中温焊：$Au75＋Cu12＋Ni12＋Zn1$（Cd1）；

　　14K 白金中温焊：$Au58.5＋Ag15＋Cu5.5＋Ni6＋Zn15$（Gd15）。

第三章

贵金属首饰成色的检测原理与方法

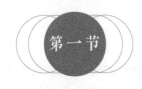 **贵金属首饰成色检测的原则及发展趋势**

一、 贵金属首饰成色检测的原则

贵金属首饰检测的原则，可以归纳为以下三个方面：

① 应尽可能地做到无损检测，因此在选择检测方法上，应尽可能地选择对首饰损害最小的方法。

② 检测应保持一定的精度。

③ 检测成本应尽可能地低。

对于贵金属首饰检测的具体目标，主要包括两个方面：一是鉴别真伪；二是鉴定成色。

二、 贵金属首饰成色检测技术的发展趋势

对贵金属首饰进行检测，古代即已有之，先民们主要依据五官识别，凭着已有的经验来进行，诸如用眼睛观察、手掂、牙咬等方式来感知，当然这里面也包含了一定的科学道理。但是随着科学技术的发展，科学仪器的不断发明和更新，在贵金属首饰检测方面，用一些现代的科学测试仪器，已逐渐地被引入到这一具有悠久历史的领域，尤其在商业检测方面。

现代的贵金属首饰检测技术，是以科学仪器检测为基础的。具有测定准确、成本低、操作简便等特点，并朝着更快速、更简便、更准确的方向发展。随着科学技术的不断进

步，贵金属首饰检测技术和方法将更趋完善。

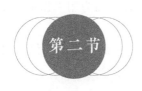 **第二节** ·**常规简易检测方法**·

自古以来，先民们根据贵金属的特性，摸索出了一整套鉴别贵金属成色和真伪的经验方法，正确利用这些方法可以有效、快速地鉴别贵金属的真伪和成色。

一、观色泽法

先民们认识到黄金的颜色与含量之间存在着一定的对应关系。民间有"四七不是金""七青、八黄、九紫、十赤"之说。"七青"是指含金70％，含银30％，黄金显青黄色彩；"八黄"指含金80％，含银20％，黄金显金黄色彩；"九紫"指含金90％，含银10％，黄金显紫黄色彩；"十赤"指含金量接近100％，含银极低的赤金、足金、足赤或纯金，黄金显赤黄色彩。上述方法仅对判断含银的清色金有效。

对于纯金（足金、赤金、足赤金、千足金、24K金）而言，金黄色之上还略微显露出红色调，民间所谓的"赤金"或者"足金"其颜色就是这种纯金的颜色。对于K金（22K，18K，14K，10K，9K，8K）而言，金饰品的颜色反映黄金的杂质种类和比例。一般来说，含银的清色金系列黄金颜色偏黄，而含铜的混色金系列颜色偏红。

根据显示的颜色判断黄金成色的高低，只能是一种定性的描述，随着现代科学技术的发展，不同成色的黄金，可以显示相同的颜色，这点我们在前面已经介绍过了，用这种方法判别自然金的成色具一定的道理。

假银首饰色泽差，光洁度亦差；低银首饰色微黄或灰，精致度差；高银首饰细腻光亮、洁白，光洁度较好。一般而言，当饰品为银与铜的合金时，85银呈微红色调，75银呈红黄色调，60银呈红色，50银呈黑色。当饰品为银与白铜的合金时，80银呈灰白色，50银呈黑灰色。当饰品为银与黄铜的合金时，含银量越低，首饰颜色越黄。一般颜色洁白、制作精细的首饰成色都在九成以上，颜色白中带灰带红、做工粗糙的首饰成色在八成左右，而颜色为灰黑色或浅黄红色的首饰成色则多在六成以下。需要提出的是如在银饰品表面镀上了铑等金属，则无法用目视的方法观测判别饰品的成色。

铂金成色和合金元素组成不同，显示的颜色也有所差别：成色较高的铂金，呈现青白微灰色；含有一定量的铜或金的铂金，颜色呈青白微黄色；含有较多银的铂金，颜色呈银白色。钯金首饰一般呈现钢白色，金属光泽较好。仿铂金或钯金首饰的材质多为白铜、镍合金、钛合金等，它们都易氧化晦暗。

二、掂重法

黄金的密度很大，纯金的密度达 $19.32\mathrm{g/cm^3}$，用手掂重，感觉沉，有明显的坠手感。由于黄金的密度远大于铅、银、铜、锡、铁、锌等金属。因此，无论是黄铜，还是铜基合金，或是仿黄金材料如稀金、亚金、仿金等，还是镀金、鎏金、包金等饰品，用手掂重，均不会有如黄金一样的沉甸甸的感觉。这种掂重方法对 24K 金最为有效，但对密度与金相似的钨合金的镀金或包金制品的鉴别，这种方法无效，因为用手掂重，很难感觉出两者的差异。

铂金的密度为 $21.45g/cm^3$，同体积材料的重量几乎是白银的一倍，比黄金的重量也要大。因此，用手掂重，具有明显的坠手感。

三、 扳延性法

弯折饰品的难易程度，也可以间接地判断黄金饰品的成色和贵金属材料的类别。纯金具有极好的延展性，这是黄金具有较高韧性和较低硬度的综合表现。白银次之，铂金较白银硬，而铜的硬度最大。金银合金稍硬，金铜合金更硬，合金的含金量越低则硬度越高。例如，纯金饰品在其开口处或搭扣处，用手轻轻扳动一下，感觉非常柔软，而仿金材料没有这种感觉。因此，纯金易弯折不易断，而成色低的金饰品，不易弯折而易断。

利用这种方法对金银饰品进行检测时，应特别注意饰品的宽度和厚度对弯折度的影响。一般情况下，饰品宽而厚，弯折时相对感觉硬一些；反之，饰品窄而薄，弯折时感觉要软一些。

四、 划硬度法

纯金硬度非常低，民间常用牙咬，由于牙齿的硬度大于黄金，可以在黄金上留下牙印，此时的黄金为高成色黄金。而仿金材料硬度大，牙咬不易留下印痕。一般用一根硬的铜针，在饰品的背部或不显眼的位置，轻轻地刻划，留下的划痕越深，说明其含金量越高，反之则划痕不明显或较浅。需要特别注意的是，在商业检测中，用这种方法检测贵金属饰品成色，属破坏性检测，应征得委托方的同意或授权。

纯银硬度也较低，指甲可刻划。如饰品软而不韧，可能是锡或铅；如饰品硬而不韧，则可能是铜（白铜）、铁或其他合金制品。

五、 烧熔点法

俗话说"真金不怕火炼""烈火见真金"，黄金熔点高（1063℃），即使在高温下也不会褪色，温度超过熔点开始熔化，但色泽不变。而低成色 K 金、仿金材料，在火中烧至通红，再冷却后均会变色，甚至发黑。

铂金的熔点高于黄金（1773℃），火烧冷却后颜色不变，而白银火烧后冷却，颜色变成润红色或黑红色，取决于含银量的高低。

六、 听声韵法

由于金、银、铂的硬度低，将足金或高成色的饰品抛向空中后落在地上的声音沉闷，没有杂音，没有跳动。将饰品落于硬质水泥地上，金或铂饰品发出沉闷的响声，弹力较小。成色不高的饰品、铜或不锈钢制品发出尖而响亮的音韵，弹跳高。纯金有声无韵小弹力，混金有声有韵有弹力，弹力越大，音韵越尖越长者，成色越低。不过，随着黄金首饰制造技术的进步，当前市场上出现了大批高强度硬化足金，其成色满足千足金的标准，但是具有较好的弹性。

铂金的相对密度高于黄金，将铂金抛向空中落在地上的声音特征与黄金的类似，以此可以区分仿铂、镀铂、包铂材料。

同理，足银和高成色银饰品，由于其密度大，质地柔软，落在台板上的回弹高度不高；而假银或低成色银饰品，由于其密度小，硬度大，其回弹的高度相对较高。

七、看标记法

黄金首饰生产时，都要按国际标准打上戳记，以表明成色。我国规定，对 24K 者标明"足赤""足金""赤金"或"24K"字样。18K 金则标明"18K"或"750"等字样，对低于 10K 者，按规定不能打上 K 金的标记。

我国以千分数、百分数或成数加"银"字表示，如"800 银""80 银""八成银"都表示银的成色为 80%。国际上通常以千分数加"S"或"Silver"字样表示，如"800S""800Silver"等均表示银的成色为 80%。还有一种镀银材料印鉴，国际上多用"SF"（即 silver fill 的词头字母）表示。

国际上用千分数加 Pt，Plat，Pmak Platinum 字样表示铂金的成色与质地，如 950Pt 表示铂金成色为 95%；美国则仅以 Pt 或 Plat 标记，这一标记保证铂金成色在座 95% 以上。

八、条痕法

条痕法又称试金石法，它是最古老的鉴定金银真伪和成色的方法，世界各文明古国都有使用试金石鉴别金银的记载。它是将被检测的饰品和金兑牌（一套已经确定成色的金牌，简称兑牌）在试金石上划出条痕，通过对比留在试金石上条痕的颜色，确定饰品真伪和成色高低的一种方法。这种检测方法，过去一直被认为是一种比较准确、可靠且快捷的检测方法。直至今天，许多金银回收铺，仍经常使用这种方法对物料进行快速鉴别，既可以检测黄金饰品的成色，也可用来检测银饰品的成色。条痕法实际上是一种半定量的快速化学检测法。

1. 检测原理

条痕法的检测原理，是依据各种金属在化学试剂中溶解速度的快慢加以鉴别。

① 金（Au）。可缓慢溶于王水中，而不溶于其他酸中。

② 银（Ag）。既可溶于王水中，又可溶于硝酸中，不溶于盐酸和冷硫酸中。

③ 铂（Pt）。可缓慢溶于王水中，而不溶于其他酸中。

④ 铜（Cu）。既可溶于王水中，又可溶于盐酸、硝酸和硫酸中。

⑤ 镍（Ni）。既可溶于王水中，又可溶于盐酸、硝酸和硫酸中。

2. 检测工具与试剂

条痕法检测所需的工具为试剂、条痕板、玻璃器皿和硬橡胶板。

试剂主要包括王水、纯盐酸、纯硝酸、氢氧化钠、氨水、镍试剂、14 号溶液、滤纸。条痕板（试金石），可以是黑色玄武岩，粗磨过的细粒辉长岩、辉绿岩。器皿主要包括量杯、小滴瓶和玻璃棒。

① 王水。由三份纯盐酸和一份纯硝酸混合而成。混合时可将三份纯盐酸缓慢倒入一份纯硝酸中，可以在量杯中进行，不能用手捂着，在滴瓶中摇晃，用不干胶标明溶液名称。

② 14 号溶液。先倒入 12.5 份蒸馏水，再加入 49 份纯硝酸，然后加 1 份纯盐酸，倒入试剂瓶，注明溶液名称。

③ 纯硝酸。直接倒入试剂瓶即可，该试剂瓶选用有色玻璃（最好是棕色的）。

④ 纯盐酸。直接倒入试剂瓶即可，可用淡色或无色玻璃瓶。

⑤ 氢氧化钠溶液。将 10g 固体氢氧化钠颗粒，轻轻放入 40mL 蒸馏水的量杯中，用玻璃棒搅匀后，缓缓倒入滴瓶中，立即冲洗量杯，并注明溶液名称和浓度。

⑥ 氨水。将浓氨水倒入滴瓶中即可。

⑦ 镍试剂。将 1g 二甲基乙二肟溶于 100mL 的 95％酒精中，转倒入滴瓶即可。

⑧ 小滴瓶。瓶塞和瓶盖经过精细磨制，接触紧密，不致使气体外泄。

⑨ 滴管：应与装试剂的试剂瓶配套，不能有漏气、破损及老化现象。

⑩ 硬橡胶板。用来放置黑色条痕板和试剂。

3. 操作步骤

① 将贵金属制品不显眼的地方在黑色条痕板上轻轻划下一条细条痕。

② 观察条痕的颜色是金黄色还是银白色，若是金黄色用步骤③ ～⑥，若是银白色用步骤⑦～⑬。

③ 先用一滴王水滴在条痕上，若条痕被滴部分在王水中溶解，并能滞留 5s，该金制品成色＞18K；若检测条痕迅速消失，判定该金制品成色＜18K，转操作④。

④ 再将金制品不显眼的地方在黑色条痕板干净处轻轻划一细条痕。

⑤ 滴一小滴 14 号溶液在条痕的一端，如果条痕这一端能在溶液中滞留 10s，则金制品的成色为 14K～17K；如果条痕这一端迅速消失，则金制品低于 14K，转操作⑥。

⑥ 滴一小滴纯硝酸在条痕的另一端，如果这一端的金黄色条痕能滞留 10s，则金制品为 10K 以下的 K 金，若条痕迅速消失，则该制品不含金。

⑦ 加一滴王水在银白色的条痕上，若条痕在 10s 内不变淡，估计铂族元素含量＞75％；若条痕在 10s 内变淡，铂族元素含量＜75％；若条痕迅速消失，则不含铂族元素，转操作⑧。

⑧ 同操作步骤④。

⑨ 滴一滴纯硝酸在条痕上，如果条痕迅速消失，且产生少量乳白色沉淀，则该制品为银制品；若条痕处产生绿色沉淀，则该制品不含银，转操作⑪～⑬。

⑩ 在步骤⑨滴纯硝酸的地方，加滴一小滴纯盐酸，若乳白色沉淀立即扩大，布满酸滴，银含量＞50％；若乳白色沉淀扩大缓慢，含银量＜50％。

⑪ 同操作步骤④。

⑫ 滴两滴纯硝酸，静置 10s，用滤纸吸一点浅绿色的溶液，加氨水滴在浅绿色溶液浸润的地方，再加镍试剂，若呈桃红色，则含镍；若不呈桃红色转操作⑬。

⑬ 再用滤纸在条痕板上吸一点浅绿色的溶液，加一滴氢氧化钠溶液，产生白色沉淀，再加一滴纯硝酸，沉淀消失，估计含锌；若加氢氧化钠溶液不产生白色沉淀，估计为锡、锑。

需要说明的是，不是每次操作都要完成所有的步骤，因为金制品、银制品、铂金制品只需用其中的一些步骤，而不必用所有的步骤。另外，镍、锌、锡、锑是否存在，只是对金、银成色的参考，并非必须要做的步骤。

上述操作中所引用的 5s、10s，只是对浅条痕而言，如果条痕粗而厚，则反应的时间需增加，因此需要测试人员大量地摸索与对比。

4. 注意事项

① 王水、硝酸、盐酸、14 号溶液、氢氧化钠溶液具有较强的腐蚀作用，应紧密封闭，小心取用。

② 刻划条痕时，一定要选用不显眼的地方，不能损伤制品。

③ 黑色条痕板用完后要用清水反复冲洗，擦干后以备下次使用。

④ 试剂不能暴晒，要定期更换，报废的试剂要倒入专门的地方，不能倒入自来水槽、垃圾桶等，以免污染环境。

⑤ 试剂瓶上的标记，要定期检查。

⑥ 试剂应有专人保管，以免发生事故。

综上所述，条痕法检测黄金饰品成色，简捷、快速、方便，测试成本低。它是通过肉眼观察比较而定，观察色泽浓淡，需要丰富实践经验，划分等级太粗，只能划分 >18K、18K～14K、14K～10K 等。检测时所用化学试剂易造成污染，受人为因素影响较多，精度有限，对饰品的内部无法检测，且划条痕对饰品有一定的损伤。

现代无损检测方法

一、静水力学法（密度法）

（一）检测原理

纯金的密度为 19.32g/cm^3，如果测得某贵金属首饰的密度低于此值，可以肯定有其他金属掺入，密度的大小与黄金的成色有极大的关系，根据密度的大小可以推算出黄金的成色，这是密度法检测贵金属首饰成色的基本思想。

首饰体积等于首饰中纯金所占体积和杂质金属所占体积之和，得到：

$$V = V_{纯} + V_{杂} \tag{3-1}$$

其中，V 为首饰体积，mL；$V_{纯}$ 为首饰中纯金所占体积，mL；$V_{杂}$ 为首饰中杂质所占体积，mL。

用万分之一分析天平准确称得金首饰的质量 m，然后用一细丝系好首饰，准确称得其在水中的质量 m'（必要时应扣除细丝的质量）。根据阿基米德原理，物体在水中所受浮力等于其排开水的质量，即：

$$m - m' = V \times \rho_{水} \qquad (3\text{-}2)$$

通常水的密度为 $1\text{g}/\text{cm}^3$，将（3-1）式代入，得：

$$m - m' = V_{纯} + V_{杂} \qquad (3\text{-}3)$$

根据物体体积和质量的关系 $V = m/\rho$，得：

$$m - m' = \frac{m_{纯}}{\rho_{纯}} + \frac{m - m_{纯}}{\rho_{杂}} \qquad (3\text{-}4)$$

将上式化简，再将纯金密度 $\rho_{纯} = 19.32\text{g}/\text{cm}^3$ 代入，化成质量分数，得：

$$\frac{m_{纯}}{m}\% = \frac{m - (m - m') \times \rho_{杂}}{m \times (19.32 - \rho_{杂})} \times 1932 \qquad (3\text{-}5)$$

其中，m 为饰品质量，g；m' 为饰品在水中的质量，g；$m_{纯}$ 为饰品中含纯金质量，g；$\rho_{杂}$ 为饰品中含杂质的密度，g/cm^3。

（二）$\rho_{杂}$ 的取值方法

用上述公式检测首饰中金的含量，m 和 m' 均由分析天平实际测得，剩下就是确定 $\rho_{杂}$ 的取值。根据经验金饰品中主要杂质为银和铜，所以杂质密度是由杂质中银、铜的相对含量决定。其中，银的密度为 $10.49\text{g}/\text{cm}^3$，铜的密度为 $8.90\text{g}/\text{cm}^3$，所以 $\rho_{杂}$ 的取值范围在 $8.90 \sim 10.49\text{g}/\text{cm}^3$ 之间。对 $\rho_{杂}$ 的取值如下：

对金银系列合金（清色金）：$\rho_{杂} = \rho_{银} = 10.49\text{g}/\text{cm}^3$。

对金铜系列合金（混色金）：$\rho_{杂} = \rho_{铜} = 8.90\text{g}/\text{cm}^3$。

对金银铜系列合金（混色金）：$\rho_{杂} = 1/(x/\rho_{银} + y/\rho_{铜})$，其中 $x + y = 1$。

若 $x = y = 0.5$，则 $\rho_{杂} = 9.63\text{g}/\text{cm}^3$；

若 $x : y = 1 : 2$，即 $x = 0.3333$，$y = 0.6666$，$\rho_{杂} = 9.375\text{g}/\text{cm}^3$；

若 $x : y = 2 : 1$，即 $x = 0.6666$，$y = 0.3333$，$\rho_{杂} = 9.901\text{g}/\text{cm}^3$。

从上述分析可知，金基合金的密度和不同种类、不同比例的杂质金属的密度是决定金饰品成色的主要因素。只有在预先知道所测样品中杂质金属的种类比例时，才能通过密度法计算所测样品的成色，这也是密度法检测的必要条件。

（三）静水力学法（密度法）检测的特点

1. 优点

密度法是应用阿基米德原理测试首饰的密度，由金银铜合金的密度与含金量存在的函数来计算成色含量的，该法具有如下优点。

① 简捷、快速。所用仪器不多，原理简单，测试费时不多。

② 准确。能有效鉴别黄金首饰的真伪，比如确定是属于黄金首饰还是镀金、包金，以及测定纯金首饰的金含量，只要不是空心制品，结果的准确度不亚于其他方法。对于表面无缝隙的拉压件首饰，如天元戒、马鞭链等，检验准确度较高。

③ 测试成本和仪器成本较低，要求测试技术熟练程度低。

2. 缺点

密度法的缺点也十分明显，主要包括以下方面：

① 只有在预先知道所测样品中杂质金属的种类比例时，才能通过密度法计算所测样品的成色，这也是密度法检测的必要条件。

② 无法对高密度掺入物做出判别，如钨的相对密度为 19.35，与纯金的密度十分接近，因此用这种方法很难测定。

③ 对空心制品无法测试。当首饰内部存在砂眼及焊接孔洞、表面存在工作液难以浸入的缝隙，含有金银以外的杂质等因素时，液体表面张力对密度测试结果产生影响，导致误差。

（四）检测方法

1. 双盘天平法

（1）检测仪器

感量为 0.1mg 的天平、浸液、垫桌、细铜丝（亦可用头发代替）。

天平：可选用机械式或电光式天平，感量 0.1mg。

浸液：可以选用无水乙醇、四氯化碳、二甲苯、水或乙醇加水，用 50mL 玻璃烧杯盛装。

垫桌：根据天平型号用金属板材加工的小桌子，可以放在载物盘上方，而不影响载物盘的上下移动。

细铜丝：剪长度相等的细铜丝若干（$\phi = 0.2mm$），用天平称量后，以两段为一组，取质量相等两组。将其中一组的两小段一端卷成小钩，另一端彼此扭接在一起，这样两小钩既可同时挂在载物盘中钩上，又可将一端小钩挂在载物盘中钩上，另一端浸在浸液中。另一组直接放在砝码盘上即可。如用一根头发丝，则可以省去细铜丝的一切细节及加工细节，直接把拴有金首饰的头发结一个小圈，挂在载物盘的中钩上。

（2）操作步骤

① 检查天平零点。取下细铜丝，测定天平零点，调节螺旋使感量不大于 0.1mg，挂上两边的细铜丝后，调节天平零点，使指针对准 0 位。如用头发，可省去调节挂铜丝后天平零点调节这一步。

② 测定温度校正曲线。浸液在不同温度下的密度是不同的。表 3-1 列出了乙醇、二甲苯、四氯化碳在不同温度下的密度。实际上，有机溶液的纯度、后期杂质的掺入、温度计温度与装浸液烧杯的温度差异等，都会使实测结果与表 3-1 中的数据有一定出入，有的甚至相差较大。

表 3-1　乙醇、二甲苯、四氯化碳浸液在不同温度下的密度　　　单位：g/cm³

乙醇		二甲苯		四氯化碳	
密度	温度/℃	密度	温度/℃	密度	温度/℃
0.837	7	0.839	6	1.630	3
0.830	16	0.829	16	1.610	13
0.829	18	0.824	22	1.599	18
0.827	19	0.819	27	1.589	23
0.821	21	0.814	32	1.579	28
0.817	26	0.809	37	1.569	33
0.810	32	0.804	42	1.559	38

③ 将贵金属首饰洗刷干净，用无水乙醇或丙酮擦一遍，直到干燥为止。

④ 用细铜丝或头发将金首饰挂在载物盘的中钩上，称取贵金属首饰的质量 m。

⑤ 将贵金属首饰浸在浸液烧杯中，称取金首饰在浸液中的质量 m'。

⑥ 计算贵金属首饰的密度 $\rho_{金} = m/(m - m') \times$ 浸液的密度。

⑦ 根据密度和假定的合金组元换算成贵金属（金或银）的成色。

（3）注意事项

操作过程中，要注意以下几个方面：

① 贵金属首饰必须干净、干燥，否则误差较大。

② 工作曲线要定期校正，不能一劳永逸。

③ 贵金属首饰浸在溶液中，不要马上称量，而要先晃动一会，肉眼观察绝不能有气泡，如有肉眼可见的小气泡一定要去掉。

④ 乙醇、二甲苯、四氯化碳都有挥发性，测定要快而稳，千万不要打翻在天平中。测定结束后，要用特制的盖子盖好，或倒入专用的瓶子中，不能倒回原来的器皿中。

⑤ 若有大于金密度的情况，要进行校正。

⑥ 要记录贵金属首饰的名称、质量、形状、表面结构和颜色，特别是颜色和表面结构十分重要，这样可以防止掺钨金首饰的成色误差。原始资料保留下来可以分析检测误差，以利于检测质量管理。

2. 单盘电子天平法

（1）检测仪器

感量为 0.0001g 的电子单盘天平、浸液、悬挂架。

电子天平：单盘，感量为 0.0001g 或更灵敏，数字显示。

浸液：同双盘法，由于无天平吊架，可以选用较大一点的烧杯来盛装。

悬挂架：可以做大一点，固定在载物盘外不影响载物盘上下移动即可，高度是浸液烧杯的 1.5～2 倍；也可以不用悬挂架，空气中称量放在载物盘上，浸液中称量用手提着，或在天平罩上做一悬钩，将样品挂在天平罩上。

（2）操作步骤

① 检查天平零点，按电子天平使用说明书检查。

② 测定温度校正曲线，同双盘法。

③ 洗刷干燥贵金属首饰，同双盘法。

④ 将浸液烧杯放在载物盘上，安上悬挂架，倒入浸液，将天平调到零点。

⑤ 将贵金属首饰放在载物盘上，读出贵金属首饰质量 m，并记录。

⑥ 将贵金属首饰用头发挂在悬挂架上，浸没在浸液中，直接读出贵金属首饰空气中和浸液中的质量差值 $m - m'$，并记录。

⑦ 计算贵金属首饰密度，同双盘法。

⑧ 换算贵金属首饰的成色，同双盘法。

（3）注意事项

操作过程中，需注意以下几个方面：

① 单盘法没有垫桌，浸液的挥发性对精度影响较大，因此调好零点到质量测定之间

的时间一定要短，测量要快而稳，尤其是夏天，更要缩短两次测量的时间间隔。

② 载物盘要居中，浸液烧杯居中放置，否则影响测定结果。

③ 电子天平的感量一定要经过检查，数字显示系统也应用已知标样检查。

④ 倾倒浸液要小心，不要洒在电子天平的台面上。

二、 X射线荧光光谱分析法

X射线荧光光谱分析（XRF）法是一种有效的分析手段，已在冶金、采矿、石油、环保、医学、地质、考古、刑侦、粮油、金融等部门得到广泛的应用。贵金属的X射线荧光光谱分析法，是国际金融组织推荐的检测方法之一。

（一） X射线荧光光谱分析的基本原理

电子探针测定样品受激发后，发射的特征X射线谱线的波长（或能量）及强度。X射线荧光光谱分析与此完全类似，但X射线荧光光谱分析不同于电子探针的是入射光本身就是X射线，被照射的样品吸收了初级X射线后会发出次级X射线。各种次级X射线就称为X射线荧光，测定这种特征谱线的波长（或能量）和强度，就能测定元素的含量。

（二） X射线荧光光谱仪的结构

1948年，弗利德曼和伯克斯制成了世界上第一台商品型的X射线荧光光谱仪。几十年来，X射线荧光光谱仪技术得到飞速发展，以快速、灵活、精确为特点的新型号光谱仪不断出现。X射线荧光光谱仪分为两大类：一类是波长色散X射线荧光光谱仪；另一类是能量色散X射线荧光光谱仪。前者又可分为顺序式和同时式两种。

1. 顺序式波长色散X射线荧光光谱仪

主要由X射线管、分光系统、探测系统和记录系统组成。

（1）X射线管

X射线管是产生X射线的器件，实际上是一种高压真空二极管，包括一个发射电子的阴极和一个接受电子的阳极（靶）。电子轰击阳极靶面产生X射线，从X射线管窗口出射而照射到样品上。为减少窗口对各种波长的X射线的吸收，而选用轻元素材料，常用的X射线管多采用铍窗口。

（2）分光系统

包括样品室、狭缝、分光晶体等几部分。样品室是存放样品的场所，它包括样品托盘、样品盒、样品座、样品旋转机构等部件，样品可以是固体（块、板、棒、粉末等），也可以是液体。狭缝又叫准直器、棱柱光栏，从样品中产生的各元素的特征X射线是发散的，准直器的作用在于截取发散的X射线，使之变成平等的射线束，投射到分光晶体或探测器窗口上。分光晶体的作用，是将不同波长的谱线分开或者叫色散。色散的基本原理是利用晶体的衍射现象，使不同波长的特征谱线分开，以便从中选择被测元素的特征X射线进行测定。

（3）探测系统

它的作用在于接收X射线，并把它转换成能够测量或者可供观察的信号。例如，可见光、电脉冲信号等，然后通过电子电路进行测量。现代X射线荧光光谱仪常用的探测器有闪烁计数器、正比计数器、半导体探测器等几种。

① 闪烁计数器是常用的计数器，它对短波 X 射线有较高的探测效率，对较重元素探测效率可接近 100％，一般用来探测波长小于 3Å❶ 的 X 射线。它由闪烁体、光电倍增管和高压电源等几部分组成，在 X 射线分析中它的能量分辨率对重元素约为 25％～30％，对较轻元素约为 50％～60％。

② 正比计数器分为封闭式正比计数器和流气式正比计数器两种。

正比计数器用来探测波长大于 3Å 的 X 射线，现代 X 射线光谱仪常用流气式正比计数器。为了减少对长波 X 射线的吸收，探测器的窗口材料用很薄的镀铝聚酯薄膜（常用 $6\mu m$，也有更薄的），因窗薄而不能防止漏气，所以需要通入新鲜气体来排除空气，故采用流气式。P10 气体（90％的氩气，10％的甲烷气）是最广泛使用的混合气体。正比计数器的能量分辨率优于闪烁计数器。

封闭式正比计数器是将电离气体，如惰性气体、氧、氮等永久地密封起来，为了防止漏气，设有比较厚的铍窗口或云母窗口，云母窗口通常厚度为 $12\sim15\mu m$，其他情况与流气式正比计数器相同。

③ 半导体探测器主要用在能量色散谱仪方面，它的优点是探测效率和能量分辨本领都很高，大部分轻重元素特征谱的能量都能探测到。

（4）记录系统

由放大器、脉冲幅度分析器和读示三部分组成。

放大器：包括前置放大器和线性放大器（又称主放大器）。从闪烁计数器和正比计数器输出的脉冲幅度一般为几十到几百毫伏，这样微弱的电信号不能直接计数，必须进行放大，前置放大器先放大，一般达十几倍到几十倍，主放大器将输入信号脉冲进一步放大，所得到的脉冲幅度能满足后面的甄别电路的要求，放大倍数可达 500～1000 倍。

脉冲幅度分析器：其作用是选取一定范围的脉冲幅，使分析线的脉冲从干扰和本底中分辨出来，并在一定程度上抑制干扰和降低成本，以改善分析的灵敏度和准确度。

读示部分：由定标器、比率计、打印机等几部分组成。

2. 同时式自动化 X 射线荧光光谱仪（又称多道 X 射线荧光光谱仪）

同时式自动化 X 射线荧光光谱仪是由一系列的单道仪器组合起来的，而每一个道都有自己的晶体、准直器、探测器、放大器、波高分析器、计数定标器等，呈辐射状排列在一个公共的 X 射线管和样品周围。大部分的道是固定的，即固定元素分析谱线的 2θ 角，并配备适合该元素分析谱线的最佳元件，这种道又称固定道。目前能见到的仪器型号有 22 道、28 道、30 道等。另外一种道叫做扫描道，一台多道谱仪有 1～3 个扫描道，这种测量道具有马达传动机构，可以进行定性分析的 2θ 扫描。

多道仪器可以同时测定一个试样中的各种元素，很适合数量大的同类试样的分析。但这种仪器结构庞大，价格昂贵，应用受到一定的限制。

3. 能量色散 X 射线荧光光谱仪

波长色散 X 射线荧光光谱仪与能量色散 X 射线荧光光谱仪比较，仅仅在于对样品发

---

❶ $1Å = 10^{-10}$ m。

出的特征 X 射线分离（色散）的方法不同，前者是用晶体进行分光，后者则常用能量分辨率较高的半导体探测器，配以多道脉冲幅度分析器来进行能量甄别分析。

在能量色散 X 荧光光谱仪中，X 射线源可以用 X 射线管，也可以用放射性同位素作激发源。试样发出的特征 X 射线送入半导体探测器［常用 Si（Li）探测器］检测，得到一系列的幅度与光子能量成正比的电流脉冲，将探测器的输出放大后，送入多道脉冲幅度分析器进行脉冲分析，所得到的若干种不同的脉冲幅度分布以能谱图的形式显示出来或被记录下来，只是在这种能谱图中，显示的图像是强度对脉冲幅度或者强度对光子能量的谱图。根据能谱峰的高度来测定元素的浓度（含量）。

由于多数情况下，用放射性同位素作激发源，所以这种 X 射线又称为"软" X 射线，用"软" X 射线制成的能量色散 X 射线荧光光谱仪具有轻便的特点，因为省去了一大堆与 X 射线源有关的部件和系统。

（三） X 射线荧光光谱分析的特点

1. 优点

① 分析的元素广，元素周期表上的前 92 号元素几乎都能分析。

② 分析的元素含量范围比较宽，从 $100\% \sim 0.0001\%$ 几乎都能测，精度不亚于其他检测方法。

③ 是一种无损分析方法，样品在分析过程中不会受到破坏，符合贵金属首饰的检测需要。特适合贵金属制品的成色检测和真伪鉴定。

④ 快速，准确，可在 $1 \sim 2\min$ 内，完成 $20 \sim 30$ 种元素的分析测定。

⑤ 与分析样品的形态无关，固态样品、液体、压块、粉末、薄膜或任意尺寸的样品均可分析。

⑥ 分析成本低，要求操作人员的技术熟练程度不高。

2. 缺点

① 非金属和介于金属和非金属之间的元素很难做到精确检测。在用基本参数法测试时，如果测试样品里含有 C、H、O 等轻元素，会出现误差。

② 需要有代表性样品进行标准曲线绘制，分析结果的精确性建立在标样化学分析的基础上，容易受元素间的相互干扰和叠加峰的影响。标准曲线模型需要不时更新，在仪器发生变化或标准样品发生变化时，标准曲线模型也要变化。

③ 放射性同位素源存在潜在的污染威胁。

④ XRF 法对于基体不同的金饰品检测误差较大，对样品性质、均匀度也未考虑，特别是对于表面经过处理的金饰品及包金饰品无法做出正确检测。

密度法的局限性在于，一旦合金类型判断错误，将会带来较大误差甚至得出错误结论。但是如果预知其合金类型和杂质元素间的相对比例，其测定的准确度又是其他方法所不及的。因此在具体应用中，将密度法和 X 射线荧光光谱法进行联合使用，两种方法互补验证，用 X 射线荧光光谱法检测合金类型，粗测各杂质元素的相对比例，再用密度法确定其含量，是一个非常有效的途径，在首饰质检站应用广泛，但前提条件是贵金属为均匀的合金而不是包金或镀金。

（四） X 射线荧光光谱仪的定性与定量分析方法

1. 准备样品

分析前检查样品品种、印记、外观等，表面不干净的样品，要将其擦拭干净，使测量面无脏污。

除检测机构外，首饰企业生产中也大量运用 X 射线荧光光谱仪来监控物料与产品的成色，待分析样品可以是固态，也可以是水溶液，样品的状态对测定误差有影响。固态样品测试表面要洁净，无脏污。对于固态贵金属样品，要注意成分偏析产生的误差，比如在同一棵金树上铸造的首饰铸件，处于树的不同位置，它们的成色受到偏析的影响可能有一定差别。化学组成相同，热处理过程不同的样品，得到的计数率也不同。对于成分不均匀的贵金属试样，要重熔使之均匀，快速冷却后轧成片材或取其断口；对表面不平的样品要打磨平整；对于粉末样品，要研磨至 300～400 目，然后压成圆片，也可以放入样品槽中测定。对于液态样品可以滴在滤纸上，用红外灯蒸干水分后测定，也可以密封在样品槽中。

2. 定性分析，确定样品主元素和杂质元素组分

不同元素的荧光 X 射线具有各自的特定波长或能量，因此根据荧光 X 射线的波长或能量可以确定元素的组成。如果是波长色散型光谱仪，对于一定晶面间距的晶体，由检测器转动的 2θ 角可以求出 X 射线的波长，从而确定元素成分。对于能量色散型光谱仪，可以由通道来判别能量，从而确定是何种元素及成分。但是如果元素含量过低或存在元素间的谱线干扰时，仍需人工鉴别。首先识别出 X 光管靶材的特征 X 射线和强峰的伴随线，然后根据能量标注剩余谱线。在分析未知谱线时，要同时考虑到样品的来源、性质等元素，以便综合判断。

3. 选择标样，绘制校正曲线

根据定性分析结果，选择纯度等级与杂质组分基本匹配的标样。一般有如下要求：

① 组成标准样品的元素种类与未知样相同或相似。

② 标准样品中所有组分的含量必须已知。

③ 标准样品中被测元素的含量范围要包含未知样中所有的被测元素。

④ 标准样品的状态（如粉末样品的颗粒度、固体样品的表面光洁度以及被测元素的化学态等）应和未知样一致，或能够经适当的方法处理成一致。

对标样进行检测，每个标样测样不少于 3 次，重复测量后求平均值，再以其各元素含量的标准值和相应平均值为参数，绘制校正曲线，求出校正曲线的线性方程。一般情况下，实验室应对校正曲线定期进行验证，若漂移较大应重新建立。

4. 检测样品，计算定量分析结果

将被测样品放入样品室测试，进行定量分析。X 射线荧光光谱法进行定量分析的根据是元素的荧光 X 射线强度 I_i 与试样中该元素的含量 C_i 成正比：$I_i = I_s \times C_i$，式中 I_s 为 $C_i = 100\%$ 时，该元素的荧光 X 射线的强度。根据上式，可以采用标准曲线法、增量法、内标法等进行定量分析。但是这些方法都要使标准样品的组成与试样的组成尽可能相同或相似，否则试样的基体效应是指样品的基本化学组成和物理化学状态的变化对 X 射线荧光强度所造成的影响。化学组成的变化，会影响样品对一次 X 射线和 X 射线荧光的吸收，也会改变荧光增强效应。

根据校正曲线，将测量值代入校正曲线的线性方程，计算得到样品测量值的校正值。每件样品选取不少于三个有代表性、不同位置的测试值，通过重复测量计算其平均值。

（五）影响 XRF 法检测精度的因素

XRF 法是利用大量性质相近的标准物质中元素的荧光强度与含量的关系建立数学校正曲线后，通过对未知样品元素荧光强度的测定求取含量。要获得准确度高的检测结果，标准工作曲线的建立和计算方法的选择很重要。

1. 标准工作曲线的建立

标准物质（标样）是建立标准工作曲线的基础，但是目前国内市售的贵金属首饰标准物质较少，而贵金属饰品的杂质种类多，仅靠市售的国家标准物质很难满足与杂质组分匹配的标准物质的需求，这样由于基体效应使分析结果偏差较大。例如：在标定仪器的金系列标准物质中没有杂质元素种类镍，则采用 X 荧光光谱仪测定该类含镍的白色 K 金时，其检测结果必然存在误差。

在建立工作曲线对其拟合时，一定要合理选用校正元素，无论是增强、吸收，还是重叠、干扰，要结合曲线拟合后计算误差和标准样品实际测试偏差情况，判断选择的元素及方法是否真的有效。

曲线拟合时最重要的标准是曲线上表观含量点与推荐值点位置不能相差太大，计算出的校正系数要有正有负，这样实际测试的结果才能更接近其真实值，测量数据才真实可靠。

2. 计算方法的选择

X 射线荧光光谱法常用三种定量分析方法：直接法、归一法和差减法。直接法是把 Au 元素的强度代入相应的强度与含量线性关系方程中计算得到 Au 元素的含量。差减法是用总量 100％ 直接减去杂质元素的含量，从而得到主元素含量。归一法是假设归一含量为 100％，把各元素的含量值相加并与 100％ 相比较，多余的部分对每个元素加权计算，得出各元素含量的最终值。

当待测贵金属元素为大于 75％ 的高含量元素时，主元素含量与强度的线性关系越来越弱，直接用线性关系得到的结果趋于不准确，此时用杂质元素的线性关系得到相对准确的杂质元素含量，用归一法或差减法可得到更准确的主元素含量。当贵金属元素含量小于 75％ 时，直接用 Au 元素的强度和含量的线性关系来计算，结果更准确。

第四节 · **现代有损检测方法** ·

一、火试金法（灰吹法）

火试金法又称灰吹法，是指通过熔融、焙烧测定矿物和金属制品中贵金属组分含量的方法。火试金法不仅是古老的富集金银的手段，而且是金银分析的重要手段。国内外的地质、矿山、金银冶炼厂都将它作为最可靠的分析方法，广泛应用于生产。

火试金法是国际上公认最准确的方法，已被多个国家列为国家标准，成为金含量测定的国际指定仲裁方法。我国标准 GB 11887—2012 中也指定了火试金法为测量金合金中金含量的仲裁方法。

（一）火试金法的原理

称取一定重量的待分析金样，加入适量的银，包于铅箔中在高温下熔融，熔化的金属铅对金银及其他贵金属有极大的捕收能力，可将熔融状态下暴露出来的金银完全熔解在铅中。高温熔融合金液中的铅在空气或氧气中很容易氧化，形成熔融状的氧化铅，氧化铅与融铅的表面张力和密度不同，熔融铅下沉到底部形成铅扣，熔融氧化铅则与灰皿表面润湿，在毛细管作用下能被吸收在多孔性的灰皿中，而融铅的内聚力大，不被灰皿吸收。熔融的氧化铅渗入灰皿后，融铅露出的新表面又被氧化，刚生成的熔融氧化铅又被灰皿吸收。如此不断反复，直到铅全部氧化成氧化铅并被灰皿吸收为止，实现了铅扣与熔渣的良好分离。在此过程中，其他贱金属元素也会部分或全部形成氧化物挥发，或被灰皿吸收，达到去除杂质元素、获得较纯净贵金属颗粒的目的。灰吹后的合金颗粒，利用银溶于硝酸、而金不溶于硝酸的性质，用硝酸把其中的银溶解掉，金被单独分离出来。经硝酸分金后称重，用随同测定的纯金标样校正后计算试料的金含量。

（二）火试金法的优缺点

1. 优点

① 火试金法应用范围广，可用于各种合金、K 金中金含量在 333.0‰～999.5‰之间的各种金和 K 金首饰金含量的测定，是首饰行业检测机构公认的一种经典检测方法。

② 分析结果可靠，具有较高的精密度和准确度。

③ 取样量大，代表性好，可以很大程度减少取样误差。

2. 缺点

① 属于破坏性方法，需要对样品进行破坏取样，检测成本高。

② 不适用于高纯金首饰的样品（金含量 999.5％以上），以及含有不溶于硝酸的杂质元素（铱、铂、铑等）的样品。

③ 灰吹过程需要使用有害元素铅作为捕收剂，对检验人员身体和环境存在安全风险。

④ 分析流程长，检测步骤多，操作复杂，对检验人员的专业技能和经验有较高要求。

（三）火试金法使用的设备与器皿

1. 灰吹炉。火试金法用的高温灰吹炉，俗称马弗炉。专门用于灰吹的马弗炉应具有使空气流通的进气口和出气口，最好能使空气预热并能使其稳定地通过，炉温能均匀地由室温加热到 1100℃。

2. 分析天平。火试金法是质量分析法，对分析天平的要求比较严格，一般要使用感量在 0.01mg 以内的精密分析天平。天平和砝码要求经常校正，根据工作量的大小，其检校周期以一个月或一个季度为宜。

3. 分金篮。不同国家的分金篮制作材质有差别，我国的试金分析室多采用铂或不锈钢板材制作。

4. 压片机。用于将合金颗粒压成薄片，要求压出的片均匀一致，避免增大分析误差。

5. 灰皿。灰皿是灰吹铅扣时吸收氧化铅用的多孔性耐火器皿。常用的灰皿有水泥灰皿、骨灰-水泥灰皿和镁砂灰皿三类。

（四）火试金法的分析步骤

以金含量在 333.0‰～999.5‰之间的金合金首饰为例，其含金量的分析过程主要分为预分析、称量、补银、包铅、灰吹、退火碾片、分金和称重计算八个步骤。

1. 预分析

常用的预分析方法有重量法和 X 射线荧光光谱（XRF）法。重量法进行预分析准确度较高，但时间较长。XRF 法速度快，可同时预分析出样品中的杂质元素含量，但该方法的误差较大。对于一般样品可采用 XRF 法进行预分析，可了解样品基本组成，便于后期标准样品补银、铜、镍等质量的计算。对形状不规则、XRF 法分析误差较大的可采用火试金法进行预分析。

2. 称量

称取 200～300mg 标准金 3～4 份，以及相当于标准金重量的试样 3～4 份，精确至 0.01mg。样品要剪成小块，混匀后称量，使称量更具代表性。标准金和样品的称量遵循一致性原则，比例成分尽量一致。平行标准金和平行样品间称量极差应控制在 2%以内。

3. 补银

补银时银金的比例至关重要，银量小于金量 2 倍时分金将无法进行，金银比例过大易造金卷破碎。银量为金量的 2.1～2.5 倍时较合适。补银极差应控制在 1%以内。考虑到试样中含有的贱金属总量，应在标准金中按比例加入适量的铜。

4. 包铅

将称好的标准金和试样分别用铅箔包好，卷成卷并编号。铅箔重量一般 3.5g，标准金和试样的包铅量尽量一致。铅量和样品的杂质含量成正比，铜、镍含量较高时可加大铅量。铅和试样要包紧尽量减少空隙，避免铅扣放入后空气膨胀带来的迸溅损失。

5. 灰吹

将铅箔包好的标准金和试样放入灰吹炉内，标准金与试样交叉排列，避免炉温不均造成误差。灰皿应预热到 920℃以上，避免残留有机物等挥发带来迸溅。炉温保持在 920～1000℃，在氧化性气氛中，持续加热直至样品完全熔化，时间约 25min。如采用封闭式灰吹炉，在 920～1000℃保温 30～40min 后，稍微打开炉门进行氧化灰吹，10～15min 后关闭炉门。

灰吹结束后停止加热，随炉降温至 700℃以下取出，避免快速降温引起合金颗粒的快速放氧，导致迸溅、起刺。

6. 轧片

用刷子将合金颗粒上黏附的灰皿材料刷去，放在铁砧上砸扁，在 700℃退火。用轧压机将合金颗粒轧成 0.15～0.2mm 的薄片，再进行退火，不宜时间过长。轧片时合金颗粒送入的方向要一致，避免样品开裂造成损失。轧片的厚度要一致，保证增值的一致性。用数字钢印打号，卷成圆筒状。

7. 分金

利用硝酸将分金卷中的银溶出。分金前对合金卷、分金烧瓶或分金篮进行清洗，防止污染或带入氯离子。将金卷浸没在盛有 20mL 近沸硝酸的分金烧瓶中，使之始终保持在低于沸点 5℃接近煮沸的温度下，持续加热 15min 或加热至赶走氮氧化物盐雾为止。将溶液缓慢倒出，用热水清洗金卷 3～5 次，再浸入硝酸煮沸和清洗。

将分金后的标准金与试样小心转移到瓷坩埚内，干燥，灼烧成金黄色。冷却后称量金卷的质量，精确至 0.01mg。

8. 计算结果

金含量 W_{Au} 按式（3-6）计算，计算结果保留到小数点后一位：

$$W_{Au} = \frac{m_2 + \Delta}{m_1} \times 1000\% \tag{3-6}$$

$$\Delta = m_3 \times E - m_4 \tag{3-7}$$

式中，m_1 为试样质量；m_2 为试样分金后所得金卷的质量；m_3 为标准金的质量；m_4 为标准金分析后所得金卷的质量；E 为标准金的纯度，以千分数表示。

重复试验造成结果的偏差，对于 999.0‰～999.5‰的金合金应小于 0.2‰，对于小于 999.0‰金合金应小于 0.5‰，对于白色 K 金应小于 1‰。

（五）影响火试金法分析精度的因素

火试金法分析金含量时，取样量、灰吹炉、灰皿材质、银金质量比、灰吹温度、分金等条件均会对结果产生影响，分析时需用金标样进行随同试验，并保持金标样和样品分析条件的一致性，才能得到平行性好的增值和准确可靠的结果，消除分析过程中的系统误差。

1. 取样量

K 金首饰分析时一般取样量较少，这和 K 金首饰的合金元素含量较高有关，但过少的取样量会直接影响到取样代表性及分析精度。对较高纯度及含镍、铜较少的首饰，可适当加大取样量来获得更好的结果。成色较低的 K 金，可适当地增加铅箔的量，有利于杂质的分离。标准金增值应有一定范围的控制和取舍，避免产生系统性的偏差。

2. 灰吹炉

普通马弗炉仅能满足温度需要，无法提供灰吹过程中所需求的氧化气流，降低了灰吹质量与效果。此外它还存在一定安全隐患，为提供氧化还原所需氧气，灰吹阶段需将马弗炉炉门开启一定的缝隙，从而使大量氧化铅由炉门处向外逸出，使马弗炉周边环境遭受严重铅污染，危及人员身体健康。长时间使用，炉膛和炉口处容易被氧化铅腐蚀损坏，炉内残留的大量铅难以及时排出，极易污染分析样品。故应优先采用专用灰吹炉。

3. 灰皿材质

在选用灰皿的材质和配比时，不但要考虑灰皿对铅扣中杂质元素的吸收能力和效果，还要考虑金、银在灰吹过程中的回收率。镁砂水泥灰皿回收率较高,但存在着合金颗粒底部黏附物不易清除,灰吹温度及终点难于判断的现象。骨灰-水泥灰皿灰吹温度及终点易于判断和掌握,灰吹后所得合粒较为纯净,敲成薄片时不易碎裂,但回收率相对稍低。

4. 银金质量比

银在火试金中有两个作用:一是萃取作用,将金从杂质中萃取出来;二是保护作用,减少测定过程中金的损耗。银加入量少会导致金损耗增加,氧化灰吹不完全,但也不是加入量越多越好,当银加入量相当于金质量 3 倍时,金损耗又增加,且金卷在分金时易碎裂。一般而言,银的加入量与样品的组成有关。灰吹时,白色 K 金合金中的镍与钯等被捕收时金也易损失,一般需要加入较多的银作为保护剂,避免金的损失。含镍不含钯的白色金合金采用火试金法分析金含量时,标准金中应加入与试样大致相当的镍,并要增加铅的加入量。对于含钯的白色金合金,标准金中应加入与试样大致相当的钯,同时增加铅的加入量。

5. 灰吹温度

以 18K 黄金为例,在相同工艺条件下,当灰吹温度介于 900～1150℃ 区间时,标准金损耗量随灰吹温度的升高而增大,且呈现线性分布。灰吹温度过高时,银容易蒸发和飞溅,使分析结果误差增大;灰吹温度过低时,熔融状的氧化铅及杂质也会有结块现象,不能完全被灰皿吸收,导致分析过程无法进行。

6. 分金

以 18K 白金为例,随着分金时间的增加,金测定结果随之降低,但是降到一定程度后,金测定结果保持不变。

二、电感耦合等离子发射光谱法(ICP法)

电感耦合等离子发射光谱仪又称为 ICP 光谱仪、ICP 原子发生光谱仪,它以电感耦合高频等离子体为激发光源,利用每种元素的原子或离子发射特征光谱来判断物质的组成,进行元素的定性与定量分析。ICP 放电是一种把液体和固体的气溶胶和蒸气及常压气体变成自由原子、激发态原子和离子,或者变成分子碎片的相对简单而十分有效的方法,可以快速分析材料中各种常量、微量、痕量元素,成为同时对多元素进行分析最有竞争力的方法之一,具有测试范围广、分析速度快、检出限低等特点,对高含量金的检测具有较高的精密度和准确度,是首饰行业检测机构测定高含量金首饰材料常用的方法。

(一) ICP 法原理

射频发生器产生的高频功率通过感应工作线圈加到三层同心石英炬管上,形成高频振荡电磁场。在石英炬管的外层通入氩气,并进行高压放电产生带电粒子,带电粒子在高频电磁场中往复运动,与其他氩离子碰撞,产生更多的带电粒子,同时温度升高,最终形成氩气等离子体,温度可达 6000～8000K(326.84～7726.84℃)。待测水溶液试样通过雾化器形成的气溶胶浸入石英炬管中心通道,在高温和惰性气氛中被充分蒸发、原子化、电离激发,发射出溶液中所含元素的特征谱线。通过对等离子体光源进行采光,并利用扫描分光器进行扫描分光,将待测元素的特征谱线光强准确定位于出口狭缝处,利用光电倍增管将该谱线光强转变成光电流，再经电路处理和模数变换后，进入计算机进行数据处理。根据特征谱线的存在与否，鉴别样品中是否含有某种元素（定性分析），根据特征谱线强度确定样品中相应元素的含量（定量分析）。

（二）ICP 法的优缺点

1. 优点

① 多元素同时检出能力。可同时检测一个样品中的多种元素。一个样品一经激发，样品中各元素都各自发射出其特征谱线，可以进行分别检测而同时测定多种元素。

② 分析速度快。试样多数不需经过化学处理就可分析，且固体、液体试样均可直接分析，同时还可多元素同时测定，若用光电直读光谱仪，则可在几分钟内同时作几十个元素的定量测定。

③ 选择性好。由于光谱的特征性强，所以对于一些化学性质极相似的元素的分析具有特别重要的意义。如铌和钽、锆和铪、十几种稀土元素的分析用其他方法都很困难，而发射光谱可以容易地将它们区分开来，并加以测定。

④ 检出限低。一般光源的检出限为 $0.1\sim10\mu g/g$，绝对值为 $0.01\sim1\mu g/g$，而用电感耦合高频等离子体（ICP）光源，检出限可低至 ng/g 数量级。

⑤ 准确度较高。一般光源相对误差约 $5\%\sim10\%$，而 ICP 的相对误差可达 1% 以下。

⑥ ICP 光源标准曲线的线性范围宽，可达 $4\sim6$ 个数量级，一个试样可同时进行多元素分析，又可测定高、中、低等不同含量。

⑦ 样品消耗少，适于整批样品的多组分测定，尤其是定性分析更显示出独特的优势。

2. 局限性

① 影响谱线强度的因素较多，样品组分、均匀性、样品平行、酸浓度、谱线干扰、温湿度等都会影响最终的检测结果，对标准参比的组分要求较高，大多数非金属元素难以得到灵敏的光谱线。

② 对于固体样品一般需预先转化为溶液，而这一过程往往使检出限变坏，含量（浓度）较高时，准确度较差。

③ 不适用于含有铱等不溶于王水的杂质元素的样品。

④ 需配备价格较昂贵的电感耦合等离子体发射光谱仪，工作时需要消耗大量氩气，检测成本较高。

（三）ICP 法使用的仪器设备和试剂

① 仪器设备。包括电感耦合等离子体发射光谱仪，烧杯、容量瓶等常规实验室器皿，高精密电子天平等。

② 试剂。ICP 检测用的水，水符合 GB/T 6682—2008 中规定的一级水或相当纯度的水。

ICP 检测用到的化学试剂可分为两类：一类用于分解样品；另一类用于配制元素的标准溶液。试剂均要求是优级纯试剂。分析金含量时，需用到纯度不低于 99.999% 的高纯金样品。

（四）ICP 分析步骤

以金首饰的金含量分析为例，其步骤包括：

1. 试样制备

将试样碾薄后剪成小碎片，放入烧杯中，加 20mL 乙醇溶液，加热煮沸 5min 取下，将乙醇溶液倒掉，用超纯水反复洗涤金片三次，加 20mL 盐酸溶液，加热煮沸 5min 取下，倒掉盐酸溶液，用超纯水反复洗涤金片三次，将金片放入玻璃称量瓶中，盖上瓶盖放入烘箱内，在 105℃烘干，取出备用。

2. 溶液制备

① 试样溶液。称取（1000±2.5）mg 试样（精确至 0.01mg），置于 100mL 烧杯中，加王水 30mL，盖上表面皿，缓慢加热直至完全溶解，继续加热除尽氮氧化物。取下冷却后，将溶液转移至 50mL 容量瓶中，用王水溶液冲洗表面皿和烧杯，洗液并入容量瓶中，稀释至刻度，摇匀备用。每一件样品制备两份试样溶液。

② 校正溶液。称取三份质量为（1000±2.5）mg 高纯金样品（纯度＞99.999%），溶解后得三份高纯金溶液，依以下步骤制备校正溶液。

校正溶液 1：将第一份高纯金溶液转移至 50mL 容量瓶中，用王水溶液冲洗表面皿和烧杯，洗液并入容量瓶中，稀释至刻度，摇匀。校正溶液 1 被测杂质元素的浓度设为 0μg/mL。

校正溶液 2：将第二份高纯金溶液转移至预先盛有 5mL 混合标准溶液 1 的 50mL 容量瓶中，用王水溶液冲洗表面皿和烧杯，洗液并入容量瓶中，稀释至刻度，摇匀。

校正溶液 3：将第三份高纯金溶液转移至预先盛有 5mL 混合标准溶液 2 的 50mL 容量瓶中，用王水溶液冲洗表面皿和烧杯，洗液并入容量瓶中，稀释至刻度，摇匀。

3. 测定

调整 ICP 光谱仪至最佳状态，如检测金合金试样，可根据表 3-2 选择合适的分析线和背景校正。

表 3-2　杂质元素推荐波长（分析线）　　　　　　　单位：nm

元素	波长	其他可用波长	元素	波长	其他可用波长
银	328.068	338.289	镍	352.454	231.604
铝	396.152	308.215	铅	168.220	220.353
砷	189.042	193.696	钯	340.458	355.308
铋	223.061	306.772	铂	306.471	203.646
镉	226.502	228.802	铑	343.489	
钴	228.616	238.892	钌	240.272	
铬	267.716	283.563	锑	206.833	217.581
铜	324.754	327.396	硒	196.090	
铁	259.940	239.563	锡	189.989	189.927
铱	215.278		碲	214.281	
镁	279.553	280.270	钛	334.941	
锰	257.610	260.569	锌	213.856	

测量校正溶液 1、3 的杂质元素谱线强度，其中校正溶液 1 被测杂质元素的浓度设为

$0\mu g/mL$，根据测试结果绘制工作曲线。在与测量校正溶液相同条件下，分别测量两份试样溶液中杂质元素的谱线强度，由工作曲线得到试样溶液中各杂质元素的浓度。

4. 结果表示

① 杂质元素总量的计算。试样中杂质元素总量按式（3-8）计算：

$$\Sigma A = \frac{\Sigma C_i \times V \times 10^{-3}}{m} \times 1000 \tag{3-8}$$

式中，ΣA 为试样中杂质元素的总量，‰；ΣC_i 为试样溶液中杂质元素的浓度总和，$\mu g/mL$；V 为试样溶液的体积，mL；m 为试样的质量，mg。

② 金含量的计算。试样中金含量按式（3-9）计算：

$$w(Au) = 1000 - \Sigma A \tag{3-9}$$

式中，$w(Au)$ 为试样中金的含量，‰；ΣA 为试样中杂质元素的总量，‰。计算结果保留小数点后两位。

③ 重现性。平行测定两份试样中杂质元素总量的相对偏差应小于 20％，如超过应重新测定。

（五）ICP 分析的干扰因素

ICP 检测过程中不可避免存在干扰现象。依据干扰机理可分为光谱干扰和非光谱干扰两大类。

光谱干扰、非光谱干扰是试样基体各组分和附随物使已分辨开的分析信号增强或减弱的效应，包括制样干扰、喷雾干扰、迁移干扰、去溶干扰、挥发干扰、原子化干扰、激发和电离干扰等。

1. 光谱干扰

光谱干扰是分析物信号与干扰物引起的辐射信号分辨不开产生的，它是 ICP 光谱法中最重要、最令人头痛的问题，由于 ICP 的激发能力很强，几乎每一种存在于 ICP 中或引入 ICP 中的物质都会发射出相当丰富的谱线，从而产生大量的光谱干扰。

光谱干扰主要分为两类，一类是谱线重叠干扰，它是由于光谱仪色散率和分辨率的不足，使某些共存元素的谱线重叠在分析上的干扰。另一类是背景干扰，它与基体成分及 ICP 光源本身所发射的强烈的杂散光的影响有关。对于谱线重叠干扰，采用高分辨率的分光系统，绝不意味着可以完全消除这类光谱干扰，只能认为当光谱干扰产生时，它们可以减轻至最小强度。因此，最常用的方法是选择另外一条干扰少的谱线作为分析线，或应用干扰因子校正法（IEC）予以校正。对于背景干扰，最有效的办法是利用现代仪器所具备的背景校正技术给予扣除。

2. 非光谱干扰

（1）物理因素的干扰

由于 ICP 光谱分析的试样为溶液状态，因此溶液的黏度、密度及表面张力等均对雾化过程、雾滴粒径、气溶胶的传输以及溶剂的蒸发等产生影响，而黏度又与溶液的组成、酸的浓度和种类及温度等因素相关。

溶液中含有机溶剂时，黏度与表面张力均会降低，雾化效率将有所提高，同时有机试剂大部分可燃，从而提高了尾焰的温度，结果使谱线强度有所提高，当溶液中含有有机溶剂时 ICP 的功率需适当提高，以抑制有机溶剂中碳化物的分子光谱的强度。

由上述所见，物理因素的干扰是存在而且应设法避免的，其中最主要的办法是使标准试液与待测试样无论在基体元素的组成、总盐度、有机溶剂和酸的浓度等方面都保持完全一致。目前进样系统中采用蠕动泵进样，对减轻上述物理干扰可起一定的作用，另外采用内标校正法也可适当地补偿物理干扰的影响。基体匹配或标准加入法能有效消除物理干扰，但工作量较大。

（2）电离干扰

由于 ICP 中试样是在通道里进行蒸发、离解、电离和激发的，试样成分的变化对于高频趋肤效应的电学参数的影响很小，因而易电离元素的加入对离子线和原子线强度的影响比其他光源都要小，但试验表明这种易电离干扰效应仍对光谱分析有一定的影响。

对于垂直观察 ICP 光源，适当地选择等离子体的参数，可使电离干扰抑制到最小的程度。但对于水平观察 ICP 光源，这种易电离干扰相对要严重一些，目前采用的双向观察技术，能比较有效地解决这种易电离干扰。此外，保持待测的样品溶液与分析标准溶液具有大致相同的组成也是十分必要。

（3）基体效应干扰

基体效应来源等离子体，对于任何分析线来说，这种效应与谱线激发电位有关，但由于 ICP 具有良好的检出能力，分析溶液可以适当稀释，使总盐量保持在 1mg/mL 左右，在此稀溶液中基体干扰往往是无足轻重的。当基体物质的浓度达到几毫克每毫升时，则不能对基体效应完全置之不顾。相对而言，水平观察 ICP 光源的基体效应要稍严重些。采用基体匹配、分离技术或标准加入法可消除或抑制基体效应。

第四章

贵金属首饰传统制作工艺

　　我国先民创造出了光辉灿烂的物质文化，为我们留下了许多精美绝伦、富有创造力和想象力的艺术珍品。传统的贵金属首饰制作工艺，具有独特的艺术表现力，是中华民族重要的文化遗产。在对待中国首饰传统工艺问题上，毫无疑问我们的态度应该是继承和发展，汲取传统文化的精华，以其传统的精美工艺为现代设计所使用。结合新思路、新工艺、新技术、新造型、新产品而将传统工艺发扬光大，使其产生精美绝伦的效果。

　　传统贵金属首饰制作工艺方法种类繁多，在成型工艺方面主要有失蜡铸造、锤揲、花丝等，在表面装饰工艺方面主要有镶嵌、珐琅、点翠、贴金、包金、鎏金、炸珠等，在镶嵌工艺方面主要有蒙镶、卡镶、包镶等。但是随着现代科技的日新月异，传统贵金属首饰制作工艺的应用日渐减少，多项首饰传统技艺濒临失传，花丝镶嵌、金银细工、景泰蓝等首饰技艺已入选国家非物质文化遗产保护目录。

 **贵金属首饰传统成型工艺**

一、 失蜡铸造工艺

　　失蜡铸造是指用蜡等易熔材料制成模样，在模样表面包覆耐火材料制成铸型，再经脱蜡焙烧后，将金属液浇注成型的工艺方法。失蜡铸造工艺源于春秋战国时期的青铜器铸造，后应用于金银首饰的铸造成型，延续发展至今，不仅可以满足批量生产的需求，而且能够兼顾款式或品种的变化，成为首饰成型的重要手段。

　　我国古代失蜡铸造技术原理起源于焚失法，焚失法最早见于商代中晚期，就是用耐火造型材料包覆于可失性模之外，成为无范线的整体铸型。这种可失性模的材料，是所有可融、可挥发或经燃烧后只剩余少量灰烬、因而易于清理的可成形材料，例如：坚硬的动物脂肪、蜂蜡、松香、植物纤维等。失蜡法是焚失法的一种。以熏炉为例，古代失蜡铸造工艺的流程大致如下。

1. 制作腹部的泥芯与蜡模、刻纹饰

用泥料塑造熏炉腹部内芯（图 4-1），阴干后在芯上贴蜡片（图 4-2），并在蜡片上雕空、刻纹饰（图 4-3），形成腹部蜡模。

图 4-1　制作腹部泥芯

图 4-2　贴蜡片

2. 制作整体蜡模

用蜡料塑制出熏炉的蟠龙形底座，然后用蜡料在底座下面塑制出一个浇冒口，接着将带有浇冒口的蜡质底座与腹部蜡模焊接组装在一起，这就形成了一个整体的蜡模。

图 4-3　刻纹饰

3. 制范

在蜡模表面，用稀释的泥浆反复涂覆，形成能够承受铜液冲击的厚度。阴干后，在泥浆层外，用草拌泥包覆，制成整体泥范。见图 4-4 和图 4-5。

图 4-4　制作底座和浇冒口

4. 失模

将泥范的浇冒口朝下，入窑低温烘焙。经过烘焙后，泥范不仅变硬，而且使得泥范内的蜡模熔化，顺着浇冒口流出，从而在泥范与内芯之间形成了铸造型腔（图 4-6）。

5. 浇铸

将泥范的浇冒口朝上，向内浇注金属液。等铸件凝固冷却后，去除外范内芯（图 4-

图 4-5　制范

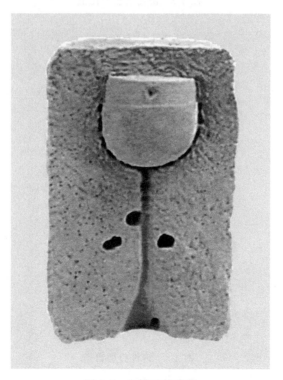

图 4-6　失蜡后的型腔

7），打磨精加工（图 4-8）。

二、花丝工艺

　　花丝是一种用不同粗细的金属丝（金、银、铜）搓制成的各种带花纹的丝，经盘曲、掐花、填丝、堆累等手段制作出精致的产品，这一制作过程称为花丝工艺。

　　花丝工艺是中国传统手工艺，以金银为原材料。这种工艺多用于制作摆件和首饰，采

图 4-7　浇注后去除泥范

图 4-8　铸件打磨精整

用制胎、花丝、镶嵌、錾刻、烧蓝、点翠等多种工艺制成，是金银工艺中繁杂缜密、要求严格的一种工艺。花丝产品品种繁多，有各种题材的艺术摆件瓶、熏、屏，以及灯具、餐具、酒具、茶具等室内装饰品和实用品，主要产地是北京和四川的成都。花丝镶嵌工艺则是在金、银花丝胎底上镶嵌各种宝石、珍珠。

　　花丝镶嵌艺术品是历史悠久的民族文化艺术品，其产品题材丰富，造型生动，色彩典雅，具有浓郁的民族气息。北京的花丝产品是在继承和发扬宫廷手工艺的基础上制成的，工艺技法复杂，装饰图案多采用象征吉祥和美好的龙凤、祥云、莲、福、寿等传统民族图案，镶嵌各种名贵的宝石，富丽堂皇。四川成都的花丝产品，以银花丝平填技法为主，无胎成型、结构严谨，多采用几何图案，花、鸟、云等传统图案，做工精湛、玲珑剔透、风格清新。

1. 花丝工艺的基本技法

花丝工艺的制作方法通常可以概括为"堆、垒、编、织、掐、填、攒、焊"八个字，其中掐、攒、焊为基本技法。

① 堆。用白芨和炭粉堆起的胎体，用火烧成灰烬，而留下镂空的花丝空胎的过程。具体工序包括五个方面：用炭粉和白芨加水调成泥状，制作胎体；将各种花丝或素丝，掐成所需纹样；把掐成的花丝纹样，用白芨粘在胎体上；根据所粘花纹的疏密，放置焊药；补修，对没有焊牢的花纹，用点焊将花纹的接点处焊牢。

② 垒。两层以上的花丝纹样的组合，即称为垒。垒的技法可分为二种：在实胎上粘花丝纹样图案，然后进行焊接；在部件的制作过程中单独纹样垒成图案。

③ 编。用一股或多股不同型号的花丝或素丝，按经纬线编成花纹。具体的工序分为三个部分：轧丝；将所轧丝过火烧软，便于编织；编丝。

④ 织。是单股花丝按经纬原则表现纹样，通过单丝穿插制成很细的纱之类的纹样。

⑤ 掐。用铁制镊子把花丝或素丝掐制成各种花纹。包括膘丝、断丝、掐丝和剪坯四道工序。

⑥ 填。把轧扁的单股花丝或素丝充填在掐制好的纹样轮廓中。

⑦ 攒。把用不同方法做好的单独纹样组装成所需要的比较复杂的纹样，再把这些复杂的纹样组装到胎型上。

⑧ 焊。焊接是花丝工艺的最基本技法，伴随着花丝工艺的每一道工序。

2. 花丝工艺制作流程

花丝工艺制作流程，可以包括以下步骤：产品设计→备料（化料、拉丝、轧片、配焊药、锉焊药）→制作胎型→花丝制作→黑胎成型（攒活、焊活）→清洗→烘干→点蓝（点蓝、烧蓝）→表面处理（镀金、镀保护膜）→组装嵌石→成品检验入库。

① 产品设计。根据客户的要求或产品的主题，设计出产品的造型。

② 备料。包括化料、拉丝（图4-9）、轧片、配焊药、锉焊药等环节，准备好制作产品所需的材料和用于焊接的焊药（图4-10）。

③ 制作胎型。用手工或机器把料片制成胎型（图4-11）。胎型的比例要准确，焊缝要严，焊药接口处要锉平，胎型的制作要规整、光滑、平润。

④ 花丝制作。利用"堆、垒、编、织、掐、填、攒、焊"各种技法，根据要求制作各种不同纹样的花丝备用（图4-12）。

⑤ 黑胎成型。根据设计的产品要求，把各种花丝攒集起来，焊接成型（图4-13）。

⑥ 清洗。用白矾水、硫酸等化学试剂把产品的黑胎清洗干净，去除杂质（图4-14）。

⑦ 烘干。把清洗后的产品部件或整体产品，放入电烤箱烘干。

⑧ 点蓝（上釉料）。点蓝过程中，黑胎上不得有任何的杂质。

⑨ 烧蓝。上了釉料的部件放入炉中加热，使釉料产生反应，并固定。

⑩ 表面处理。包括镀金、镀保护膜，以保持产品表面的光泽和新度。

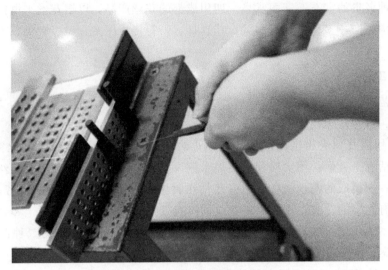

图 4-9　拉丝

图 4-10　花丝银焊药

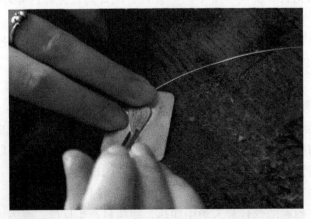

图 4-11　制作胎型

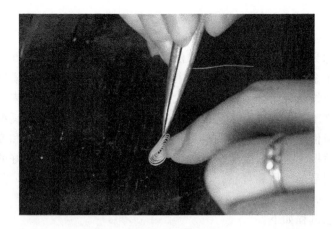

图 4-12　掐丝

图 4-13　焊接成型

图 4-14　煮白矾水

⑪ 组装嵌石。组装部件时要稳准，用力适当，黏合剂配比、用量均要恰到好处，产品表面不能露出明显的粘接痕迹。

⑫ 成品检验入库。对成品进行检验，并按标准包装。

三、 锤揲工艺

锤揲工艺又称为"打作法"或"槌揲法"。最早出现在公元前 2000 多年的西亚、中东地区，并大量用于金银器的成型制作。随着唐代中外文化交流的大规模展开，西亚、中亚等地的商人、工匠纷纷来华，他们在带来大量国外产品的同时，也带来了包括锤揲工艺在内的不少金银首饰工艺。在外来工艺中，对中国金银器影响最大的是锤揲工艺。

锤揲工艺是指借助锤子和錾子的敲击外力，使金属板延展、收缩和变形而造型的一种工艺，也称金属锤揲工艺、锻金工艺或起凸工艺。由于金银均具有较好的延展性，锤揲成型更能体现金银制品的特质和美感，因此锤揲工艺得到了广泛的应用，是传统首饰直接成型的重要工艺之一。

首饰锤揲工艺过程如下。

① 绘制设计图样。图样可以线条为主，并要表现出相应的浮雕起位关系，做到主次分明，层次丰富。可以画在白纸上，也可以直接画在符合规格要求的金属型材上。

② 型材热处理。金属型材在锤揲前应进行退火，使其具有良好的塑性变形性能。当材料经过一定加工量的锤揲后，硬度升高，塑性下降，形变阻力加大，需要进行中间退火，使材料的塑性变形性能得到恢复。

③ 拓稿。采用白纸绘制的图稿，可在稿纸背面涂上胶水，粘贴在金属型材表面，待胶完全固化。

④ 固定型材。用火枪将火漆烧软，趁热将金属型材压入火漆中，消除金属型材底下的空隙。

⑤ 刻线。待火漆冷却后，即可在金属型材上刻线。刻线时錾头沿图形结构移动，借助锤子敲击钢錾的力度，在金属表面留下连续的痕迹。

⑥ 锤锻粗形。根据工件的外轮廓线，用较粗的起凸錾将金属浮雕整体拉高或压低，面积较大的浮雕也可以用锻造锤子直接锤锻出粗形。

⑦ 粗形调整。可在适当的铁砧上调整作品的造型，包括曲面弧度、面的转折、面的平整度等。

⑧ 上胶。粗形调整完成后，将工件进行退火，并再次上胶。

⑨ 完善细节。上胶完成后，进一步完善工件的细节。

⑩ 退胶。工件成型后，用火枪烤热，并用镊子将其从火漆中取出，将黏附的垫胶烧成灰烬，或者用天那水浸泡干净，再用水清洗干净。

⑪ 后处理。对于分开锤锻的部件，需要将它们组装在一起，并进行执模、镶石抛光、电镀等后处理。

第二节　·贵金属首饰传统表面装饰工艺·

一、 錾刻工艺

利用錾子把装饰图案錾刻在金属表面，通过敲打使金属表面呈现凹陷和凸起，表现出各种图案和花纹纹样的工艺称为錾刻（或称錾花）工艺。錾刻工艺大部分是手工操作，操作时，一手拿錾子，一手拿锤子，用錾子在素坯上走形，用锤子打錾子，边走边打，形成各种纹样图案。然后再经过精细加工，使其凹凸分明，错落有致，明暗清晰。在整个錾刻过程中，凸起和凹陷是交替进行的。

錾刻又可细分为实作和錾作两部分。实作是直接在金、银、铜等金属的素胎上錾，打制成各种形状的花纹、图案，制作成工艺品。錾作又称"花活"錾，利用各种工具在工艺品的素胎上錾刻出各种花纹、图案，但不能直接成为工艺品。

1. 錾刻的基本工具

錾刻所使用的工具主要是各种形状和大小的锤子和錾子。

（1）锤子

锤子包括铆锤、大锤、小锤、素锤、光片锤、钢锤、铜锤、錾锤、打锤等。

（2）錾子

錾刻所使用的錾子种类较多，一般用钢制作，主要包括：

① 弯勾錾。弧度、大小、粗细不同，有4～5种类型，主要用于錾曲线。

② 直口錾。大小、粗细、厚薄、长短不同，有10多种类型，主要用于錾直线。

③ 勾錾。一面是平面，一面是弧面，也有大小、长短、厚薄、粗细之分，有5～6种类型。

④ 沙地錾。錾尖部似砂粒一样的表面，分方形面、和长方形面、圆形面等，且大小不同，有7～8种类型，主要用于錾花纹的地子。

⑤ 组丝錾。錾头为平面，上有横竖纹，有密有疏，有大有小等4～5种类型，主要用于錾刻人物或动物的头发胡须或线状纹样。

⑥ 开模錾。大小、粗细不等，有多种类型，用于錾刻模子之用。

⑦ 枪錾。用于錾刻黄金。

⑧ 采錾。形状有方形、圆形，大小不等，有10多种类型，主要用于花纹的采平、采亮。

⑨ 脱錾。大小不等有多种类型，主要用于把纹样的边缘剪除。

⑩ 挂线錾。形状有弯的、大的、直的等多种类型。

此外，还有用于錾刻眼睛之用的套眼錾和点錾等。

2. 錾刻的基本技法

（1）錾刻的表现方法

錾刻的表现方法，主要包括以下几类。

① 阳錾。一种凸出饰物表面的錾刻花纹装饰，錾去的是花纹外的余料。

② 阴錾。一种凹进饰物表面的錾刻花纹装饰，錾去的是花纹本身。

③ 平錾。在饰物表面的錾雕，直接錾去花纹图案的线条。

④ 镂空。在片或胎型上錾出花纹后，再顺花纹边缘线錾刻，脱下地子，留下的就是镂空的花纹图案。

（2）錾刻工艺的基本技法

錾刻工艺以锤为工具，操作者悬臂使用锤子，通过调换各种各样的錾子，錾出各种各样的花纹图案。花纹的深浅均匀全凭臂腕上的用锤功夫，一件好的錾刻饰品往往是通过娴熟的锤工、巧妙的构思，将美丽的图案刻画于金属片材上，达到出神入化的艺术效果。錾刻的技法包括以下几种。

① 勾。即在素胎上用各种弯度的勾錾，勾勒出基本图样。一般纹样的线条弯度就是勾錾的弧度。勾活一般在素胎的正面操作。

② 落。把基础纹样中不需要凸的地方用沙地錾压下去，图案出现基本层次。落活也是在素胎的正面操作。

③ 串。基础纹样中凸度不够的地方，用面积大小不同的圆头点錾，从素胎的背面冲一下，以达到要求的高度。串活是在素胎的背面操作。

④ 台。按产品要求选用相同的楦，把料片铺在楦上，用不同的锤子把片材敲打成楦形，也即胎型。

⑤ 压。即冲压。

⑥ 采。用方的、圆的、大小面积不同的采錾，把纹样表面处理平整光滑。

⑦ 丝。用组丝錾把纹样的线条处理清晰，使图案锦上添花。

⑧ 戕。錾刻工艺利用戕的方法表现明与暗，对比强烈，艺术感染力强。

二、 景泰蓝工艺

1. 景泰蓝的特点

景泰蓝正名为铜胎掐丝珐琅，俗名珐蓝，是一种在金属表面用玻光釉料进行豪华装饰的特殊的、高级的珐琅器工艺品。因为在明朝景泰年间（1450—1457），在器形、纹饰、色彩等方面都已达到极高的艺术水平，尤其是蓝釉料有了新的突破，淡白微绿的天蓝，如琉璃般凝重的钴蓝，以及像蓝宝石般浓郁的宝蓝，均无一例外地用来做底色，形成民族特有的艺术风格，色彩清新雅丽，给人以高贵华美的艺术享受，故而被人称之为景泰蓝。现在虽然各色具备，然而仍然使用以前的名字。因为景泰蓝已变为一种工艺的名称，而不是颜色的名称。

2. 景泰蓝的类别

① 铜（金、银）胎掐丝珐琅器。这是景泰蓝的主导产品，也称之为金属胎掐丝起线珐琅器。这类制品，由于采用铜丝掐花起线的方法，通常被称作铜胎掐丝珐琅。

② 金属錾胎珐琅器。亦称嵌珐琅，是将金属雕錾技法运用于珐琅器的制作过程中。錾胎珐琅器的制作工艺，是在已制成的比较厚的铜胎上，依据纹样设计的要求描绘出图案的轮廓线，然后用金属雕錾技法，在图案轮廓线以外的空白处进行雕錾减地，使得纹样轮廓线凸起，再在凹下处施珐琅釉料，经焙烧、磨光、镀金而成。

金属錾胎珐琅器与铜胎掐丝珐琅器的表面效果相似，都有一种宝石镶嵌的效果。这主要是因为这两种珐琅器除一是用錾雕纹样，一是用铜丝盘结纹样之外，其余的制作工艺基本相同。

③ 金属锤胎珐琅器。按照图案设计要求，在金、铜等金属胎上锤出凹凸不平的图案花纹之后，再在花纹内点蓝、烘烧、镀金而成。珐琅呈隐起效果，恰似在金碧辉煌的底子上镶嵌的宝石，光彩夺目。

锤胎珐琅器和錾胎珐琅器的相同之处，都是在金属胎上直接运用金属加工工艺，制作出凹凸的图案轮廓线。两者的主要区别在于，錾胎起线的珐琅器，是于金属的表面施以雕錾减地的技法起出线来；而锤胎起线的珐琅器，则是在金属胎背面施以锤揲技法，使表面起出线来。

相比较而言，錾胎起线与锤胎起线的珐琅器比掐丝珐琅器，一是由于胎壁厚重、费料；二是錾雕、锤揲较为费工费时；三是錾雕、锤揲起出的线条往往显得粗犷，不如掐丝更为精巧细腻，而且点真釉色有时也由于凹凸不匀致使浅淡失透；四是掐丝盘绕粘接在金属胎型上的纹样，较之錾雕与锤揲更显干净利落，丝工工整。因此，在錾雕起线与锤揲起线流行一时后，逐渐被掐丝技法所替代。

④ 铜胎画珐琅器。又称画珐琅，俗称烧瓷。制作工艺是先在铜胎上挂釉（或刷、或涂、或喷），再用釉色绘纹饰，经填彩修饰后入炉烧结，最后镀金而成。烧瓷工艺品一般有两类，一种是在胎体精雕细錾或配上錾雕耳子花活进行配饰，然后彩绘；另一种是在光胎上进行彩绘。前者是高档工艺品，后者为普及品。

⑤ 金属胎露地珐琅器。俗称金地景泰蓝。金属胎珐琅制品，多采用红铜制胎，这是由于红铜入窑经高温后不易变形的缘故。现流行的金地景泰蓝，均采用红铜胎，掐丝轮廓线为双线并行成纹样，或轮廓线相衔接处交代明确清晰，只在轮廓线内点填釉色，其余部位保留原胎型不点填釉色，待焙烧、磨光后，丝纹和原胎型露地处镀上黄金。凡露地凹处镀上金色，凸处点填有彩色釉色，效果似浮雕，金色与釉色相映生辉，别具一格。

⑥ 金属胎透明珐琅器。一般称为透明珐琅器，俗称银蓝或烧银蓝。制作工艺是将具有透明性的各种釉料涂饰在做过艺术加工的金、银胎（或铜镀银胎）上，经几次饰涂烧结后，露出胎上的花纹。釉料一般用紫、蓝、绿、黄四色，可用单色，亦可用复色。器胎处理分錾花、锤花，或錾、锤兼用，或錾花之后再贴金片，或在透明珐琅上描金。银蓝釉料的烧结温度低于景泰蓝釉料，但其透明度和细腻程度却高于景泰蓝。银蓝的最大特点在于烧完后不用磨光就具有平滑细腻光亮如镜的自然美，这种工艺多用于花丝首饰、徽章标牌等工艺品。

⑦ 金属胎综合工艺珐琅器。指将多种加工技艺和珐琅釉综合施于金属胎上，有人将这种制品称为复合珐琅。它是两三种工艺融于一器的制品。

⑧ 机制景泰蓝。是1958年后由工艺师们研制成功的，根据设计纹样并开出凹凸型模具后，运用机械冲压铜片的方法，制出坯胎。这种机械冲压出来的坯胎在平面的铜板上呈现出与掐丝相似的图案纹样，然后将冲压合格的平面4块或6块焊合成立体，制成瓶、罐胎型。有的可以将平面坯弯成圆形后，制成圆粉盒，也有的可以用上下或左右两片合焊成立体动物的坯型。由于机械冲压出的丝纹不可能达到很高的高度，所以在点填釉料并烘烧后无需磨活。

机制景泰蓝丝工纹饰较简洁，大多为小件成套的瓶、罐、粉盒等。

⑨ 多种原料、多种工艺相结合的景泰蓝。俗称景泰蓝结合产品，是在历史上金属胎珐琅综合工艺品的基础上发展起来的新产品。这种产品是以景泰蓝为主体，结合其他诸如玉石雕刻、花丝镶嵌、錾活（即金属雕錾成型的立体衬饰）、象牙雕刻、雕漆、红木雕刻以及内画工艺等原材料和工艺技术加工制成的、综合于一体的工艺美术品。

⑩ 金属胎平面掐丝珐琅画。20世纪90年代初，艺术家将景泰蓝工艺引入绘画，形成

了绘画与景泰蓝工艺相结合的新画种——金属胎平面掐丝珐琅画，简称景泰蓝装饰画。在工艺制作上，金属胎平面掐丝珐琅画与一般景泰蓝的制作工艺基本相同。但是，从立体到平面，景泰蓝在装饰画中有更为广阔的艺术表现空间。

三、 烧蓝工艺

烧蓝工艺又称点蓝工艺、烧银蓝、银珐琅，是以银作胎器，敷以珐琅釉料烧制成的工艺品，尤以蓝色釉料与银色相配最美而得名。烧蓝工艺不是一种独立的工种，而是作为一种辅助的工种以点缀、装饰、增加色彩美而出现在首饰行业中。烧蓝工艺一般包括以下步骤。

① 制器。将银板锤成或制成器胎，胎面上有银丝掐出的各式花纹图案，并焊接成型。

② 一次清洗。将银胎置于一份硝酸钠溶液中（硝酸钠与水的比例为1∶10）。

③ 烘干并加热。将银胎放入电烤箱内烘干，并加温至700℃，待银胎整体烧成红色后取出。

④ 再次清洗。将烧成红色的胎体，放入配比好的稀硫酸溶液（硫酸与水的比例为1∶10）泡或煮3～5遍，直至胎体和纹样焊接处，胎面及花纹上的污垢全部清洗干净。

⑤ 敷点釉料。在干燥的胎面和纹样上敷点釉料。

⑥ 烧制。将敷点釉料的胎体放入炉火中烧制成器。

烧蓝的釉色有蓝、绿、橙、黄、红、粉红等10多种颜色，釉色中尤以蓝釉最具特色、最为秀美。

四、 卡克图工艺

卡克图是金银细金工艺的一种工艺技法，也是一类工艺品的称谓。

卡克图制品先一次性锤打各式造型的胎体，再将二股或四股银丝搓成绳状花丝，掐成各种图案花纹，筛焊药在胎面并焊接，经酸洗去污后，在图案内施上透明珐琅釉。

五、 鎏金工艺

鎏金是一种古老的传统工艺，古称火镀金、汞镀金、混汞法等，主要是将金和水银（汞）合成为金汞漆，然后把金汞漆按图案或要求涂抹在器物上，再进行烘烤，使汞蒸发掉，这样金就牢固地附着在器物的表面。根据需要可以分几次涂抹金汞漆，以增加鎏金的工艺效果。器物上的鎏金很牢固，不易脱落。鎏金这种工艺在我国有着悠久的历史，可追溯至春秋末期，到了汉代鎏金技术已发展到了相当高的水平。东汉《神农本草经》中有"水银杀金银"的记载。

由于金具有很强的耐腐蚀性，表面不易氧化，金易与汞结合，形成金汞齐。汞齐对金润湿能力优于许多贱金属，汞能够选择性地润湿并向其内部扩散。随着温度的增高，金汞齐中汞的流动性增加，金的溶解度也增加，当汞向金片（粒）中扩散时，首先在金的表面生成 $AuHg_2$，而后向金片（粒）深部扩散生成 Au_2Hg，直至最终生成 Au_2Hg 固体。金汞齐是银白色糊状混合物，当金汞齐中金的比例小于10％时为液体，达到12.5％为致密的膏体。

鎏金工艺的主要操作步骤：

① 鎏金预处理。无论是铜器还是银器，鎏金器物的表面需锉平、打磨，呈现出镜面的效果，不能有一点锈垢和油污。

② 制作金汞齐（俗称杀金）。用剪刀将金箔剪成金丝，越细越好。剪完后用手将其揉成一团。将金丝团放入坩埚加热。待金丝烧红后，将汞倒入坩埚，制作金汞齐时，金与汞的重量比通常为1∶7。经搅拌金丝很快溶入汞中，汞逐渐变稠，成为银白色的金汞齐，因形似泥状，而被称作为金泥。将金泥倒入盛清凉水的搪瓷盆中（或瓷盆中，切记不能倒入铁盆中），金泥凉后，用手摆成堆块，放入干净瓷盘中备用。

③ 涂抹器物表面（俗称抹金）。用鎏金棍蘸金泥在器物表面均匀涂抹，再用鬃刷蘸少许硝酸在涂抹金泥的器物表面上刷，把涂抹在器物表面的金泥刷均匀。用开水把金泥层上的硝酸冲洗干净，再将冲洗后的器物浸泡在盛清凉水的搪瓷盆或木盆中。

④ 烘烤器物。把涂抹金泥的器物放在炭火上烘烤，一边烘烤一边转动器物，随着时间的推移，器物表面开始逐渐发亮，像注出一层水银。用棉花在鎏金层上擦一遍，把可能残存的金泥擦去，使鎏好后的金层平细。继续烘烤，水银不断蒸发，白色金泥层逐渐变成了暗黄色，俗称开金。

⑤ 鎏金后处理。开金后的器物表面需用酸梅水、杏干水等弱酸性水进行清洗，再用铜丝刷子蘸皂角水在鎏金层上轻轻刷洗。经过刷洗后，鎏金层由暗黄色逐渐变成黄色，然后用水冲洗干净。要达到好的鎏金效果，一般的器物均需要鎏金2～3遍，有特殊要求的器物通常要经过5～6遍的鎏金才能达到效果。

六、包金工艺

以黄金为外表材料，加工成金箔，将内在材料（陶瓷、佛像、面具、塑料、木器、金属等）包裹起来的一种工艺技术。这种工艺技术在我国具有悠久的历史，通过贴金的装饰物表面金碧辉煌、富丽堂皇，其外表美观，不易褪色。包金饰品的优劣主要依赖于包金工艺水平的高低。

第三节　贵金属首饰传统镶嵌工艺

一、蒙镶工艺

蒙镶是我国古代劳动人民吸取了蒙古族、藏族、苗族、满族等少数民族的风格，用金、银、铜、铁、锡、玉石、象牙、竹、骨、木、角等原料，以精湛的技艺制作的富有传统特色的工艺品。传统的蒙镶工艺应用于珠宝首饰、金银器皿以及金属工艺品的加工工艺，至今已有2000多年的历史，其工艺是以金属錾刻和金属焊接为主要技法，它是根据图案的设计要求，利用錾刀、錾板将金属材料打制成浮雕、圆雕、透雕成品，同时通过焊接的工艺将零部件组成一个整体，并加以镶嵌，镶嵌的宝石主要有绿松石、玛瑙、珊瑚和孔雀石等，而镶嵌的工艺主要以包镶为主。

蒙镶制造工艺在金属工艺品上被广泛使用，宗教艺术的发展，金属加工工艺的逐渐完善，以及波斯金属制造工艺和内地金属打制工艺的成熟，都为蒙镶工艺的形成奠定了基础。同时宗教所需要的各种器皿和民间需要的日常金属用品，以及草原民族的习俗，花纹局部錾刻，线点装饰。制品立体感强，錾刻手法粗犷、有力、质朴，促使蒙镶产品形成了浑厚古朴、大方、简洁的风格。

蒙镶工艺包括以下工艺步骤：

① 设计。根据要求设计出产品的造型。

② 铸模与库活。根据工艺要求制作产品的胎体，先用库模的方式，将锡块铸在阴阳模具上，然后将金属加工片加在阴阳模具之间，用大锤敲打出凹凸状的近似体，把金属片库压成主要形体，再按照设计的要求焊接成型。

③ 錾刻。用松香、植物油、高岭土（俗称白土子），按一定比例熬成溶胶，灌入金属形体，再粘贴金属片，等溶胶冷凝后，再在金属表面进行细致錾刻。根据不同的用途，使用不同形状的錾刀。根据图案设计的要求，利用錾刻的各种技法，錾刻成型。然后将金属件加热软化，倒出溶胶。再退火后层层细錾，直至图案立体清晰为止。

④ 焊接。将錾刻图案花纹的部件，焊接成器。

⑤ 打磨与抛光。将成器的工件，放入稀硝酸中清洗除垢，再放入白矾水冲洗，再打磨并抛光。

⑥ 镶嵌。用于蒙镶的宝石，色彩一般都非常艳丽，大多数都使用包镶工艺，这样镶嵌的宝石一般不易掉下来，所镶宝石的大多数都为素面宝石。

蒙镶工艺是传统首饰及工艺品制作的重要工艺之一，工艺技巧、工艺材料、工艺流程、工艺理念等方面已比较独立成熟，从加工方法的多样性、复杂性，工艺的适应性上，蒙镶有其自身的独特之处，作为一种独特的金属加工工艺，具有重要的历史价值和文化价值。

二、 错金工艺

错金（金银错）是金银镶嵌的一种工艺。是把金、银或其他金属锤锻成丝、片，镶嵌在金属器物，构成各种花纹、图像、文字，再用磨石锉平磨光。这种纹饰不仅华丽高雅，而且不易脱落，是我国传统的金属表面装饰方法，兴起于春秋时期。错金的工艺过程如下。

（1）制槽。在金属器物表面按花纹、图像、文字铸成或刻出三角形槽，在槽的底面刻凿出麻点，以使嵌入的金属能牢固地附着。

（2）镶嵌。将金丝、金片凿截成所需要的大小和形状，嵌入槽内，捶打压实。

（3）磨锉。用厝（即磨石）将嵌入金属磨平，再用皮革绒布蘸清水反复磨压，使表面光滑明亮、自然平整、花纹清晰，达到严丝合缝的地步。

第五章

贵金属首饰制作工具及设备简介

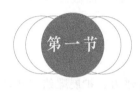

贵金属首饰制作常用手工工具

一、功夫台（工作台）

功夫台是首饰制作中最基本的设备，通常是用木料制作而成，图 5-1 是首饰制作通用

图 5-1　通用功夫台

图 5-2　微镶功夫台

功夫台，对其结构和功能一般有如下要求：一是要坚固结实，尤其是台面的主要工作区域，一般要用硬杂木制作，厚度在 50mm 以上，因为加工制作时常对台面有碰击；二是对功夫台的高度有一定要求，一般为 90cm 高，这样可以使操作者的手肘得到倚靠或支撑；三是台面要平整光滑，没有大的弯曲变形和缝隙，左、右两侧及后面有较高的挡板，防止宝石或工件掉入缝隙或蹦落；四是有收集金属粉末的抽屉，以及放置工具的抽屉或挂架；五是有方便加工的台塞，台面上一般设有吊挂吊机的支架。为便于收集金粉和防火，有时在台面铺上白铁皮或者不锈钢板。

对于微镶功夫台，长宽比通用功夫台稍大些，以便在台面上放置显微镜，并留出足够的操作空间。为便于操作，一般将台面做成内凹弧形，如图 5-2 所示。

二、雕蜡刀

雕蜡刀非常灵活，按照其使用特点大致可以分为专用雕蜡刀、扩展雕蜡刀和自制雕蜡刀三类。雕蜡刀一般可以在首饰加工设备市场上购买，但是有些特殊场合应用的雕蜡刀则要自制或定制。图 5-3 是市面可见的一类雕蜡刀。

图 5-3　首饰雕蜡刀

在戒指雕蜡过程中经常用到蜡戒刀，它是用于扩大戒指圈号的专用工具，木质或者塑料质地，侧面嵌一片刀片，使用时将蜡戒刀放入戒指蜡中均匀旋转即可扩大戒指圈，如图5-4所示。

图 5-4　蜡戒刀

三、　吊机及机针

1. 吊机

吊机是悬挂式马达的俗称，在首饰制作中应用非常广泛。吊机由电机、脚踏开关、软轴和摩打机头组成，如图5-5所示。动力经软轴传至摩打机头，软轴用金属蛇皮管套着，可大幅度地弯曲，操作时可以灵活运用。吊机的转速由脚踏开关控制，其内部的数个触点是用电阻丝连接的，踩动踏板就可改变电阻，从而使吊机的转速发生变化。

图 5-5　吊机

吊机头有两种规格，一种是大头，需要用伞齿轮开启锁紧，常用于执模；另一种是小头，采用固定直径的机针，常用于镶石。图5-6是两种吊机头的外形。

2. 机针

配合小头使用的是成套的机针（俗称锣嘴），机针的形状各异，不同形状的机针有不同的用途，可用于钻孔、打磨、车削等，常用的机针有以下几种，如图5-7所示。

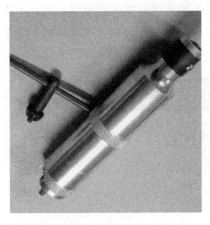

(a) 大头　　　　　　　　　　　　　　　(b) 小头

图 5-6　吊机头

① 钻针。在起版时常用钻针，钻出相应大小的石位或花纹，在执模和镶石时也常用钻针对石位和花纹处进行修整，钻针尺寸一般为 0.05～0.23cm。不够锋利的钻头可以用油石磨利后再继续使用。

② 波针。形状接近球形，尺寸一般为 0.05～0.25cm，在执模过程中，常用来清洁花头底部的石膏粉或金属珠、重现花纹线条、清理焊接部位等。在镶石时小号波针常用于自制吸珠，较大的可用来车卜（弧）面石的包镶位，最大的波针可用来车飞边镶、光圈镶的光面斜位。

钻针　　波针　　加硬波针　幼球针　　轮针　　桃针　　伞针　　直狼牙棒　厚飞轮　吸珠

图 5-7　常用机针形状

③ 轮针。尺寸一般在 0.07～0.5cm，主要用于镶石中，用于开坑、捞底，捞出的位较为平滑。

④ 桃针。形状接近桃子，尺寸一般为 0.08～0.23cm，是做起钉镶的主要工具，其车位效果比较适合镶圆钻，且不需要其他工具辅助，在光圈镶、飞边镶、包镶等车位操作时可作为辅助工具。

⑤ 伞针。形状类似伞形，尺寸一般为 0.07～0.25cm，规格较大的伞针是做爪镶的主要工具，规格小一些的伞针常用于车包镶心形、马眼、三角形等石位的角位，迫镶厚身宝石时可用来车石腰位。

⑥ 牙针（狼牙棒）。又可细分为直狼牙棒、斜身狼牙棒，尺寸一般为 0.06～0.23cm，在镶嵌中如果迫镶位太窄或石位边沿凹凸不平，常用牙针扫顺，爪镶时也可用来车位。在执模时常用来刮除夹层间的批缝，刮净死角位，以及将线条不清晰的部位整理清晰明了。

⑦ 飞碟。尺寸一般为 0.08～0.25cm，有厚薄之分，可根据石腰的厚度来选择，一般

在镶石中用薄飞碟车闸钉及细碎石爪镶位，有时迫镶圆钻时也可以用来车位。起版校闸钉位时会用到厚飞碟。

⑧ 吸珠。尺寸一般在 0.09～0.23cm，有现成吸珠出售，也可自制吸珠。现成吸珠的吸窝有牙痕，一般用于吸较粗的金属爪头或光圈镶；自制吸珠为光滑面，用于吸钉粒，一般钉粒较多而粗糙，需要的吸珠量大，可采用废旧工具自制吸珠，这样可有效地降低生产成本。

四、 组合焊具及焊瓦焊夹

1. 组合焊具

组合焊具主要包括焊枪、风球、油壶三个部件，采用胶管连接成一体，如图 5-8 所示。风球（俗称皮老虎），它由两块乒乓球拍状的木板相连构成，木板的上面和侧面都有胶皮，用脚踏木板，风球的胶皮鼓起，空气就被挤进油壶，将油壶中的油气化并与空气混合从焊枪口喷出，点上火就可以使用了。焊枪多用于焊接、熔化和退火等工序。

油壶可分为入气管（油壶活动管和风球相接）、出气管（油壶固定管和焊枪相接），油壶加油时，只可加到油壶容量的三分之一，加油太多时，焊枪会喷出汽油，从而引发事故。

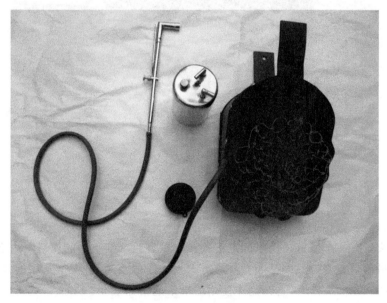

图 5-8　组合焊具

2. 焊瓦、 焊夹

如图 5-9 所示，焊瓦用于摆放焊接物，具有防火隔热的作用，使火枪喷出的火焰，不会直接烧到工作台面。焊夹主要有葫芦夹和焊镊两种，葫芦夹可以夹持工件使之固定，以利于焊接操作。焊镊可以进行分焊，夹持焊料到焊接位，在熔焊的过程中可以搅拌使焊料均匀。

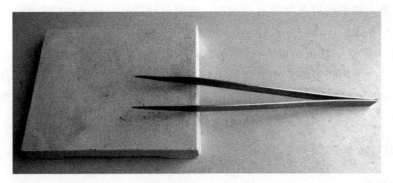

图 5-9　焊瓦、焊夹

五、线锯

线锯（俗称卓弓、锯弓），其主要用途是切断棒材、管材，以及按画好的图样锯出样片，甚至可以当锉使用。与之配用的锯线称为卓条，卓弓有固定式和可调式两种，如图 5-10 所示。

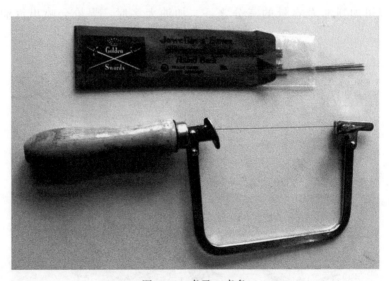

图 5-10　卓弓、卓条

卓弓两头各有一个螺钉，用来固定卓条。卓弓有粗、细不同的规格，用于首饰制作的卓条，一般最粗是 6 号，最细是 8/0 号，行内人称作"八圈"，但最常用的是 4/0 或 3/0，也称为"四圈"和"三圈"。首饰制作使用的卓条规格如表 5-1 所示。

表 5-1　首饰制作用卓条规格

型号	锯厚/mm	锯宽/mm	型号	锯厚/mm	锯宽/mm
8/0	0.160	0.320	0	0.279	0.584
7/0	0.170	0.330	1	0.305	0.610
6/0	0.178	0.356	1.5	0.318	0.635
5/0	0.203	0.399	2	0.340	0.701
4/0	0.218	0.445	3	0.356	0.737
3/0	0.241	0.483	4	0.381	0.780
2/0	0.330	0.518	5	0.401	0.841
1/0	0.279	0.559	6	0.439	0.940

六、 锉刀

首饰制作过程中，所用的各种锉，大都属于金工锉一类。但由于首饰制作是比较精细的金工，所以使用的锉大部分体型都较小巧。不过它们的种类很多，规格大小不一，多以其截面形状来命名，如平锉、三角锉、半圆锉（又称卜竹锉）、圆锉（小型的又称鼠尾锉）。以上是几种比较常用的锉，其他较特别的锉有刀锉、竹叶锉、乌舌锉、方锉、扁锉等，如图 5-11 所示。

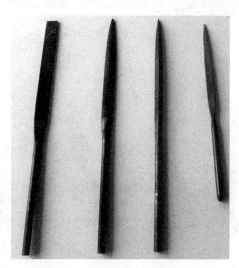

图 5-11　首饰金工锉

锉的长度一般是标准的，它是指从锉尖到锉柄末端的长度，常用的是 6 寸❶或 8 寸长的锉。锉齿则有疏密之分。在锉刀尾部印有编号，从 00 号一直到 8 号，00 号是最粗的齿，锉金属时较快，但会使工件的表面粗糙，8 号是最密的齿，可以使金属表面产生较光滑的效果。一般常用的是 3 号齿和 4 号齿。

锉的主要用途是使金属表面一致，或使按照所需图形锯出来的金属得到修饰，不同形状的锉可以锉出不同形状的金属表面，如三角锉可锉三角形的凹位，鼠尾锉可锉圆的凹位，又可将小的圆位扩大，乌舌锉及卜竹锉的圆位可将金属边缘凸起的部分锉去，等等。使用锉刀的种类取决于制造何种形状的饰品。半圆锉是一类常用的锉，体型较大，锉齿较粗，连柄约 8 寸长，由于其柄部刷了红色油漆，行内人称之为红柄锉，主要用来锉出一件制品的雏形。滑锉是另一种较常用的锉，它的形状也是半圆形，长约 8 寸，锉尾尖利，必须插入手柄内才可使用，滑锉的主要用途是做最后的修饰，使金属表面更加细滑，以便于用砂纸和抛光机打磨。

制作蜡版时，也有一套锉刀，不过用于锉蜡的锉刀与锉金属的锉刀是有区别的，前者的锉齿较粗，如图 5-12 所示。

七、 钳、剪

钳的形状有很多种，各种钳的用途也有区别，常用的钳子有：圆嘴钳、平嘴钳、尖嘴

---

❶　1 寸≈0.33cm。

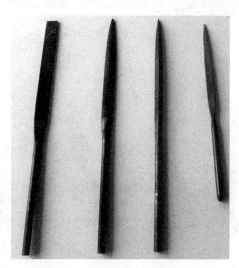

图 5-12 锉蜡用的锉刀

钳、拉线钳等。如图 5-13 所示。

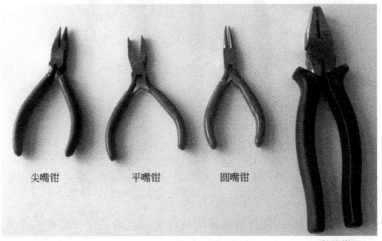

尖嘴钳　　　　平嘴钳　　　　圆嘴钳

拉线钳

图 5-13　各种钳

　　圆嘴钳和平嘴钳主要用于扭曲金属线和金属片，平嘴钳有时也用来把持细小的制品，使之易于操作，有时也用于镶嵌宝石。拉线钳其实是一般的五金用大钳，在首饰制作中用来拉线和剪断较粗的金属线。除上述钳子外，还有用来固定工件的台钳和木戒指夹，如图 5-14 所示。首饰制作用的台钳通常比较小巧，一般有球形接头，可以变换不同的角度，方便使用。木戒指夹常见的一种结构是在下端加木楔来夹紧工件，它主要用于夹住金属托，便于镶石，木戒指夹不会在精加工的首饰表面留下任何痕迹。

图 5-14　木戒指夹

　　剪主要用来分割大而薄的片状工件，厚而复杂的工件不宜使用剪，常用的剪主要有：

黑柄剪刀、剪钳等，剪钳又有直剪、斜剪、蛇口剪等类型。如图 5-15 所示。

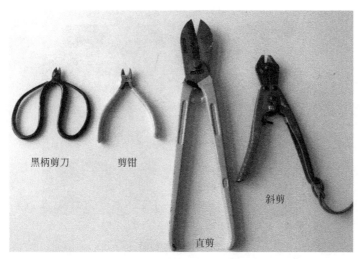

图 5-15　剪刀、剪钳

八、 拉线板

　　首饰制作过程中，常常需要直径大小不一的金属线材，它们需依靠拉线板才能制成。拉线板是钢制的。拉线板通常有 39 孔（0.26～2.5mm）、36 孔（0.26～2.2mm）、24 孔（2.3～6.4mm）和 22 孔（2.5～6.4mm）等不同规格。拉线板孔口是用特殊的钢材（钨钢）制作的，无比坚硬，不易变形。拉线板的孔口大小不等，形状也有多种，例如圆形、方形、长方形、三角形甚至心形等，可以根据加工的需要，选择合适的线孔拉线，其中最常用的是圆形，如图 5-16 所示。

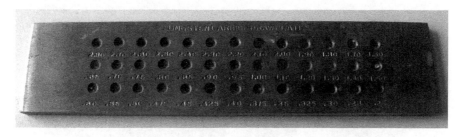

图 5-16　拉线板

九、 锤、 砧、 戒指铁

　　砧、锤和戒指铁常常配合使用，利用它们可以将金属锤出戒指的形状。

1. 锤

　　锤在首饰制作行业中用处很大，即使有了辗片机，敲打的过程也不可缺少，因此用锤的机会仍然很多。常用的锤除铁锤外，还有皮锤、木锤、胶锤等，形状有平锤、圆头锤、尖嘴锤等，如图 5-17 所示。铁锤主要用来敲打金属，或用于打出戒指圈的雏形，还可配合戒指铁、砧等工具敲打，小的钢锤用于镶石。如果要避免金属表面经敲打后留下痕迹，可以用皮锤、胶锤或木锤敲打。

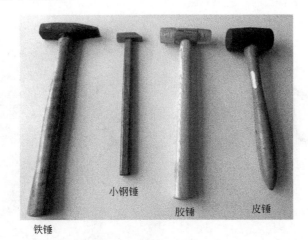

小钢锤

胶锤　皮锤

铁锤

图 5-17　各种锤

2. 砧类

砧是配合铁锤使用的重要工具，主要用来支撑敲击金属工件。砧的形状多种多样，有四方形的平砧，它主要作为敲击工件的垫板；也有形似牛角的铁砧，它可用来敲打弯角、圆弧。坑铁也属于砧的一种，它有大小不同的凹槽，还有各种尺寸的圆形和椭圆形凹坑（俗称窝位），主要用来加工半圆的工件。与坑铁相近的有条模，它上面有各种半圆形、圆锥形凹槽，并有各种图案。另外，还有铁质或铜质窝砧，它上面有一些大小不一的半球状凹坑，有的侧面还有半圆槽口，主要用来加工半球形或半圆形工件，与窝砧配合使用的是一套球形冲头，称为窝作。各种砧类如图 5-18 所示。

窝作

四方小平砧

条模

窝砧

坑铁

图 5-18　砧类

3. 戒指铁

戒指铁是一支锥形实心铁棒，如图 5-19 所示。在戒指修改圈口或整圆时，可将戒托放在戒指铁上敲击，焊接戒指也离不开戒指铁。与戒指铁类似的有直径比它大的厄铁，用于手镯制作中。

图 5-19　戒指铁、厄铁

十、　索嘴、　钢针、　油石

索嘴是用来把持钢针，以进行镶石或划线等操作的工具，将钢针套入索嘴内，再将索头收紧便可使用。索嘴有几种形状，木制索嘴柄有的像冬菇，称为冬菇索嘴；有的像葫芦，称为葫芦索嘴。除木制柄外，还有铁制柄，这种柄直径约 1cm，柄身布满防滑纹。如图 5-20 所示。

图 5-20　索嘴、钢针、油石

钢针在首饰制作中也是经常使用的工具，它可以在金属板上划线、画图形、刻花等，钢针磨成平铲，可以用来起钉镶石和铲边等。

油石是镶石操作中不可缺少的工具，钢针用钝后要重新磨锋利，或将其磨成平铲，都需要使用油石，一块能研磨良好的镶石铲的油石是很昂贵的。

十一、　砂纸

砂纸有多种不同的粗糙程度，其粗糙程度多用号数来表示，200$^\#$是粗砂纸，400$^\#$是较粗的，800$^\#$较细，1200$^\#$则最细，这些都是较常用的几种砂纸，如图 5-21 所示。砂纸有用纸作垫底的，也有用布作垫底的，纸质砂纸有黄色、黑色、深绿色。砂纸上的砂粒种类也有差别，有石英砂、金刚砂、石榴石砂等。

砂纸用来消除工件因工具操作后，留下的较粗糙的表面痕迹，使工件再进行打磨抛光的工序。使用时将砂纸组成不同的形状，如砂纸推木、砂纸棍、砂纸夹、砂纸针、砂纸尖等。

图 5-21　常用的砂纸

十二、度量工具

首饰制作是精密的工艺，所以用来量度的工具也需要精密。常用的度量工具有钢板尺、游标卡尺、电子卡尺、戒指尺、戒指度圈、电子秤等，如图 5-22 所示。

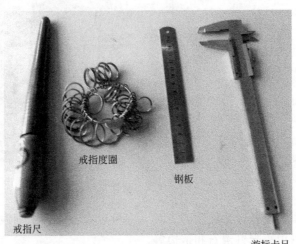

戒指度圈

钢板

戒指尺

游标卡尺

图 5-22　常用度量工具

戒指尺用来测量戒指内圈的大小，也称指棒，这种戒指尺多是铜制的，戒指尺顶端细，向底部渐渐增粗。戒指尺底部有木质手柄，通常有 30cm 长，在上面刻有刻度，不同的地区有不同的刻度，常见的如美度、港度、日本度、意度、瑞士度等。戒指度圈又称指环，主要用来测量手指的粗细，它是由几十个大小不同的金属圆圈组成的，每个圈上都标有刻度，用以表示它们的尺寸大小。

游标卡尺由两部分组成，一部分是不能移动的主体，称为主尺，上面有刻度，每一刻度为 1mm，在主尺上面，有一个可以移动的部分，称为游尺或游动尺，尺上也有刻度，每一刻度为 0.02mm。

电子卡尺主尺结构与游标卡尺相似，不同的是游尺被电子显示装置取代，测量值可以直接从显示屏中读取。电子秤在首饰制作中使用非常广泛，是不可缺少的称重工具。电子秤的规格有很多种，具有不同的测量精度和量程，可用于称量金属、钻石和宝石等，如图 5-23 所示。

图 5-23　首饰生产常用的电子秤

 第二节 **·贵金属首饰制作常用设备·**

一、压片机

压片机主要用来轧压金属片材或线材，分手动和电动两种，如图 5-24 和图 5-25 所示，它们的工作原理是相同的。压片机的工作部位是一对圆辊，有光身镜面辊，但多数在对辊的两侧有线槽。压片前要揩净对辊和金属条上的脏物，调整好对辊间距，对辊的间隙是通过两侧的调节螺丝来调节的，后者又被压片机上的齿轮盘所控制，转动齿轮盘就可以调节对辊的间隙。压片中每次下压的距离不可太大，以免损坏机器。

图 5-24 手动压片机

图 5-25 电动压片机

图 5-26 压模机和铝框

二、压模机

　　压模机用于橡胶模的硫化，又称硫化机，常用的压模机形状如图 5-26 所示。压模需要一定的压制压力，它通过丝杠带动上压板来控制，丝杠上设有转盘方便操作。橡胶硫化要在一定的温度下进行，在压板内部装有内置发热丝，通过控温器控制温度。与压模机配套的有各种模框，如单框、两框、四框等几种，模框大都用铝合金制作。

三、注蜡机

注蜡机的种类较多，图 5-27 是简易的圆桶注蜡机，它采用普通温控器，气泵加压，使蜡液充填橡胶模腔，价格相对较低廉，对生产技术要求不高的产品可大批量生产，但是蜡模的质量相对较难保证。

图 5-27　圆桶注蜡机

图 5-28　真空注蜡机

图 5-28 是在简易注蜡机基础上进行改进后的真空注蜡机，它可分别控制蜡缸和注蜡嘴的温度，抽真空的时间和注蜡时间。在注蜡前先对胶模抽真空，由于蜡模在真空状态下进行注蜡，使得充填性能优化，即使比较细薄的蜡模也容易注出。这类注蜡机应用广泛，但是自动化程度相对低些，要用手拿住胶模对准蜡嘴，用脚踩动踏板才能注蜡。由于人为操作难免出现波动，因而对于尺寸、重量一致性要求高的产品不容易保证。

为此，行业内开发了自动化程度更高的数码式真空注蜡系统，如图 5-29 所示。它采用机械手夹持胶模和数字化控制系统，可根据产品结构设定蜡液温度、注蜡嘴温度、抽真空时间、一次射出加压、二次射出加压、二次射出加压开始时间、夹模压力、保持时间等注蜡参数，并可将这些参数编程记忆储存，达到最适合的注蜡参数组合。注蜡时只需将橡胶模放入夹模机械手内，输入程序号，按下开始钮即可，然后夹模、前进、自动对准注蜡口、真空、一次注蜡、二次注蜡、蜡模凝固保持、夹模开放等动作自动完成。温度控制准确，使用的二次注蜡系统能使蜡模的收缩降低到最低程度，注蜡效果完美。

对于批量生产模式，采用单机单工位生产时，生产效率、占地面积、蜡模质量稳定性等方面会受到一定局限，因此近年来又开发了自动化集成式多工位自动真空注蜡生产线，如图 5-30 所示。它采用多头多工位传送带布置、先进的电气控制系统及红外线扫描条码识别记忆系统，可根据产品形状大小直接通过中文可视彩显触摸屏操作系统输入、调用、修改各项参数，随意转换手动、半自动、联动、自动、单调等功能，允许控制系统在智能

图 5-29　带数码控制系统和机械手的自动真空注蜡机

获取每个蜡模的相关数据后自动调用注蜡参数。机器配备冷却系统，注蜡完毕后蜡模可立即接受强制冷却，当蜡模被输送到工作台时即可开模。具有结构紧凑、占地空间小、美观大方、节能环保、操作简便、自动化程度高、生产效率高、蜡模品质优良等特点。

图 5-30　多头多工位自动注蜡生产线

四、搅粉机、抽真空机

1. 搅粉机

搅粉机是将铸粉和水搅拌成均匀浆料的机械，用它代替手工搅拌，不仅提高了效率，还可以使搅拌更均匀，它分为简易型和真空自动型两类。

简易型的搅粉机如图 5-31 所示，这种机器结构简单，价格便宜，由于搅拌是在大气中进行的，容易卷入气体。

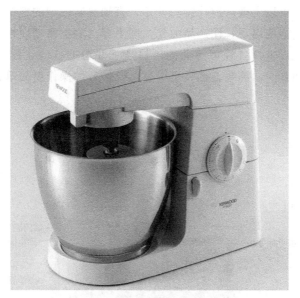

图 5-31　简易搅粉机

2. 抽真空机

石膏浆料搅拌好后，需要在抽真空机中将浆料中的气体抽走，常见的抽真空机是以真空气泵配上气压表为主体的机器，在机箱顶部装有一块平板，平板四角有弹簧可以振动，平板上有层胶垫，并配有半球形的有机玻璃罩，如图 5-32 所示，抽真空时罩子与胶垫之间结合紧密不易漏气，以保证抽真空的质量。使用简易型搅粉机开粉，整个过程要经过搅粉、抽真空、灌浆、抽真空几道工序，比较繁琐。

图 5-32　抽真空机

真空自动搅粉机是比较先进的开粉设备，图 5-33 是其中一类机型，它集搅拌器和真空密封装置于一身，可以实现从搅拌铸粉开始，直到灌浆成型的整个过程都处于真空状态下，有效地减少了气泡的出现，使产品的光洁度更好。真空自动搅粉机一般配备了定量加水、设定搅拌时间、设定搅拌速度等功能，提高了开粉的自动化程度。与简易搅粉机相比，省去了搅粉、抽真空、灌浆、抽真空等复杂操作，使操作更简单省时。

图 5-33　真空自动搅粉机

五、焙烧炉

首饰制作行业用的石膏焙烧炉，一般均为电阻炉，也有一些采用燃油炉，不管何种炉子，通常都带有控温装置，而且要能实现分段控温。图 5-34 是一种常用的典型电阻焙烧炉，可以进行四段或八段程序温度控制，这种炉子一般采用三面加热，也有一些采用四面加热，但是炉内温度分布不够均匀，焙烧时也不易调整炉内气氛。围绕使炉内温度分布均匀、消除蜡的残留物、自动化控制等目标，近年来不断出现了一些先进的焙烧炉。例如在加热元件和石膏型间加设耐热钢罩，炉顶装风扇，强制空气流过加热元件，并从炉底返回炉膛内，从而强制了炉内空气流动，另外改进了炉壳的绝热性能。再如旋转焙烧炉采用炉床回转方式，如图 5-35 所示，使石膏型能均匀受热，石膏内壁光洁精细，特别适合于先进的蜡镶铸造工艺，目前许多国家都在生产这种炉子。这种坚固结实的电阻炉，能提供更好的生产环境，用于铸造更大和更多数量的钢铃，而且这种炉箱四面加热，内有双层耐火砖隔板，热度均匀稳定，绝缘设备好。排烟经过两次充分燃烧，最后排出的是无公害气体。

六、铸造机

现代首饰制造主要采用失蜡铸造的方法，由于首饰件都是比较精细的工件，浇铸过程中很快发生凝固而丧失流动性，因此常规的重力浇注难以保证成型，必须引入一定的外

图 5-34　常用电阻焙烧炉

图 5-35　旋转焙烧炉

力，促使金属液迅速充填型腔，获得形状完整、轮廓清晰的铸件。因此，铸造机是失蜡铸造首饰中非常重要的设备，是保证产品质量的一个重要基础。

　　根据所采用的外力形式，常用的首饰铸造机主要有以下类别。

1. 离心铸造机

　　离心铸造机是利用高速旋转产生的离心力将金属液引入型腔的，离心铸造中金属液的充填速度较快，对于细小复杂工件的成型比较有利，适合金、银等合金的铸造，对铂来说，由于处于液态的时间非常短，用离心铸造也是比较适合的。因此，离心铸造机仍是珠宝首饰厂家应用最多的铸造设备，图 5-36 是一种简单的机械传动式离心机，在一些小型首饰加工厂使用，它没有附带感应加热装置，利用氧气-乙炔来熔化金属，或利用熔金机熔炼金属，然后将金属液倒入坩埚中进行离心浇铸。图 5-37 是首饰加工厂使用较多的现代离心铸造机的一种，它集感应加热和离心浇铸于一体，适合铸造金、银、铜等合金。图 5-38 是比较先进的离心铸造机，用于浇铸铂合金，它是在真空下完成熔炼和离心浇铸的，因此有利于提高金属冶炼的质量。

图 5-36　简易离心铸造机

图 5-37　离心铸造机

与静力铸造相比，传统离心铸造也有一些缺点，由于充型速度快，浇铸时金属液紊流严重，增加了卷入气体形成气孔的可能；型腔内气体的排出相对较慢，使铸型内的反压力高，使出现气孔的概率增加；当充型压力过高时，金属液对型壁冲刷厉害，容易导致铸型开裂或剥落。另外浇铸时熔渣有可能随金属液一起进入型腔。由于离心力产生的高充型压力，决定了离心机在安全范围内，可铸造的最大金属量比静力铸造机要少。由于铸造室较大，一般较少采用惰性气氛。

图 5-38　真空离心铸造铂金机

　　针对上述一些问题，现代离心铸造机在驱动技术和编程方面取得了很大的进步，其发展目标是改进编程能力和过程自动化。比如，铸型中心轴和转臂的角度设计成可变的，它作为转速的一个函数，能够从 90°变化到 0°。这样，就综合考虑了离心力和切向惯性力在驱使金属液流出坩埚和流入铸型的作用，这种装置有助于改善金属流的均衡性，防止金属液优先沿着逆旋转方向的浇道壁流入。在铸型底部加设抽气装置，方便型腔内的气体顺利排出，改善充型能力，并配备了测温装置，尽可能减少人为判断的误差。

2. 静力铸造机

　　静力铸造机是利用真空吸铸、真空加压等方式，促使金属液充填型腔，与离心铸造机相比，静力铸造机的充型过程相对平缓，金属液对型壁的冲刷作用较小，由于抽真空的作用，型腔内气体反压力较小。一次铸造的最大金属量也较多，因此静力铸造机得到了越来越广泛的应用。静力铸造机的种类有很多种，其中最简单的静力铸造机当属吸索机，这种机器的主要构件是真空系统，不带加热熔炼装置，因此需要与火枪或熔金炉配合使用，吸索机的外形如图 5-39 所示，它操作比较简单，生产效率较高，在中小厂得到了较广泛的应用。由于是在大气下浇铸，金属液存在二次氧化吸气的问题，整个浇铸过程是由操作者控制的，包括浇铸温度、浇铸速度、压头高度、液面熔渣的处理等，因此人为影响质量的因素较多。

图 5-39　吸索机

静力铸造机中比较先进，使用也比较广泛的是自动真空压铸机，这类机器的型号特别多，如日本的 Yausi、意大利的 Italimpianti、德国的 Schultheiss、美国的 Neutec 等，是业界比较有名的首饰铸造机品牌，如图 5-40 所示。

不同公司生产的机器各有特点，但一般都是由感应加热、真空系统、控制系统等组成，在结构上一般采用直立式，上部为感应熔炼室，下部为真空铸造室。采用底注式浇注方式，坩埚底部有孔，熔炼时用耐火柱塞杆塞住，浇注时提起塞杆，金属液就浇入型腔。一般在柱塞杆内安设了测温热电偶，它可以比较准确地反映金属液的温度，也有将热电偶安放在坩埚壁测量温度的，但测量的温度不能直接反映金属液的温度，只能作为参考。自动真空铸造机一般在真空状态下或惰性气氛中熔炼和

图 5-40　Yausi 真空加压铸造机

铸造金属，因此有效地减少了金属氧化吸气的可能；广泛采用电脑编程控制，自动化程度较高，铸造产品质量比较稳定，孔洞缺陷减少，成为众多厂家比较推崇的设备，广泛用于黄金、K 金、银等贵金属真空铸造。有些机型还附带了粒化装置，可以制备颗粒状中间合金。

七、抛光机

首饰产品高度亮洁的表面离不开抛光，过去批量生产的首饰大都是采用人工执模后再进行抛光的，为减少执模过程的人工费用和劳动强度，提高生产效率，现在越来越多地使用了机械抛光设备，用于首饰产品的抛光，甚至也有了可以代替手工抛光的研磨抛光设备。常见的机械抛光设备有滚筒抛光机（图 5-41）、磁力抛光机（图 5-42）、振动抛光机等，其性能特点参见第八章。

首饰经执模、镶石后要进行最终的抛光，这是由打磨工借助布轮抛光机来完成的。布轮抛光机的款式有多种，有单工位、双工位、多工位等，一般都是由电机、密封罩、集尘系统组成的，集尘系统可以是随机附带，如图 5-43 所示，也可以是中央集尘器。电机转轴末端有反向锥形螺纹，布辘装在转轴上，利用抛光产生的摩擦力而进一步锁紧。在转轴上装上各种材质、形状不同的布辘、胶辘、绒辊、毛扫等，可以满足首饰对表面质量的不同要求。

八、超声波清洗机

超声波是频率高于 20000Hz 的声波，超声波能产生清洗作用的原理是声波作用于液体时，会使液体内形成许许多多微小的气泡，气泡破裂时会产生能量极大的冲击波，从而达到清洗和冲刷工件内外表面的作用。超声波清洗源于 20 世纪 60 年代，在应用初期，由

图 5-41 滚筒抛光机

图 5-42 磁力抛光机

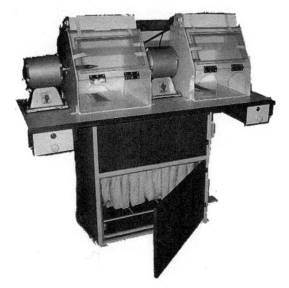

图 5-43 自带集尘装置的布轮抛光机

于电子工业的限制，超声波清洗设备电源的体积较大，稳定性及使用寿命不理想，且价格昂贵。随着电子工业的飞速发展，超声波电源的稳定性及使用寿命进一步的提高，体积减小，价格逐渐降低。20 世纪 80 年代末，第三代超声波电源问世，即逆变电源，它应用了最新的 IGBT 元件。新的超声波电源具有体积小、可靠性高、寿命长等特点，清洗效率得以进一步提高，而价格也降到了大部分企业可以接受的程度。

超声波清洗设备主要由清洗槽、超声波发生器和电源三大部分组成。图 5-44 是首饰厂比较常用的超声波清洗机。它具有清洗效率高、清洗效果好、使用范围广、清洗成本低、劳动强度小、工作环境好等许多优点，以往清洗死角、盲孔和难以触及的污垢之处一直使人们倍感头痛，超声波清洗可以有效解决这些难题。这对于首饰产品而言，具有特别重要的意义，由于首饰产品大都是结构复杂的精细工件，因此超声波清洗机成为首饰制作中不可或缺的重要设备之一。

图 5-44　超声波清洗机

第六章

贵金属首饰的失蜡铸造工艺

失蜡铸造（又称精密铸造，熔模铸造）工艺，首饰业内俗称倒模工艺，是目前世界各国贵金属首饰加工行业中最常用的方法之一。该方法最早应用于假牙合金铸造工艺中，称作埋没用石膏铸造法，现广泛应用于金、银、铂贵金属和非铁合金铸造工艺中。其特点是品种多、造型美观精致、生产规模可大可小、可以大批量生产。

失蜡铸造的工艺流程包括：首饰原型制作—压制胶模—开胶模—注蜡（模）—修整蜡模（焊蜡模）—种蜡树（一称重）—灌石膏筒—石膏抽真空—石膏自然凝固—烘焙石膏—熔金、浇铸—炸石膏—冲洗、酸洗、清洗（一称重）—剪毛坯—滚光。

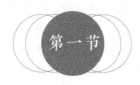 **第一节** ▪ **首饰原型与胶模制作** ▪

一、首饰原型的制作

首饰原型的设计部门是企业的核心。企业要求设计师必须根据不断变化的市场需求及客户的特殊要求，随时设计出最新款式的首饰样品。原型制作人员，必须根据设计图精心制作首饰原型。制作首饰原型的原材料都是使用易于加工的铜、银、石蜡等。首饰原型的尺寸要比最终首饰产品大，这是因为考虑到制造过程中各作业部门所使用的各种材料的收缩率问题，以及预留后工序表面加工过程中的加工余量。对于手造银版，一般比终产品放大 3%～5%；对于蜡版，一般放大 10%～20%。

首饰原型（又称首版），通常的首版是用银精制而成的，首版要有较高的硬度。制作好的首版要焊上浇铸线（俗称水线），专为蜡液的注入和流出，浇注金属液而设的预留通道。水线的长度、粗细和在首版上的位置要根据首版的形状、大小决定。水线设置合理与否，将会直接影响铸件的质量。

首版入模前，应仔细检查确认原型，观察原型的形状，同时检查原型是否有缺陷或变形。如果水线太长，需要根据实践经验将其剪短一点，以便于压模为原则，清洗干净原型表面的残留物，并根据原型的形状、大小，选择合适尺寸的铝合金框压制胶模。

二、压制胶模

将首饰原型接上浇铸口，像做三明治一样夹在硅橡胶片里，再装入铝合金框中，经加压、加热硫化成型。制作橡胶模型使用的橡胶必须满足以下要求：耐腐蚀、耐老化、复原性能好、具有弹性和柔软性、不会熔化在石蜡中。

压制胶模所使用的主要设备是压模机，由两块内带电阻丝和感温器件的加热板、定温器、定时器等组成。

压胶模看似简单，却是失蜡铸造工艺中的重要环节，铸件质量与胶模有着密切的联系。在压制胶模过程中，必须注意以下操作程序：

① 用油性笔沿着版形边缘画出分型线，作为切开胶模的上下模分型位置，分型线位置的确定，以易于取模为原则。

② 在操作过程中，必须保持压模框和硅胶片的清洁，清洗双手和工作台。

③ 保证金属首版与硅胶片之间不会粘连，要做到这一点，就应该优先使用银版，如果是铜版则应该将铜版镀银后再进行压模，在实际操作过程中，通常优先使用银作金属首版，银不易与硅胶片粘连，而铜首版易于硅胶片粘连。

④ 根据具体情况确定适当的加热温度和时间，这主要取决于胶模的厚度、长宽以及首版的复杂程度。通常将加热温度定为150℃左右，如果胶模厚度为3层（约10mm），一般加热时间为20～25min，如果是4层（约13mm）则加热时间可为30～35min，依此类推。如果首版是复杂、细小的款式，通常采用降低加热温度，延长加热时间的办法处理，反之如果温度过高，则会影响到压模的效果。

需要特别强调的是在具体操作过程中，必须保持硅胶片的清洁，不能用手直接接触硅胶片的表面，而应该将硅胶片粘上后再撕其表面的保护膜。采用塞、缠、补、填等方式将首版上的空隙位、凹位和镶石位等填满，做到硅胶片与首版之间没有缝隙。特别是在某些细小的花头和副石镶口底孔等微细孔隙处，必须用碎小的胶粒填满，并用尖锐工具（如镊子尖）将其压紧。同时为了保证胶模的使用寿命，通常用4层硅胶片压制。胶模厚度在压入压模框后，略高于框体平面约2mm。

压模机必须先预热，再放入已装压好硅胶片的压模框，旋紧手柄使加热板压紧压模框，仔细检查加热板是否压紧，硫化时间到后迅速取出胶模，最好使其自然冷却至室温，再用手术刀进行开胶模的操作。压好的胶模要求整体不变形、光滑、水线不歪斜。压制胶模过程中，常见的问题、原因及对策见表6-1。

表 6-1　压制胶模过程中常见的问题、原因及对策

问　题	原　因	对　策
成品胶模黏而软	硫化时间短或温度太低	检查压模机,调整工作温度、时间
胶模太硬、弹性大、无法放平	压力过大,时间长,温度太高	降低压力,调整工作温度、时间
部分胶模层脱开	手上有油脂等污垢	去除污垢并保持胶模清洁
胶模充满气泡,表面凹陷	胶模、铝框填得不紧密	将铝框填紧实
橡胶过分收缩	硫化时温度太高	用标准温度、时间

三、 开胶模

将压制好的胶模割开，取出首版，并按样版的形状复杂程度，将胶模分成若干部分，使胶模在注蜡后能顺利将蜡模取出。

开胶模是失蜡铸造工艺中的一项要求很高的技术，因为开胶模的质量，直接影响蜡模制作，以及金属毛坯的质量，而且还直接影响胶模的寿命。技术高超的开模师傅开出的胶模，在注蜡后基本没有变形、断裂、披锋的现象，基本不需要修蜡、焊蜡，能够节省大量修整工时，提高生产效率。

开胶模使用的工具主要有：手术刀及刀片、镊子、剪刀、尖嘴钳等。

切割过程中为保证刀片与生胶片胶模之间的润滑，可以用刀片上蘸水或洗涤剂（但是千万不能蘸油，因为油会使胶模变硬、变脆）。开胶模通常采用四脚定位法，也就是说，开出的胶模有四个脚相互吻合固定，四脚之间的部分采用曲线切割，以呈起伏的山状为好，尽量不使用直线或平面切割，如图 6-1 所示。

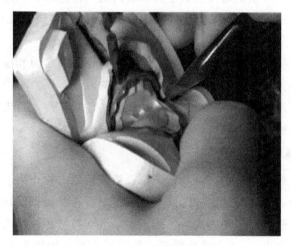

图 6-1　开胶模

·蜡模制作·

胶模开好后就可以进行注蜡操作了，注蜡操作应该考虑蜡温、压力以及胶模的压紧度等因素。利用胶模注压出蜡模的工序称为注蜡（也称唧蜡），而利用雕刻技艺制作的蜡模称为雕蜡。

常用模型材料的主要成分为石蜡，还有合成树脂等。一般来说，根据不同的季节和不同的模型形状，采用不同配比的石蜡。制作蜡模使用的蜡一般是蓝色的模型石蜡，其融化温度在 60℃ 左右，注蜡温度在 65℃ 左右。还有一些其他颜色的石蜡，性质略有不同。蜡温及注射压力可通过注蜡机调节，其大小由蜡件的难易程度决定。制作蜡模所用的石蜡必须满足下列条件：硬度大、熔点高，软化不宜变形，容易焊接，加热时成分变化少，膨胀系数小，燃烧时残留灰分少，价格低廉。

在失蜡铸造过程中，首饰蜡模的质量直接影响最终首饰的质量，为获得良好的首饰蜡模，蜡模料应具备如下的工艺参数：

① 蜡模料的熔点应适中，一般在 69～80℃ 范围内为宜。由于熔点温度区间较大，控温比较稳定，可获得质量较好的首饰蜡模。

② 为保证首饰蜡模的尺寸精度，要求蜡模料的收缩率要小，一般小于 1％。

③ 蜡模在常温下应有足够的强度和表面硬度，以保证在失蜡铸造的其他工序中不发生破损、断裂或表面擦伤。

一、注蜡（唧蜡）

注蜡是通过注蜡机把蜡熔化后用气压注入胶模中，现在通常采用的设备都是真空注蜡机。其基本原理是，在注蜡前通过抽真空将胶膜内的气体排出，利用气压将熔融状态的蜡注入胶模中。真空注蜡的优点是充填性较好，比较细薄的蜡模也能注出，蜡模较少出现气泡。

注蜡时，依据所注首饰蜡模的复杂程度，要选择不同的压力和温度。当首饰蜡模的设计形态简单或面积较大时，应降低注蜡机中液态蜡的温度、压力。当首饰蜡模的设计形态细腻复杂时，应调高注蜡机中液态蜡的温度、压力。注蜡之前，首先应该打开胶模，检查胶模的完好性和清洁性。

1. 蜡模制作中滑石粉的使用

为使首饰蜡模从橡胶模具中很好地脱离，一般使用滑石粉作为润滑剂，也可用婴儿粉代替。在操作过程中，尽可能地张开橡胶模具，使滑石粉扑到橡胶切割面的每个角落。最佳的操作方法是橡胶模具扑过滑石粉后，用压力空气吹掉过多的滑石粉，并且橡胶模具每扑过一次滑石粉，可注出 3～4 个首饰蜡模，然后再重新使用滑石粉较为恰当。滑石粉不可用得太多，以免使蜡托表面粗糙。

2. 铝板在蜡模制作中的作用

在利用真空加压注蜡机制作首饰蜡模型时，为获得表面光滑、精密度高的蜡模，操作时要在橡胶模具的上下面附加两块厚为 2mm 左右的铝板，并用手指均匀压住整个橡胶模具后对准注蜡机的射蜡嘴。由于橡胶模具具有弹性，会根据手的压力大小而使蜡模形态出现扭曲，为防止此现象的发生，手的压力应保持一定的大小。如图 6-2 所示，用脚轻轻踏合注蜡开关并随即松开，当唧蜡机的指示灯由黄色变为红色，再变为绿色，表示注蜡过程已结束，可将橡胶模从蜡嘴旁移开。在注蜡过程中，应注意橡胶模的使用温度，同一个橡胶模注入的次数越多，橡胶模越热，蜡模的硬化速度越慢。如果此时急于把蜡模从橡胶模中取出，模型容易变形。按注蜡的先后顺序放好橡胶模，当连续做 6～7 个橡胶模后，即可打开第一个橡胶模，取出蜡模，依此类推。取模时要注意手法，避免蜡件折断和变形，蜡模取出后仔细检查，如果出现缺边、断爪、变形、严重飞边或多个气泡等问题，这样的蜡模就属于废品。如果出现一些很细小的缺陷，则应进行蜡模的修整。

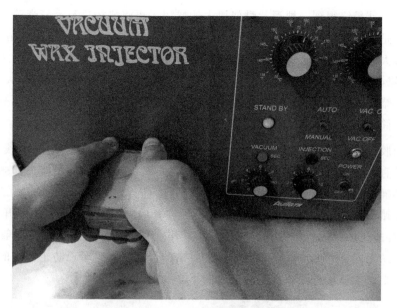

图 6-2　注蜡

二、修整蜡模

一般而言，注蜡后取出的蜡模都会或多或少地存在一些问题，如飞边、夹痕、断爪、肉眼可见的砂眼、部分或整体结构变形、小孔不通、花头线条不清晰、花头搭边等。修整蜡模的步骤如下：

① 出现飞边、夹痕、花头线条不清晰、花头搭边等缺陷，可以用手术刀片修光。

② 出现砂眼、断爪等缺陷，可以用焊蜡器进行焊补。

③ 出现小孔不通等缺陷，可以用焊针穿透。

④ 出现蜡模变形的情况，可以在 40～50℃ 的热水中进行校正。

另外，对于手寸不同的戒指，如果等到执模时再改指圈，既费工又费料。一般情况下，首饰生产企业都是在修蜡模时直接改指圈。使用焊蜡器改指圈非常方便，焊好后用刀片修整一下焊缝即可。最后用沾上酒精的棉花清除蜡模上的蜡屑。

第三节　·　铸模制作·

铸粉模的制作是用配比好的铸粉浆料，将其均匀注入放有蜡模树的铸杯（筒）里，经过脱蜡的工艺过程，在铸杯（筒）内留下一个与蜡模一样的型腔，经浇铸后，得到所需要的铸件。

一、种蜡树

种蜡树就是将制作好的蜡模按照一定的顺序，用焊蜡器沿圆周方向依次分层地焊接在一根蜡棒上，使最终得到一棵形状酷似树木的蜡树，再将蜡树进行灌石膏等工序。种蜡树的基本要求是，蜡模要排列有序，关键是蜡模之间不能接触，至少要留 2mm 的间隙，要在保持足够大间隙的基础上，尽量多地将蜡模焊在蜡树上，蜡树与石膏筒壁之间最少要留 5mm 的间隙，蜡树与石膏筒底要保持 10mm 左右的距离，以此确定蜡树的大小和高度。

将单个蜡模熔接成蜡模树。蜡模树的大小是根据单个蜡模的形状、质量及石膏模型所用不锈钢套筒尺寸而定。蜡模树底座是圆形橡胶盘，其内径与不锈钢套筒尺寸一致。

一般橡胶底盘的直径有 3 寸❶、3 寸半和 4 寸。底盘的正中心有一个突起的圆形凹孔，凹孔的直径与蜡树的蜡棒直径相当。种蜡树的第一步，就是将蜡棒头部蘸一些熔化的蜡液，趁热插入底盘的凹孔中，使蜡棒与凹孔结合牢固，如图 6-3 所示。第二步，逐层将蜡模焊接在蜡棒上，可以从棒底部开始（由下向上），也可以从蜡棒头部开始（由上向下）。如果种蜡树的技术比较熟练，两种方法操作起来的差别不大，但是一般采用从蜡棒头部开始（从上向下）的比较多，因为这种方法的最大优点是可以防止熔化的蜡液滴落到焊好的蜡模上，能够避免因蜡液滴落造成的不必要的返工。

图 6-3　种蜡树

在种蜡树的操作过程中，应该注意以下一些问题：

① 种蜡树时应尽量避免厚件和薄件混杂在一起，因为铸造时不容易使两者同时得到保证。

② 根据蜡件的形状选择蜡件与蜡棒之间的夹角，以保证金属液能够平静迅速地流入为原则。一般选择蜡模的方向倾斜向上，这个夹角可以根据铸造方法、蜡模的大小和蜡件的形态进行适当的调整。离心铸造时，蜡模与蜡芯成 45°～60°，真空铸造时，蜡模与蜡芯成 70°～80°，这样有助于控制凝固方向。

③ 在种蜡树之前，应该首先对橡胶底盘进行称重。种蜡树完毕，再进行一次称重。将这两次称重的结果相减，可以得出蜡树的重量。将蜡树的重量按石蜡与铸造金属的密度

---

❶　1 寸≈3.33cm。下同。

比例换算成金属的重量，就可以估算出大概需要多少金属进行浇铸。通常，银：蜡＝10：1；14K：蜡＝14：1；18K：蜡＝16：1；22K：蜡＝18：1。

④ 种蜡树完毕，必须检查蜡模是否都已焊牢。如果没有焊牢，在灌石膏时就容易造成蜡模脱落，影响浇铸的进行。检查蜡件水线与蜡芯的连接是否圆滑，避免夹角或留有空位。最后，应该再检查蜡模之间是否有足够的间隙，蜡模若贴在一起，应该分开。如果蜡树上有滴落的蜡滴，应该用刀片修去。

二、石膏模的制作

1. 石膏模具材料

制作铸型模具的材料种类很多，但首饰行业多采用优质的专用石膏作铸型材料。通过对首饰铸粉的分析，发现其化学成分主要为 SiO_2 71.4％、$\alpha\text{-}CaSO_4$ 25.3％、钙长石 2.6％，还含有其他氧化物及添加剂。

SiO_2 硬度高，化学性质稳定，使得首饰铸粉具有较好的热稳定性和较高的抗压强度。铸粉中的 $CaSO_4$ 主要以 $\alpha\text{-}CaSO_4$ 的形式存在，是烧石膏与一水石膏的中间产物，具有良好的固结成模性与可溶性。在首饰的铸粉中主要起凝结作用。当烧石膏水化为石膏时，会产生微孔隙结构，加上石膏本身所具有的较大孔隙，使得凝结固化后的铸模具有一定的透气性。并且这种凝固后的石膏的热导率很低，使得铸模在浇铸过程中具有良好的保温性能。

首饰铸粉中的添加剂主要有三种：

① 缓凝剂。主要延迟铸粉溶解及其凝胶过程，使铸模内部晶粒凝聚排列更完整，提高铸模结构强度，如硼砂等。

② 速凝剂或增强剂。能调节铸粉浆料的黏性，加速提高浆料的凝结程度，提高铸模内部和表面的强度，如水泥等。

③ 乳化剂。乳化剂的作用是使浆料均匀混合，不易沉淀、分层，提高铸粉浆料的流动性和悬浮性，如滑石粉等。

此外，在铸粉中加入少量的铜粉或石墨，可以避免浇铸过程中因氧化作用而产生的收缩效应。总之，石膏铸型材料应具有如下特性：耐火温度高、热膨胀率小、不与熔融的合金发生化学反应、浇铸产品表面光滑、石膏易溶于水、浇铸后的首饰在水中容易与石膏模具分离。

2. 石膏铸型模具的制作

常用的操作工艺流程为：蜡树—石膏模外套筒—注入石膏浆—硬化—取出筒—加热烧结—铸造—首饰与模具分离—表面抛光处理。

（1）计算铸粉和水的用量

首先将蜡树进行称量，然后根据不锈钢套筒尺寸，计算出石膏铸粉和水的用量。一般石膏铸粉与水的混合比例为 100：（38～40），即 100g 的铸粉需用 38～40g 的水来调和。要求水的温度在 21～26.6℃范围内，如水的温度高于此温度则凝固时间变短；反之，水温过低凝固时间延长。一般铸粉与水混合以后工作时间约为 9min，也就是，从铸粉与水混合开始到经过搅拌过程，再倒入铸筒内完毕的时间。如果所用时间过短则铸粉与水得不到充分的混合，从而使铸粉与水相互分离，在蜡模表面产生水膜，影响铸造效果。所用时间过长则铸造浆液流动性减小，倒入铸筒内的铸造浆凝固，使蜡模产生龟裂现象，或浆液流不到蜡模细微复杂处。

（2）开粉操作

将不锈钢套筒小心地套在蜡树橡胶底座上（此时应注意套筒和底座的紧密连接）。先量取需要的水量，将石膏粉加入水中，搅拌 3min 左右。搅拌时既要保证铸粉浆料彻底搅拌均匀，又要注意尽量减少浆液中产生气泡。搅拌后，在真空脱泡机中进行 1～1.5min 的脱泡作业。将石膏浆料倒入不锈钢套筒内，如图 6-4 所示，直至石膏浆料淹没蜡树 1.5～2cm，随即将不锈钢筒置于真空脱泡机进行第二次脱泡，时间约 2.5～3min，其目的是防止空洞的产生，增强模具的密度及强度。将石膏圆筒放入空气中自然干燥 1～2h。

图 6-4　灌浆

（3）铸粉浆料制作与灌铸

铸粉浆料制作与灌铸需要注意以下几个方面的问题。

① 按所要求的粉水比，搅拌粉末与水，动作要敏捷，搅拌要充分，直至无粉末结块为止，使得粉浆具有好的流动性，从而能够与铸件表面浑然一体。通过真空脱泡后，迅速将粉浆注入装好蜡树的铸筒中。

② 粉浆注入铸筒后进行第二次真空脱泡，边脱泡边振动铸筒，这样容易使气泡上升。

③ 二次脱泡结束后，将铸筒放在没有振动的静止地方，因为粉末与水混合后 15～20min 便开始凝固，2h 后便完全凝固达到所需的强度。

④ 粉末与水混合约 9min 后，黏性便增大，此时便不利于脱泡，因此整个开粉操作在 9min 内完成。

三、脱蜡与烘模

脱蜡有两种方式：第一，可以先进行蒸汽脱蜡，然后再装入焙烧炉，使用蒸汽脱蜡一般为 1h 左右；第二，也可以直接放入焙烧炉中，将铸坯内的蜡熔化、烧失，如图 6-5 所示。脱蜡后的铸坯（筒）经过高温烧结，得到所需要的强度，使铸坯内形成各种模型的空腔。

① 将静置后的铸坯（筒）有序地放入到常温的自控高温炉中，并将注口向下。设置

图 6-5　脱蜡焙烧

高温炉的自控加热时间、温度，进行脱蜡、烘模，烘模后降温到所需要的浇铸温度。一般铸粉供应商都会推荐烘模曲线，操作时按其要求执行。

② 铸坯（筒）放入炉时要均匀摆放，防止受热温度不均匀。铸坯（筒）入炉前，炉内温度必须在 60℃以下，否则蜡模会过早熔化破坏铸模空腔。

③ 铂金与 K 金（足金、银、铜）的铸坯（筒）烧结温度不同。铂金在脱蜡、烘模时温度要达到 950～1000℃，而 K 金（足金、银、铜）铸坯（筒）的烧结温度在 750℃以下。

第四节　·铸造·

铸造是利用各种铸造设备，将金属液体通过离心力、加压等方法注入铸坯模内，从而完成首饰毛坯件的加工。首饰的铸造可分为熔炼和浇注两个步骤，究其方法大致可以分为两类，一类是熔炼与浇注分开进行，比如利用氧化乙炔、熔金炉等将金属熔化后，再利用离心机、吸索机等将金属液注入型腔。另一类是利用现代首饰铸造设备（图 6-6），这些设备大都集熔炼、浇注于一体，自动化程度比较高，比如真空离心铸造机、真空加压铸造机等，正确使用这些设备，可以有效地提高首饰毛坯件的质量，从而减少孔洞、表面粗糙等缺陷。

一、铸造前的准备

首先根据蜡树的质量计算出浇铸原料的质量，计算质量时应该考虑铸造方法、坩埚的形状等方面的因素。另外，对以 18K 金、14K 金为浇铸原料的常规首饰件而言，浇铸时铸模的温度一般控制在 620～650℃，而浇铸时的熔融液体温度控制在 1000～1160℃范围

图 6-6　离心铸造首饰

内。浇铸原料的熔解是在真空或空气中进行，其中在空气中熔解应该注意熔融液体的表面氧化问题（金合金、银合金中易氧化的金属是铜）。为了解决这些问题，通常使用硼砂、硼酸、木炭等物质作为覆盖物使其与空气隔离。

二、金属铸造

常用的铸造方法可以用"灌、转、吸、压"4个字概括，具有代表性的方法有：浇灌法、离心铸造法、负压吸引铸造法、加压铸造法。

为了达到成品少产生砂眼的目的，需要施加压力、吸引力、离心力或者抽真空等使金属熔融液体充分充填铸模的细微部分，以保证成品质量。为完成此工艺，需要使用铸造机。目前国外常用的铸造机一般采用感应加热方式，分离心铸造机和真空吸引加压铸造机两大类。这些设备技术先进、操作简便，很受业内人士的欢迎。选择铸造工艺时，首先考虑产品的种类及生产量，然后再选择工艺所需要的铸造机和配套设备。不同铸造方法在铸模温度、熔融液体温度、浇铸压力、铸造后的静态保持时间方面也有不相同的要求。采用自动化程度较高的铸造设备时，在铸造作业开始前，根据不同合金的熔点，应该把金属熔化温度、浇铸温度、浇铸时间和保压时间调节至最佳参数值，这是浇铸作业成败的关键。在铸造过程中，首先使金属料充分熔解，达到合适的铸造温度时，将预先加热至浇铸温度的石膏铸模从电炉中迅速取出，放入铸造机内进行浇铸。

三、铸造合金时常见问题

熔模铸造是首饰制作中广泛应用的技术，但是它的工序繁多，铸件容易出现缺陷，大大增加首饰表面的处理工作量，甚至使工件报废。

在首饰铸造缺陷中，大部分的缺陷是孔洞类缺陷。孔洞类缺陷主要表现为三种不同的类型：砂孔、缩孔和气孔。理论而言，三类孔洞就其外观特点在大多数情况下是比较容易区别的。砂孔通常可见到夹杂物；缩孔可见到孔内壁呈现凸起状；气孔内壁光滑，呈现金属光泽。但实际上其外观会在很大程度上改变，从小的球形孔洞（气孔）到枝晶状孔洞（缩孔）之间的所有形状都有可能出现，而且三类孔洞有时可能同时出现。

孔洞的起源多种多样。缩孔是由纯粹的物理过程引起的,凝固时体积收缩,当最后凝固部位的收缩得不到充分补缩时,就会在工件上留下集中或分散的孔洞。它不仅与工件本身的结构有关,更与铸造工艺、水线设置、温度体系有密切关系。气孔主要由铸粉的热化学分解引起,或者在石膏分解过程中直接产生,或者通过形成二氧化硫产生。然而其他原因也经常会导致气孔,例如使用了污染较严重的金属材料、在熔炼过程中金属产生了吸气氧化等。砂孔的来源也多种多样,跟蜡模的表面质量、铸粉的性能、铸粉的操作等都有直接关系。跟金属材料的纯净程度、熔炼的方式等也有很大关系。

四、 除铸粉

将金属工件从铸粉模中取出,并冲去工件上黏附的铸粉。待铸粉模冷却到适当程度,用自来水冲击其底部,如图 6-7 所示。铸粉模余温遇到冷却水即产生爆粉现象,使铸造的工件与铸粉模脱离。用高压水枪喷射铸造的工件,使其表面的铸粉脱落干净。把冲洗后的铸件放入含有硫酸或氢氟酸的水溶液容器中浸泡。浸泡后各部位上的铸粉彻底除去,从酸溶液中取出工件,用水清洗、烘干。

图 6-7　炸石膏

采用氢氟酸水溶液时,K 金、足金、银的工件浸泡时间为 20min,氢氟酸浓度为 20％;铜的工件浸泡时间为 20min,氢氟酸浓度为 5％;铂金工件浸泡时间为 60min,氢氟酸的浓度为 55％。

在操作过程中,需注意以下问题,氢氟酸具有强腐蚀性,要有专用容器,使用时注意防护皮肤。用水枪冲洗工件时,因水枪压力大,要注意防止因操作不慎而引起工件变形,见图 6-8。

五、 剪坯件

清除铸粉后的工件仍处在树状形态,需在其水线处剪断、分类、分品种,为下道工序做好生产准备工作。

除铸粉后的树状毛坯需称重,计算铸造过程中的损耗量,然后进行剪水线操作。先按总体分剪,然后分类剪,如图 6-9 所示。剪水线时要掌握角度、距离,防止将毛坯剪变形、碰伤。在距离工件 1.5mm 处剪水线为最佳。

图 6-8　除铸粉后得到的金树

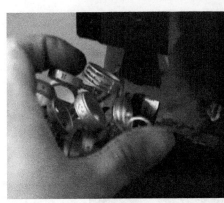

图 6-9　剪坯件

六、首饰铸造毛坯件的检查

完成铸造后，要对首饰毛坯件进行检查，区分报废品、次品和合格品。检查的内容主要包括以下方面：

①　外形。检查坯件的完整性，有无残缺、变形、裂纹等。

②　成色。检查有无错成色或成色不足的问题。

③　表面质量。检查坯件有无砂孔、缩孔、气孔等孔洞缺陷，字印是否清晰，表面是否圆滑细腻等。

④　配套。检查组合配件是否齐全，有无配套。

 **第五节　蜡镶铸造工艺**

首饰的蜡镶铸造技术是 20 世纪 90 年代中期出现的一项新技术，这项技术一经出现，就引起了首饰制作行业的广泛关注和迅速推广，尤其在制作镶嵌宝石数量众多的首饰件，

蜡镶工艺已成为降低生产成本，提高生产效率，增加产品竞争力的重要途径。所谓蜡镶，是相对金镶而言的，它是在铸造前将宝石预先镶嵌在蜡模型中，经过制备石膏型、脱蜡、焙烧后，宝石固定在型腔的石膏壁上，当金属液浇入型腔后，金属液包裹宝石，冷却收缩后即将宝石牢牢固定在金属镶口中。蜡镶技术以传统的熔模铸造工艺为基础，但是在各生产工序中又有其特殊性和难度，给首饰加工企业带来了一定的风险，只有对蜡镶工艺有充分的认识和了解，并严格按要求进行操作，才能保证蜡镶质量的稳定，真正发挥出蜡镶工艺的优势。

一、 蜡镶铸造工艺的特点

1. 蜡镶铸造工艺的优点

① 节省时间，提高生产效率。由于蜡镶同样数量的宝石所需的时间比金镶要少得多，因而大大地提高了生产的效率，蜡镶的劳动强度也比金镶要小得多。如迫镶梯方宝石，一个熟练的镶石工人每天大约只能镶 80～100 粒，而采用蜡镶技术，一个经过短期培训的工人即可镶嵌 200～300 粒。

② 降低了人工成本。传统金镶操作对镶石工人的操作技能有相当高的要求，使得首饰厂在镶石部门要投入大量的技艺熟练的工人，大大增加了人工成本，尤其对低价值的首饰件，人工成本在总成本中占的比例很高，而采用蜡镶工艺，可以显著降低人工成本，提高产品的市场竞争能力。

③ 减少金属的损耗。在蜡镶铸造工艺中，由于宝石是先镶进蜡模中再进行铸造，因此，不必像传统的金镶工艺一样，对镶口进行打磨、车位等，这就意味着减少了金属的损耗。蜡镶时则是修整蜡模，因而金属的损耗，将大大减少。同时也可省去金粉废料的收集和提纯等工作。

④ 降低了工具的使用成本。传统的金镶工艺需要一系列的镶嵌工具，如吊机、机针、油石以及各种手工工具。而蜡镶则只需简单的工具，从而减少了机针和摩打吊机等打磨工具的使用和损耗成本。

⑤ 有利于实现首饰设计的创新。有些首饰设计的款式和结构，用传统的金镶工艺很难制作，而采用蜡镶工艺则可以实现。

2. 蜡镶铸造的缺点

① 蜡镶铸造的过程中，宝石经过高温焙烧和浇注时高温金属液的热冲击，存在碎裂变色等风险。

② 在焙烧过程中，为减少宝石出现问题的概率，将石膏焙烧温度降低了，使得铸型内可能出现残留炭，合金比常规铸造易受污染，铸件出现气孔、砂孔的可能性增大。

因此，蜡镶工艺要求操作者必须严格按照工艺要求、流程和工艺参数进行操作，否则，不仅不能达到预期的效率，反而可能使蜡镶成本比金镶还高。

3. 蜡镶铸造工艺使用的主要工具及其作用

与金镶工艺相比，蜡镶铸造使用的镶嵌工具相对简单，并有其特点。蜡镶铸造工艺使用的主要工具及其作用，见表 6-2。

表 6-2　蜡镶铸造工艺使用的主要工具及其作用

工具名称	作　用
索嘴	① 固定钢针磨平铲;② 固定平铲铲坑、铲边
电烙铁	① 把爪头点圆、贴石、封坑位;② 修补蜡托缺损位
手术刀	① 修整蜡面,使其顺滑、平整;② 除去镶口的蜡粉
平铲	① 用于铲坑、铲边;② 修整蜡面;③ 清理镶口的蜡粉;④ 沾印泥点石
球针	① 嵌爪时车底位;② 包镶时车坑
镊子	夹石、点石
毛笔扫	清理镶石中的蜡粉
飞碟	嵌爪镶、倒钉镶时,车握位
戒指尺	蜡镶工作结束后,将戒指套入手寸尺,检查戒圈的圆度
油石	用于磨平铲
缝纫针	去除尖端,磨成平铲
钢针	画蜡坑

其中,平铲一般由工人自行磨制,磨平铲是蜡镶工人必须掌握的基本技能。

① 磨平铲的操作工艺要点。用汽油将油石清理干净,在油石正中加上适量的油。取一个缝纫针,把尖端部分钳去,然后拧松索嘴,放入缝纫针,缝纫针顶部与索嘴距离约为1cm,调整好距离后,拧紧索嘴。

油石摆放在工作台中央,左手按住油石,右手握紧索嘴,油石与身体（胸口）的距离约 20cm（因人而异）,小臂保持水平,利用手腕控制针与油石的角度,在油石上来回磨平铲。在磨平铲过程中,用力要均匀,重心一致（向下用力）,保持缝纫针与油石面的倾斜角度为 40°左右。磨好平铲的一面后,按上述方法磨另一面。

② 注意事项。平铲的两个刃面大小要一样,锋口要形成一条线,两侧成直角。刃面要平,忌形成弧形及磨出不规则面。磨平铲时姿势要正确,针与油石不低于 30°,一般为 40°。

二、 首饰蜡镶铸造的工艺流程

蜡镶铸造工艺过程一般包括母版制作、开设水线、橡胶模和蜡模制作、宝石镶入蜡模、种蜡树、石膏型制作、石膏型脱蜡与焙烧、金属熔炼浇注、饰件冷却与清理等工序。每个工序都会对蜡镶效果产生影响,研究每个环节的工艺技术特点对确定合适的蜡镶工艺参数是十分重要的。

1. 母版的设计制作要求

蜡镶时宝石要留在石膏型中且保证宝石固定在原位。为了防止宝石在灌石膏浆、焙烧及铸造时产生移位或松动,宝石至少要在两个位置上得到铸型的支撑。因此,一般在镶口底部开孔,并尽量做大些,甚至大至宝石直径的三分之二以上,避免铸造后在宝石底部表面覆盖金属或宝石固定不稳。

由于在橡胶模、注蜡、铸造过程中母版会发生一定的收缩,并对镶嵌宝石产生重要的影响。因此,在设计和制作母版时必须考虑橡胶模的收缩、注蜡的收缩和金属的收缩。对紧密镶嵌的宝石,尤其要注意在宝石间留出适当的间隙,间隙过小,收缩时会使宝石间相互挤压而碎裂;间隙过大,宝石间可能夹进金属而影响首饰的美观。可以按照铸造收缩率计算出预留间隙的尺寸,并根据宝石的数量和尺寸进行调整。

为了减少宝石受金属液热冲击而产生碎裂和变色的风险，对母版镶口位的厚度有特殊的要求。过厚则浇注时的热容量过大，宝石受到的热作用就越强，产生碎裂、变色的概率就越大。因此，从宝石安全的角度出发，就尽可能使镶口位与宝石的直接接触面积最小，镶口位的厚度尽可能最薄。但母版镶口位厚度又直接影响镶口位结构的稳定性。因此在操作过程中，必须严格把握好这一点。

2. 蜡镶水口和浇道

为了有效地保护宝石，一般是在比正常铸型温度更低的条件下铸造，采用比常规方法更大的水口或补缩浇道，这样有助于金属充填和补缩，避免镶石区产生欠浇或收缩缺陷。可将水口开在镶宝石附近区域的蜡模边。对一些镶石多的饰件，可能需要多个水口，以保证对镶石区补充金属液。注意不要让金属液直接冲刷宝石，以免引起宝石移位。水口与蜡模接触要完全，不要在连接处缩颈，否则会阻碍金属液顺利地充填型腔。要使水口的整个截面连接到蜡模上。

3. 橡胶模的要求

不同的橡胶其收缩率、弹塑性、复制性能等都有差别，制作母版前要先弄清楚所用橡胶模的收缩率，尽量使用质量较好的有机橡胶。当切割橡胶模取出母版时，要尽可能将分型线隐藏起来，避免直接通过或接触宝石。对于比较细长的镶口位，填胶时须用小胶粒仔细填实，避免因填胶不到位而引起镶口位的蜡加厚，增加黑石的风险。

4. 蜡模制作

用于蜡镶铸造的蜡要有很好的形状记忆能力和将宝石咬住在镶口的能力。注蜡时避免出现气泡、飞边、冷隔、变形等缺陷。镶石前先检查蜡模有无变形、缺陷或瑕疵等，特别要注意检查蜡模的镶口位，因为铸造后这些部位很难清理干净。

5. 镶嵌宝石

把宝石镶入蜡模中有两种方法，其中一种方法是将宝石直接镶在橡胶模中，注蜡后直接得到镶好宝石的蜡模。这种方法要求在蜡版上先镶好宝石，这样在橡胶模中就留出了空位。这种方法仅适合某些结构，由于存在飞边以及配合问题，因而在实际生产中，用得比较少。另一种方法是将宝石镶入蜡模中，这是大部分蜡镶工艺采用的方法。在镶嵌宝石之前，要认真、细心地做好观石、摆石、铲坑、定位的工艺准备工作。

① 观石、观蜡模。首先要根据订单的技术要求，观察宝石的形状、规格，观察蜡模是否与订单、待镶嵌的宝石相符，宝石的质量、数量是否有差错。

② 摆石。用平铲沾印泥点石，在镶口位摆放，观察宝石是否适合镶口位的规格，爪的长度是否合适，坑位的深度是否相配，在镶嵌宝石的过程中，还需解决什么问题。

③ 铲坑。将平铲、钢针分别安装在双头索嘴上。左手拿稳蜡模，右手用钢针根据镶口的形状，从左至右画坑（坑到蜡面的厚度为0.5mm），用平铲的角位从右至左铲坑，铲坑的深浅根据宝石的厚薄而定。多位嵌石时，坑位要对称，石平面要一致。

④ 定位。定位是用待镶的宝石去衡量铲坑后的镶石位，如无缺陷可进入镶石（入石、固石）工艺过程。

6. 蜡镶宝石的常见镶法

镶嵌宝石有各种不同表现形式和操作方法，常见的蜡镶宝石镶法，主要包括以下几种：

（1）爪镶、倒钉镶

左手拿稳蜡模，右手用平铲（或镊子）沾印泥点石，并将石放到镶口度位，如图6-10所示。若石比镶口大，则用合适的飞碟车位，使镶口位与石大小相适合。开位时，先斜放入飞碟，然后慢慢扶正，并轻轻转动2～3次。

图 6-10　蜡镶度位

车位后将宝石放入，检查宝石落入坑位的高低情况，若宝石面偏高，可用球针将镶口位车低一点，或用平铲将其铲低。若宝石面偏低，则用电烙铁沾蜡将镶口位堆高。用平铲、毛扫将蜡模上的蜡粉清理干净。用平铲沾印泥点石，然后将宝石落到镶口上，并将宝石摆平、放稳。如果镶爪长了，可用剪刀剪短一些，使镶爪稍高于石面；如果镶爪短了，则用电烙铁点蜡将爪头点高，如图6-11所示。

图 6-11　点爪

爪镶中无论爪长或短，都要利用电烙铁点爪，将爪头点圆，点贴石。爪要直，不能歪，大小一致。镶口位底部要打穿，否则成品后，会产生石不透光（暗黑）现象。镶石时要尽量把宝石按厚度大小分开，并采用球针或电烙铁调整镶口位高度，确保镶石后石面平整，高度合适。

（2）包镶、窝镶

左手拿稳蜡模，右手用平铲沾印泥点石，并将宝石放到镶口位上度位。若宝石大于镶口，则用合适的球针在镶口位上车位，使镶口位与宝石的大小相适合。坑位的深浅则要根据宝石的厚薄而定，一般来说，宝石镶入后，石面应比蜡面低 0.4mm。若石面过低，则用电烙铁点蜡封底。石面过高时，可用球针将坑位再车低一点。校好镶口位后，用毛扫清理镶口位的蜡粉，再用平铲沾印泥点石落到镶口内，使宝石平稳，用电烙铁点蜡封边，使蜡贴石，并将内边铲圆顺。

（3）迫镶（圆钻、方钻、梯方）

根据宝石的形状和大小，用平铲在蜡模的镶口位开坑位，坑位到蜡面的高度约为0.5mm，注意两迫镶边宽度要一致，不可一边宽，一边窄，否则将会出现一边包不住石边，另一边会遮住石面的情况，要注意两边坑位的高度要一致，避免宝石镶嵌后出现歪斜。同排镶嵌多粒宝石时，会在镶口内增设横担位以加固镶口，注意车位时不可将蜡模的担位铲断，否则将失去对镶口大小的固定作用。开坑位时如一次开得过大，需用电烙铁沾蜡封回原状，然后重新开位。

坑位开好后，用镊子（平铲）沾印泥点石，将宝石的一边放入坑位内，再用平铲将宝石的另一边按下去，使宝石平稳。迫镶多粒宝石时，要特别注意控制宝石之间的间隙，具体尺寸要根据宝石大小、合金类型、铸造工艺条件等确定，如间隙留得过大，则金属饰件上的宝石也会留下较大缝隙，如间隙过小，则很可能使宝石在铸造（倒模）后产生碎裂。另外，宝石间的空隙要呈直线，忌呈三角形。宝石镶进蜡模时，石边一定要落到坑位处，石面高度标准要一致。若宝石较松，则可用电烙铁沾蜡封边，使蜡贴石，并将内边铲顺。再用平铲、手术刀等工具对蜡面进行修整，使蜡面平滑、顺畅，如图 6-12 所示。

图 6-12　蜡镶梯方钻

（4）田字迫

左手拿蜡模，右手用平铲沾印泥点石，将宝石放在镶口位度位，若宝石与镶口位不吻合，则要调整镶口位。当宝石比镶口大时，要根据每一粒宝石的厚薄大小，用平铲开坑位。当宝石比镶口小时，需用电烙铁沾蜡封坑位和十字底担。镶口位调整后，再将宝石落入坑位，使四粒宝石的石面相平，宝石对齐，每一粒宝石都不超过十字底担，且宝石间隙位呈正十字，内边成直角，间隙大小合适。镶嵌后蜡要贴石，十字底担要铲平，底面宽窄相宜。

7. 执蜡

镶石后，如蜡模上有缺陷，用电烙铁沾蜡将缺陷处补上。若蜡模上有需穿孔的部位，将滴蜡针在酒精灯上加热，对蜡模穿孔位进行穿孔。用手术刀、平铲、刮蜡刀、钢针等工具，将蜡模表面刮光滑，使线条、棱角顺畅，去除镶口底和夹层处的蜡屑和披锋。用毛扫蘸汽油清洗蜡模，使蜡模表面光洁。

8. 种蜡树

种蜡树时，要根据钢铃的尺寸和铸造设备类型确定铸树的尺寸。将蜡模连接到中心主浇道时要保证有足够的角度，一般蜡模与中心主浇道成45°角外张，有助于金属液平稳进入型腔。使用热的修蜡工具熔接水口时，注意不要接触蜡模或使蜡液滴到宝石上。蜡树种好后，可以将其放入润湿剂或去静电液中浸一下，晾干后再灌浆，这样可以避免气泡黏附在蜡上，并降低蜡树表面的张力。

9. 制作石膏型

为防止焙烧和铸造过程中宝石产生变色，需对铸粉进行特别的处理，通常是在铸粉中加入硼酸，一般100g铸粉添加2.5～4g硼酸粉、40～42mL水。由于添加硼酸后石膏凝结速度加快，通常只有6～7min，因而要注意控制整个操作过程的速度，保证浆料有足够的抽真空时间，以除去粘在蜡模上的气泡，任何在镶口底或附近区域的气泡都会在铸件上形成难于除掉的金属豆。此外，灌浆时应注意不要使宝石移位。现在市场上已有专用蜡镶铸粉供应，当使用这些铸粉时，注意按照铸粉生产商的使用建议，如水粉比、混制时间、抽真空时间、凝结时间等进行操作。

10. 脱蜡焙烧

由于宝石在承受高温、热冲击和热应力时，有出现燃烧、变色或裂纹的危险，为保护宝石，蜡镶铸造时一般采用比常规铸造时更低的焙烧温度，因而如何制订合理的铸型焙烧制度，使蜡的残留物彻底除掉，是蜡镶铸造的一个关键所在。一些工厂会采用蒸汽脱蜡，对除蜡有一定的帮助。铸型的焙烧是蜡镶铸造的关键，蜡镶铸造的铸型焙烧时要注意几点，一是焙烧炉要求能精确控温，避免发生过热而引起宝石的燃烧或变色；二是要使铸型尽量均匀受热，减少宝石由于经受热冲击和热应力而出现裂纹的危险；三是焙烧炉内要有充分的空气对流，使蜡的残余碳能彻底烧掉。焙烧温度可以根据类型和宝石的质量而改变，浇注时铸型的温度也要根据材质、铸件结构等来确定。

11. 浇铸

蜡镶首饰浇铸可以采用真空浇铸法和离心浇铸法，前者应用得更广泛，因为它可以降低因浇铸过程中的紊流而使宝石移位的风险。离心浇铸法适合一些较小的工件。离心浇铸时要注意铸树的高度和转速，因为过大的金属液压力可能会导致宝石周围出现金属飞边，引起宝石开裂或增加清理难度。

由于金属液直接接触宝石，使宝石瞬间受到很大的热冲击，浇铸温度越高，热冲击就越大，因此要注意控制铸树上的工件数量，在保证成型的前提下，尽可能降低金属液的温度。用于蜡镶铸造的设备最好能精确控温，以保证铸件质量的稳定。

12. 铸型冷却和去除

由于蜡镶铸型温度还很高时，淬入水中会使宝石受到热冲击，使宝石存在开裂的危险，因此要在去除铸型前进行适当的冷却。依据铸型的尺寸，在去除铸型之前一般要冷却3h或更长，有时为了加快冷却速度，可以用风扇给石膏型壁降温，冷却后再用油压机将石膏型推压出来。铸型冷却后的强度较高，特别是铸粉中加入硼酸后其强度会更高，去除时就更困难，可以用小锤敲打树底和铸型边缘，使铸件自然从铸型中脱出。轻敲树头使大部分铸粉脱落，再用高压水最终清理铸件。彻底检查铸树，看是否有松石或掉石现象。

13. 打磨抛光

通常使用手工方法抛光，但效率较低，且难以处理到镶口底部。因此，对大批量生产的蜡镶铸件，尽量使用机械抛光法，特别是磁针抛光机对手工难于抛光的部位如镶座底、镶口周围等很有效。使用机械抛光时，要选择合适的抛光介质，避免刮擦或损坏宝石。

三、首饰蜡镶铸造的要求及常见问题

1. 蜡镶铸造对宝石的要求

衡量蜡镶效果好坏的一个重要指标，就是宝石的稳定性，蜡镶铸造后的宝石不能出现变色、开裂、碎裂等问题。由于在蜡镶铸造过程中，宝石必须承受高温焙烧和浇铸时高温金属液的热冲击，因此要求宝石必须能承受相当高的温度，以及对不均匀加热和冷却有一定的承受能力。这就对宝石的类别、质量等提出了具体的要求，使用有裂隙或对温度、热冲击敏感的宝石，蜡镶铸造后可能使宝石开裂。而使用经过热处理来改变颜色的宝石时，蜡镶铸造后可能会产生负面作用而影响宝石外观和颜色。另外，在这个复杂的工艺过程中，影响因素非常多，任何一个因素的影响都可能使宝石开裂，或使宝石的外观改变，因此蜡镶铸造总是存在风险的。

将常用的各种宝石对蜡镶工艺的适用性进行归类，大致可以将宝石分为适合和不适合蜡镶两大类。

① 适合蜡镶铸造的宝石。如果宝石的质量可以，又能正确控制铸造过程的工艺参数，蜡镶后是可以得到良好效果的，这类宝石包括钻石、红宝石、蓝宝石、石榴石、橄榄石、立方氧化锆等。

② 不适合蜡镶铸造的宝石。经受高温及热冲击后产生开裂、碎裂的宝石，或者在铸造过程中改变颜色的宝石，或者在高温下会燃烧的宝石等，是不适合蜡镶铸造的，如蛋白石、紫晶、蓝黄玉、黄水晶、珍珠、琥珀、珊瑚、绿松石等。

蜡镶铸造过程中，由于铸造过程中产生的热冲击作用，会使有些宝石的颜色失色，主要表现为两种情况：一种是在铸造过程中由于高温的影响使宝石本身的颜色发生改变；另一种是由于错视效应使宝石的外观颜色发生变化。

出现第一种情况主要是因为有些宝石本身不适合蜡镶铸造。裂隙发育的宝石经受高温及热冲击后很可能会变色。有些宝石（如紫晶、蓝色黄玉、黄水晶等）的颜色遇热不稳定，因此这类宝石不适合用蜡镶铸造。要确定宝石是否适合蜡镶铸造，可先试验宝石的耐热性及宝石对热冲击的承受能力。通过人工改善颜色的宝石，其颜色一般不稳定，加热后颜色会改变或褪色。因此，蜡镶铸造对这类宝石也是不适宜的。

除了宝石自身的性质外，铸型温度也是宝石失色的重要原因之一。铸型温度过高或金属铸造温度过高都会对铸造过程中宝石的安全性造成严重的影响。多数宝石都有一个极限承受温度，超过这个温度后，宝石的颜色甚至其晶体结构都会发生改变。因此，蜡镶铸造过程中要尽量降低铸型温度和金属铸造温度。在水线设置方面，应充分考虑流量，采用比常规首饰铸造更大的水线，优先采用圆截面水线，并结合辅助水线以增大流量。

出现第二种情况主要是由于错视效应引起的。铸造后宝石本身的颜色并未发生实质性变化，而是由于金属底托的缘故，影响了宝石对光线的吸收，使得镶嵌在金属坯上的宝石的颜色，从视觉的角度看，似乎发生了改变。造成这种错视效应的原因主要如下。

① 镶口底部孔偏小。宝石要呈现良好的光泽和其自然的颜色，需要其对光正常吸收和反射，镶嵌在金属底托上的宝石，依靠从镶口底部孔吸收光源，当底部孔偏小时，其亭面被金属覆盖较多，影响了宝石对光的吸收。因此在设计母版时，要保证镶口底部孔有足够的尺寸。在蜡镶铸造中，一般镶口底部孔的直径在宝石直径的一半以上，这有利于铸造过程中宝石的固定。

② 尽管母版的镶口底部孔尺寸足够，但镶口位与宝石直径匹配不好也会出现错视效应。因此，镶石前应先配石、度石，不合适的应先修整镶口位，并将宝石放置在镶口上度位。若宝石直径大于镶口尺寸，则需用合适的飞碟车位，使镶口位与宝石大小相匹配，镶石后要认真清理镶口底部。

③ 在浇灌石膏浆料制备石膏模的过程中，如果气泡附在镶口底部，则浇铸金属后气泡被金属取代，形成金属豆。此时宝石往往表现为在镶口坑位附近有发黑现象。如果将饰件反转观察镶口底部，则可以见到明显的金属豆。当石膏的强度不足或宝石与石膏浆料的润湿性不好时，会出现宝石被金属包覆的现象，严重地影响宝石的颜色和光泽。要解决这个问题，则须注意混制石膏浆料的水粉比、抽真空的时间、真空度、润湿性等。

2. 蜡镶铸造对首饰合金的要求

与常规铸造相比，蜡镶铸造一般采用较低的焙烧温度。因此，用于蜡镶铸造的合金应具有较低的熔点、较好的流动性及抗氧化性能。常用于蜡镶铸造的首饰合金有：

① K黄金。一般来说，相对于纯金，K金的熔点较低，铸造性能较好，通常可以取得较好的蜡镶效果，如8K，9K，10K，14K，18K，20K，22K金被广泛采用。成色越高，K金的熔点就越高，对蜡镶过程的工艺、设备等相应地也有更高的要求。对高成色的K金，采用离心浇铸法比真空浇铸法更合适，因为离心浇铸法可以降低铸型温度，从而降低损坏宝石的风险。

② K白金。市场对K白金的需求量很大，如10K，14K，18K白金广泛用于镶嵌首饰，使蜡镶技术具有重要意义。但目前用于K白金的漂白元素主要还是Ni和Pd，由于它们的熔点都较高，使得K白金的铸造温度更高，凝固速度更快，因而K白金进行蜡镶铸造时，不仅宝石因受到的热冲击更大而易出现一些问题，而且铸造金属也容易产生问题。由于蜡镶铸造降低了最高焙烧温度使铸型内可能有蜡的残留物，合金与这些残留物反

应会使铸件产生气孔。蜡镶铸造后铸型需要较长的时间自然冷却，这样就延长了在260～430℃之间的停留时间，对含Ni的合金会产生时效硬化作用，从而使合金的硬度变高。K白金补口种类较多，各有利弊，有些合金的熔点较低，流动性好，铸造性能和回用性较好，有利于蜡镶铸造。

③ K红金。一般情况下，尽量避免用粉红色或红色K金进行蜡镶铸造，尤其是18K粉红色或18K红色K金。因为浇铸后，铸件表面易产生裂纹且其脆性增强。

④ 银合金。银合金因具有较低的熔点和较好的铸造性能适宜用蜡镶铸造，但要取得良好的效果，应尽量选用抗氧化性能较好的补口，这样可以大大减少铸件的气孔，并减少氧化物形成的斑纹，通常用于立方氧化锆及各种廉价宝石和合成宝石的镶嵌。

3. 蜡镶铸造中常见的问题及解决办法

蜡镶铸造技术是一项集铸造工艺学、宝石学、金属学、首饰制作工艺学、美学等诸多方面知识于一体的综合技术。涉及的知识面广，影响的因素多，任何因素的变化都可能对蜡镶效果影响，导致产品出现质量问题，甚至报废。因此，蜡镶铸造工艺如果得不到有效控制，蜡镶铸造的成本可能比常规铸造的成本还要高。

蜡镶铸造中的问题可以归结为两大类，一类是金属的问题，蜡镶铸造中由于采用了更低的焙烧温度，在铸型中容易出现蜡的残留物，引起铸件的孔洞缺陷，金属液也更容易受到污染。另一类是宝石方面的问题，蜡镶铸造时由于宝石经受石膏模及高温金属液的影响，存在宝石变色或碎裂的风险，经常遇到的几类宝石问题有：朦石、烂石、黑色、掉石、石不均匀或走位、金覆石面等。

（1）宝石碎裂

蜡镶铸造后有些宝石产生了崩裂或碎裂，经常出现在道镶多粒石的情况。一般来说，引起蜡镶宝石碎裂的可能原因有：

① 宝石本身的质量有问题或不适合蜡镶铸造。

② 镶石时宝石间隙过小或互相接触，铸造收缩时会使宝石间相互挤压而碎裂。

③ 焙烧升温速度过快，宝石在承受高温、热冲击和热应力时有出现裂纹的危险。

④ 浇铸温度过高，由于金属液直接接触宝石，使宝石瞬间受到很大的热冲击，浇铸温度越高，热冲击越大，出现碎裂的机会也越多。

（2）宝石变色、朦石

蜡镶铸造后宝石失去了原来的光泽、颜色，变成了奶白色，或颜色改变了。一般来说，引起蜡镶宝石变色、朦石的可能原因有：

① 宝石本身的质量存在问题，或宝石不能承受高温或在高温下会改变颜色，或者宝石在高温下会燃烧等。

② 铸造中出现的问题，例如焙烧温度过高，或者金属浇铸温度太高，或者铸粉中没有保护，等等。

（3）宝石被金属覆盖

蜡镶铸造后宝石的表面出现一层金膜，或局部被金覆盖，影响宝石的光泽。一般来说，导致宝石被金属覆盖的可能原因有：

① 镶石位底部开口太小。

② 镶石时蜡过热使之熔化，蜡液覆在宝石上。

③ 开粉操作有问题，粉水比不合适等。

（4）铸造后宝石不牢固或已掉落

蜡镶铸造后有些宝石已掉落或者不固定在其位置上，可以移动。一般来说，导致宝石不牢固或已掉落的可能原因有：

① 母版的镶口位底部开口太小，或者宝石镶在蜡模中不牢固。

② 水口开设的方式不合适。

③ 铸造温度过低或铸造压力不够。

④ 清理过程中产生了较大的冲击。

第七章

贵金属首饰的执模与镶嵌工艺

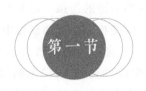 **首饰执模的要求**

一、 执模使用的工具

执模工艺是对失蜡铸造（精密铸造、倒模）的首饰坯件，采用手工操作和相应设备进行整合、扣合、焊接、粗糙面加工处理的过程。

执模的工具多种多样，常用的工具有：焊具，吊机，戒指铁，坑铁，手寸尺，卡尺，各种粗、细、圆、扁、三角锉刀，各种牙针、钻针、卓弓（锯弓）、卓条（锯条）、剪钳、平嘴钳、铁锤、焊夹、焊药、镊子、砂纸、砂纸棒，各种字印，等等。

常用的设备有：压片机、水焊机、激光（镭射）焊机、隧道炉等。

二、 执模工艺的技术要求

在首饰制作过程中，执模工艺是一项十分重要的技术，首饰铸件的执模工艺不佳，将直接影响首饰的质量。熟练掌握执模工艺必须具备以下几方面的技能。

1. 执模工艺对工具使用的要求

① 吊机的使用。吊机是执模过程使用最多、最有用的工具之一。掌握执模工艺必须熟练地使用吊机，并全面了解吊机所配机针的类型及其用途。同时还需要了解吊机的结构，以及如何更换和保养吊机。能够利用吊机熟练地完成打磨、钻孔、磨削和打光等工作。

② 锉刀的使用。锉刀也是执模工艺使用最多的一种工具。用锉刀锉平首饰毛坯上的毛刺、焊缝和锉出平面或凹面，效率更高。吊机打磨通常是在锉刀加工之后才进行的工

序，这样可以提高执模的效率。正确使用锉刀是执模工艺必须掌握的基本技术，要能熟练地运用不同类型锉刀，修饰首饰铸件的平面、弧面、花饰和光边。要求在锉完的首饰工件表面，尽可能少地留下锉痕，这样在首饰细打磨和抛光时，就可节约工时，既可提高工效，又可提高质量。

③ 卓弓的使用。执模过程中常常要使用卓弓，例如留在首饰铸件上的水口要用卓弓锯掉，要扩大或缩小戒指圈口时也需要用卓弓。执模工艺要求熟练掌握卓弓的使用技巧，只能锯断一段金属丝或一片金属片是不够的，应达到能用卓弓随意地锯割金属板上的各种花纹和几何图形。

④ 锤的使用。执模过程中，锤也是一种常用的工具。锤的使用看似简单，但是在首饰加工中，用锤不当，很容易在工件表面留下痕迹，给后序的加工（如打磨、抛光等）带来困难。戒指圈略小需套在戒指铁上用锤敲打，将其胀大，这需要用锤轻轻地碾砸，而不能用力过大，否则可能砸断戒圈。掌握好使用锤的力度，是执模工艺所必须掌握的基本功。

2. 执模工艺对焊接技术的要求

首饰铸件的微小缺陷需要修复，首饰活动位（如手链的连接）需要组合，戒指圈的改制和铸件表面砂眼的修补等，都离不开焊接工艺。焊接技术是首饰制作中，最基本且最重要的一项技艺。焊接操作需要操作者手脚并用。一般来说，操作者右手拿好镊子夹住工件，左手握住焊枪，脚要不断地踩动风球（皮老虎），把油壶的白电油（汽油）气化后，从焊枪口中喷出。焊枪的火焰可以用旋钮调节，细小有力的火焰用作焊接，较粗大的火焰用于工件的退火，还能熔炼加工残留下来的金属碎屑和粉末。

3. 执模工艺对审美能力的要求

执模工艺最重要的要求之一，是操作者应具备一定的审美能力。应知道自己做的这件首饰设计者要体现的要点在哪里，其花饰镶口是否对称端正，如何能使首饰修整得更加精美，如何能最大限度地表现首饰上镶嵌宝石的美丽。如果执模出来的首饰坯件歪歪扭扭、表面坑坑洼洼，将严重影响首饰的质量。

上述几点是执模工艺必须掌握的最基本技术，也是首饰制作中最重要的技艺之一。

 **第二节　不同类型首饰的执模工艺**

一、 链类首饰的执模工艺

链类首饰（包括手链、颈链）坯件，需矫正工件坯的形状，使其达到设计要求，然后将链坯与链坯连接起来，经过锉、扣、焊、执、省等工艺过程，从而组合成一件完美的链类饰品。具体包括：整形、锉水口、扣链、焊接成型、加工鸭利制、较制、煲矾水、执链、省砂纸等工艺步骤。

1. 整形

按照设计要求，矫正工件坯的形状。首先观察坯件是否变形，若变形选择矫正工具。用平嘴钳将变形工件钳正，或将工件置于铁板上，用胶锤将其矫正。钳压及锤打时用力要均匀，以防止工件反方向变形。

2. 锉水口

将坯件上的水口磨削平整。通常左手持坯件或用平嘴钳将坯件钳住，然后靠在台木上，右手用卜锉将水口锉平整。用卜锉时，一般用卜锉的平面部位（有时可根据坯件的情况选择用锉的部位）。锉水口时要小心，均匀用力，防止将坯件其他部位磨损。

3. 扣链

将链坯与链坯连接起来，使链初步成型。扣链的方法主要有五种，包括：圈仔扣、中扣、底扣、侧扣、摔线扣。

4. 焊接成型

将扣合好的链进行焊接，使接口牢固。用剪钳将金焊片剪成细条状，或剪成一小截用火枪在焊瓦上烧熔成粒状。把扣好的链，浸一点硼砂水（硼砂＋酒精），点燃火枪对准焊口烧一烧，然后用小木条沾一点硼砂放在焊接口处。用镊子沾上已熔金焊，轻沾硼砂后移放到焊接口处，如图 7-1 所示。用火枪烧金焊，使其在焊接口处熔化，将焊口焊接牢固。

焊接时应选用相同成色的焊料，焊好的链之间能摆动灵活，不能出现焊死假焊、或虚焊现象。如出现焊死现象，应该用火枪对准焊死部位烧红焊位，用镊子摇摆扣合位，使其活动自如为止。

图 7-1　焊链

5. 加工鸭利制

鸭利制制作，可分为机制和手工制两种。机制的鸭利制经锉水口后即可进行焊接，使链最后成型。手工制鸭利制则需用原材料手工制作，选择适合的金属弹片，根据链的尺寸用锉或剪钳将所选用的金属弹片进行整形，用卡尺量出制箱的长度，确定制造鸭利制的长短。用平嘴钳将弹片在适合位置折弯，使其呈"鸭利"状，并在鸭利较短的一块末端焊上一个按制。

6. 较制

较制即修整鸭利与鸭利箱，使两者相互吻合紧扣，开关自如。将牙针安装在吊机头上，踏动开关，用牙针将鸭利箱内的披锋、金珠扫掉，使鸭利箱方正、平滑。将鸭利塞入鸭利箱内，检查两者吻合情况，如图 7-2 所示，确定修理位置，并进行修整。

7. 煲矾水

工件焊接后会在表面形成黑灰色物质，经煲矾水后可除去工件表面的杂质，起到清洁工件的作用。将工件放入装有白矾的煲（金属碗）内，并将煲放在焊瓦上。脚踏风球（皮老虎），点燃火枪，用火焰对准矾煲下端加热，加热至矾水沸腾。用镊子翻动工件，除去工件上的黑色物质。然后将工件从矾水煲中取出，并用清水清洗，否则工件晾干后表面上会黏附白矾，影响美观。

8. 执链

执链的主要目的就是除去工件表面较粗糙的毛刺、夹层披锋和金珠，并修理角位，使工件表面形状顺畅、转动灵活、表面光滑。用滑锉将工件表面的粗糙处锉顺，去掉毛刺。然后将牙针装在吊机上，车扫工件上的夹缝、披锋、金珠以及锉不到的位置。工件底部则用球针车底，直到符合要求为止。执链过程中，若出现砂窿，则需用砂窿棍装在吊机头上，将出现的砂窿打去，如图 7-3 所示，但不能破坏工件的整体角度。

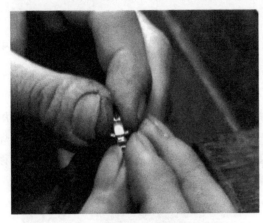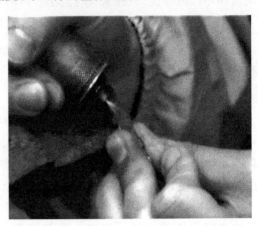

图 7-2　较制　　　　　　　　　　　　　图 7-3　打砂窿

9. 省砂纸

除去工件上的锉痕，使工件表面光滑。选用 $400^{\#}$ 砂纸，分别做成砂纸棍、砂纸尖、砂纸飞蝶、针砂纸、砂纸推木等。根据工件的不同位置，选择适合的工具，将工件各部位磨至光滑的程度，如图 7-4 所示。省砂纸时不能破坏工件上的花纹、线条及整体角度。工件上出现砂窿时，要将砂窿补好后，再省砂纸。

二、手镯的执模工艺

手镯的执模工艺，包括：锉水口、扣镯、手制鸭利制、焊接、较形、较制、煲矾水、执镯、省砂纸等工艺步骤，其中锉水口、手制鸭利制、较制、煲矾水、省砂纸的工艺环节与链类执模工艺相同。下面仅介绍手镯执模工艺特有的工艺步骤。

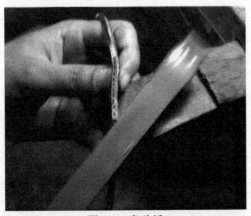

图 7-4　省砂纸

1. 扣镯

按设计要求将手镯的各配件扣接，使之初步成型。根据手镯较筒通孔的大小，选择金属摔线。按要求将镯拼合，并使较筒通孔成一直线。将所选择的摔线穿过较筒，如图 7-5 所示，并用剪钳将过长的接续线剪断，使摔线稍露出较筒两端。调节手镯配件的连接处，使之转动灵活。

当手镯较筒内有金珠、披锋阻碍摔线通过时，可将细牙针安装于吊机上，用牙针将其扫掉。若摔线两端用焊接方法固定，则摔线平于较筒两端即可。若摔线两端用窝钉固定，则摔线两端稍长。

图7-5　扣镯

2. 焊接

使成型的手镯各配件组合牢固。脚踩风球（皮老虎），点燃火枪，在较筒两端将摔线焊牢。按镯筒的大小选择K金底片，用火枪将其烧软后，用平嘴钳顺着镯筒弧度将其弯曲，用锉进行修整后，将底片焊接在鸭利箱底部，并按要求将鸭利焊接在手镯上。焊料的成色需与工件相同，不能出现假焊现象。

3. 矫

矫正手镯的形状，使之成为蛋形或符合设计要求的形状，尺寸合适。将手镯的鸭利插入鸭利箱内，然后将手镯套在镯筒上。摆正手镯的位置，用胶捶轻锤镯身，使镯身与镯筒紧密套合无空隙，如图7-6所示。

图7-6　手镯矫形

4. 执镯

执镯的目的是去除手镯上的粗糙毛刺、金珠、夹层披锋，使手镯的外表平滑、形顺。将牙针安装于吊机上，用牙针打磨鸭利箱内的披锋及金珠，使箱口方正。用牙针打磨镯上的死角位及槽边，使这些部位平整、光顺。

三、 戒指的执模工艺

戒指的执模工艺，包括：整形、锉水口、打字印、嵌件、执戒指、煲矾水、省砂纸、车毛扫等工艺步骤，其中锉水口、煲矾水、省砂纸的工艺环节与链类执模工艺相同。下面仅介绍戒指执模工艺特有的工艺步骤。

1. 整形

使戒指内圈浑圆，形状标准。将戒指套入戒指铁内，并用手将戒指摆放端正，用铁锤敲击戒指铁端部产生振动，检查戒指是否圆整，若戒指内圈与戒指铁不吻合，则用铁锤轻敲戒指水口处，使两者贴合。如戒指的手寸不够大，则用戒指铁扩大至符合手寸为止。

2. 打字印

在工件适当部位打印上成色、石重、手寸等标志。根据字印要求准备冲模，将工件放在火漆槽上固定，必要时上火漆。将冲模压贴在打字印部位，用铁锤敲击冲模上端，使其在工件上留下明显的字印。用铁锤敲击冲模时，力度要保持均匀。冲模不可移动，以免字印重叠，模糊不清。

3. 嵌件

根据设计的要求，将不同成色的戒指配件，焊接在工件的适当位置上，起装饰工件的作用。用镊子将嵌件小心地放置在指定位置，并按要求摆好。如有不吻合部位，需用平口钳将工件调整好，然后用焊接工具将嵌件焊接牢固。焊接后要检查是否有假焊、漏焊现象。K金、银类配件用焊具手工焊即可。铂金类配件温度要求高，需用水焊机进行焊接。

4. 执戒指

对戒指各部位进行表面处理，使其形顺。用滑锉分别对戒指内圈、外圈及侧面进行锉磨，使表面平滑无刺，形状顺畅。将牙针安装在吊机上，对锉不到的部位扫一遍，去除披锋及金珠。再将球针安装在吊机上，用球针车戒指底。将砂窿棍安装在吊机上，对出现的砂窿进行压打处理，除去砂窿。进行锉、执时，不可损坏工件的整体角度及表面的线条、花纹。

5. 车毛扫

有些戒指花头上要求镶石，如钉镶、爪镶等，而镶石后难以再光亮这些部位。因此，在镶石前应将钉位、爪位车光亮。双手握工件，将工件的钉位、爪位靠住毛扫，用毛扫将钉位、爪位车光亮。

四、 胸针（衫针） 的执模工艺

胸针（又名衫针）的执模工艺，包括：整形、锉水口、嵌件、焊针及车轮制、较制、煲矾水、执胸针、省砂纸等工艺步骤，其中整形、锉水口、煲矾水、执胸针、省砂纸的工艺环节与链类执模工艺相同。下面仅介绍胸针执模工艺特有的工艺步骤。

1. 嵌件

将不同成色的胸针配件，焊接在工件的适当位置上，起装饰工件的作用。

2. 焊针及车轮制

用剪钳剪一段成色和直径适合的金属线做扣针。首先把金线拉直，再把金线的一端烧成珠状，把珠状物用锤子敲扁至适合程度放在捽线上。在敲扁处开一个小洞，与捽线位吻合之后焊在捽线位上。把扣针装在胸针的较筒上，并把扣针的一端焊在较筒上。量出金线的长度使之与轮制的距离相同，在胸针的指定位置将轮制焊上。调校扣针，执、省胸针，扣针活动范围要达到90°，有弹力并活动自如。

3. 较制

量度扣针长度，用剪钳将过长部分剪断，调整胸针与车轮制，使两者扣合自如，并用锉将针尾磨尖，以便使用。

五、 耳环及吊坠的执模工艺

耳环及吊坠的执模工艺，包括：整形、锉水口、捽线、焊耳针、焊瓜子耳、煲矾水、执耳环、执吊坠、省砂纸等工艺步骤，其中整形、锉水口、摔线、煲矾水、执耳环、执吊坠、省砂纸的工艺环节与链类执模工艺相同。下面仅介绍焊耳针、焊瓜子耳的工艺步骤。

1. 焊耳针

将耳环放在焊瓦上摆放好，用剪钳剪取适当长度同成色的金线作为耳针。用火枪将金焊烧熔，用镊子夹住耳针点焊后并沾少许硼砂，将耳针放在耳环的焊接位，并将其焊牢。耳针要焊正，不能斜、歪。焊接时火力不能太大，以免将耳针烧短或烧废。焊好耳针后，对耳针进行调校，使耳针与耳环能扣合自如。

2. 焊瓜子耳

将瓜子耳套入扣圈，并用平嘴钳将开口圈钳合，将吊坠放在焊瓦上，将开口处焊牢。

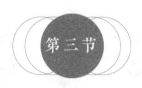

第三节　首饰的镶嵌工艺

精美的首饰离不开黄金白银，然而不可否认的是，首饰中最耀眼的部分当属镶嵌其中的形态各异、色彩绚丽的宝石。首饰的镶嵌是制作镶嵌宝石首饰中的一个重要环节，镶嵌工艺直接影响到首饰成品的质量。

首饰的镶嵌工艺就是要根据设计的要求，将不同色彩、形状、质地的宝石、玉石，通过镶、锉、錾、掐、焊等方法，组成不同的造型和款式，使其成为具有较高鉴赏价值的工艺品和装饰品的一种工艺技术手段。镶嵌工艺是一种技术含量高，操作难度大的工艺，强调操作者的技能熟练程度，几乎每一件做工精美的首饰，都是操作者技能的体现。

根据首饰镶嵌工艺特点，可将首饰镶嵌工艺分为爪镶、包镶（有边包镶、无边包镶）、迫镶、钉镶（起钉镶、倒钉镶、齿钉镶）、窝镶、组合镶和插镶五大类型。其中爪镶和包镶是针对大颗粒宝石（称主石）的镶嵌；群镶则是针对小颗粒宝石（称副石）的镶嵌。组合镶既可以是主石镶嵌也可以是副石镶嵌插镶则主要是针对珍珠等的镶嵌。

在镶嵌过程中，对镶石工艺总的技术要求是：镶石牢固、周正、贴合，镶齿要清楚均匀，镶爪长短与宝石相称，定位均匀、对称、合理。边口高矮适当，俯视不露底托。镶嵌工艺的质量要求总体包括以下方面：

① 各类首饰制品所镶嵌的宝石，要稳固、周正，不能有松动及损伤、损坏宝石的现象。

② 镶好宝石的制品，要保持首饰整体协调、美观，不得变形走样，不得划伤、敲伤、挤伤金属基材表面。

③ 镶嵌过程中，不能使工件产生裂纹或断裂等现象。

④ 镶嵌宝石后的首饰制品，必须用胶轮及其他工具执边，清除镶嵌过程中留在金属基材表面的锉、铲等痕迹。

各种镶嵌工艺简介如下。

一、 爪镶

爪镶是用金属爪，嵌紧宝石的方法，通常有两种方式：一种是直接将金属爪向宝石方向弯下而"抓紧"宝石，这是一种传统的爪镶，主要用于弧面形、方形、梯形、随意形宝石和玉石的镶嵌；另一种是在镶爪内侧车出一个凹槽卡位，将卡位向内挤。而将宝石卡住，这是现代的爪镶镶嵌方法，主要用于圆钻形、椭圆形等刻面型宝石的镶嵌。爪镶的特点是能最大限度地突出宝石。

1. 爪镶类别

① 根据镶爪的数量。可分为：二爪、三爪、四爪和六爪镶；

② 根据镶爪的形状。可分为：三角爪、圆头爪、方爪、包角爪、对爪、尖角爪和随形爪等。如图 7-7 所示。

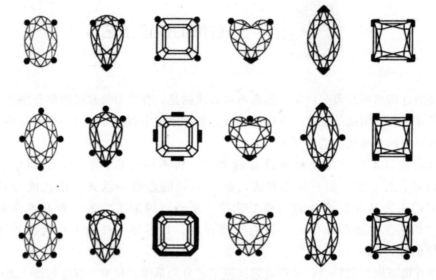

图 7-7　爪镶示意图

爪镶工艺使用的工具，主要包括：飞碟、尖嘴钳、剪钳、三角锉、竹叶锉、镊子、吸珠、吊机、伞针、桃针。

2. 爪镶刻面宝石的工艺

爪镶刻面宝石的工艺主要包括以下几个步骤：

① 度位。如图 7-8 所示，将宝石放到镶石位上度位，注意宝石的大小和厚度，然后根据宝石的大小，用适当的伞钻或飞碟在爪上车握位，握位的高度可根据宝石的厚度而定。

② 车位开坑。如图 7-9 所示，如果宝石比镶口位大，则用伞针或桃针车底金，使宝石与镶石位相当。然后根据宝石的类型进行相应操作，如弧面形宝石就用伞钻开坑位等。开坑位应与度位时所确定的深度与高度一致，爪脚与筒位交接点不能车空。

③ 钳爪。用镊子沾印泥点宝石，先斜放入镶石位再用镊子推正，若石平用尖嘴钳分别将对称的爪钳紧，使爪紧贴宝石，再将相邻的两只爪钳正，钳紧，如图 7-10 所示。注意钳爪时不能使宝石移位偏斜，也不能使钳痕太深，否则会影响其后的执边工序。

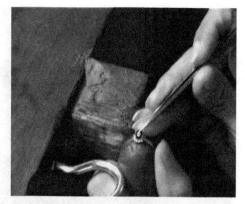

图 7-8 度位

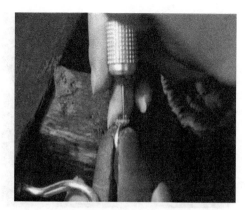

图 7-9 车位开坑

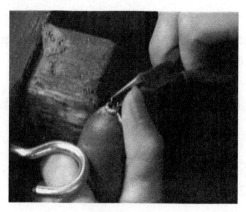

图 7-10 钳爪

图 7-11 剪爪

④ 剪爪。用剪钳剪爪，剪爪时，用手压爪头，避免剪爪时爪头弹走，如图 7-11 所示。剪爪时应密切注意爪的长度，既不能过长，也不能太短。

⑤ 锉爪。剪爪后，要用三角锉将爪锉到符合吸爪的高度，爪高要一致。之后，再用竹叶锉将爪内侧修整至紧贴宝石，再将爪外侧修圆，以便于用吸珠吸爪。锉爪时，要用左手拇指或食指定位，一定要注意不能锉到宝石面，如图 7-12 所示。

⑥ 吸圆爪。用合适的吸珠吸爪，由外向内至两侧均匀摇摆，直到将爪头吸圆，紧贴宝石，爪外侧吸至与内侧同一高度，如图 7-13 所示。

3. 爪镶工艺技术要求

主要包括以下几个方面。

① 用于固定宝石的爪，要紧贴宝石。

② 宝石必须平整，不能出现斜歪、松动、虚脱、损坏宝石的现象。

③ 爪长短要一致并对称，不能歪、斜，不能钳花爪背。

④ 爪的握位要深浅、高低一致，钻石握位一般车爪的 1/4～1/3；如果是有色宝石，就可以车爪的 1/3 或多一点。无论镶什么宝石，车握位时都要依据宝石的大小厚薄而定。

⑤ 如是弧面形宝石、八角形宝石要留意镶嵌后，不能使宝石发生扭转和偏位。

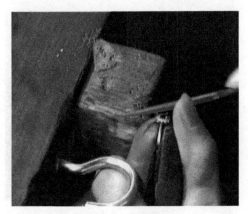

图 7-12　锉爪

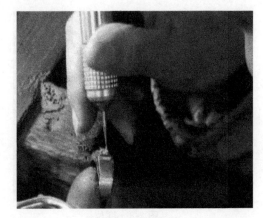

图 7-13　吸圆爪

4. 爪镶工艺需要注意的几个问题

① 镶嵌前应先将宝石分类，并在仔细观察宝石的形状、厚度后，再进行镶嵌。镶嵌每一件首饰时，一定要注意出现的问题，并及时解决。

② 吸爪时一定要注意不能损坏宝石。

③ 若有公共爪，首先应考虑镶嵌宝石后是否会妨碍吸爪，如会妨碍，则应先吸公共爪。

④ 吸爪时，应由爪的外侧向内吸。

⑤ 吸爪后，爪要紧贴宝石，爪头要圆，不能吸花或吸扁，不能出现长短爪的现象。

⑥ 爪不能钳得太花，否则打磨抛光后会使爪变细，降低强度，爪头不能有披锋。

5. 爪镶工艺常见的缺陷

① 露底。指刻面宝石的亭部露出。

② 露边。宝石的镶口露出。

③ 宽边。宝石的腰部大于镶口，爪弯回易损伤宝石。

④ 漏缝。宝石腰部小于镶口。

造成上述镶嵌缺陷的原因，主要是镶口制作不标准或宝石切工不标准。

二、包镶

包镶是用金属边把宝石四周围住的一种镶嵌方法，其特点是镶口牢固。可分为有边包镶和无边包镶两类，有边包镶是在宝石周围有一金属边包裹，工艺上称为石碗，是常见的宝石包镶；无边包镶是在宝石周围包裹的金属无环状边，主要用于小颗粒宝石或副石的镶嵌。另外，根据金属边包裹宝石的范围大小，又可分为全包镶、半包镶和齿包镶，其中齿包镶为马眼形宝石的镶嵌方法，只包裹住宝石的顶角，又称包角镶。

包镶宝石比较牢固，适合于颗粒较大、价格昂贵、色彩鲜艳的宝石和玉石的镶嵌，如大颗粒的钻石、弧面形或马鞍形的翡翠等玉石戒面，但由于有金属边的包裹，射入宝石的光线相对较少，而且所看到的宝石面积也较原石有所减少，因此，不利于较透明、欲突出火彩以及颗粒较小的宝石镶嵌。包镶款式的首饰比较厚实，重量大，体现了富贵、大方、稳重、端庄的特征，适合男士或中老年女士佩戴。

包镶工艺使用的工具，主要包括：迫镶棒、桃针、飞碟、锤子、吊机、平铲、伞针。

1. 包镶的工艺步骤

包镶过程示意图，如图 7-14 所示。其主要工艺步骤如下：

(a) 度石　　　　　(b) 车坑　　　　　(c) 落石　　　　　(d) 修整　　　　　(e) 完成

图 7-14　包镶过程示意图

① 用镊子将待镶的宝石，放在镶口位上度石，如果宝石比镶口位大，则用一支与宝石直径一样大的桃针开位，直到宝石与镶口位，大小一致。

② 用飞碟或轮针车坑，如果镶有色宝石，可用伞钻车底金，然后用镊子沾印泥点宝石，沿坑位落石。

③ 如果宝石平整，则将工件利用台塞固定，然后左手拇指按住迫镶棒中部，食指、中指在另一边夹住，拇指、食指、中指三点固定镶棒，右手拿锤，用锤子敲打迫镶棒将金边迫向宝石边，在迫的过程中，迫镶棒要略向外倾斜，直到把宝石包紧，金面紧贴宝石即可。

④ 在迫打过程中要注意宝石是否出现斜、歪的现象，绝不能先迫打一边，而是两边相对平均用力进行迫打。

2. 包镶的工艺要求

① 镶嵌前，应先将宝石分类，根据宝石的形状、尺寸开坑位。

② 宝石必须平整，不能出现斜歪、松动、虚脱、损坏宝石等现象。

③ 宝石必须在镶口的正中央位置。

④ 镶完宝石后，工件不能变形。

⑤ 迫打过程中，锤子敲打迫镶棒用力要均匀，迫镶棒不能离开金面，并保持略向外倾斜。

⑥ 迫边过程中，要将宝石迫紧，边则要顺，面金要保留一定厚度约 0.4～0.5mm，不能太厚或太薄影响外观。

三、迫镶

迫镶（又称轨道镶、夹镶或槽镶），是在首饰镶口两侧车出沟槽，将宝石夹进沟槽的镶嵌方法。分一边打压的单轨镶嵌和两边打压的双轨镶嵌（图 7-15），迫镶具有以下特点：

① 适用于较小的宝石排镶或豪华款式的曲线排镶，款式比较新颖。

② 排镶的宝石大小、形状和颜色等级应一致。

迫镶又可以细分出：迫圆钻、迫方钻和田字迫三种类型。

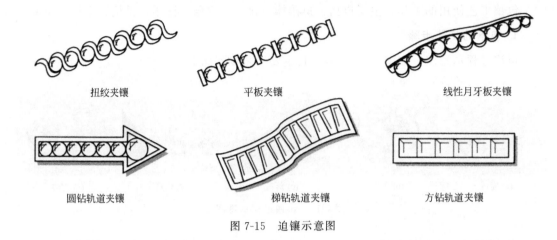

| 扭绞夹镶 | 平板夹镶 | 线性月牙板夹镶 |

| 圆钻轨道夹镶 | 梯钻轨道夹镶 | 方钻轨道夹镶 |

图 7-15　迫镶示意图

（一）迫圆钻

迫镶圆钻过程示意图，如图 7-16 所示。

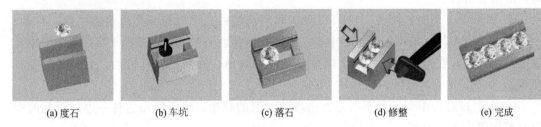

(a) 度石　　(b) 车坑　　(c) 落石　　(d) 修整　　(e) 完成

图 7-16　迫镶圆钻过程示意图

1. 迫圆钻的工艺步骤

① 用镊子沾印泥点宝石，放在镶石位上度位，如宝石大（即石可放在两条金边上），则用牙针垂直于金面将两侧金边车开，直到两边金之间的距离小于石直径的 0.2mm。

② 根据宝石边的厚度，选用细轮针车坑，然后根据宝石厚度，用轮针斜扫底金，使底金与宝石的厚度一致，以同样方法车另一面，使两边底金与石底形状相吻合，面金厚度要有 0.4～0.5mm。

③ 用镊子沾印泥点宝石，先将宝石的一边放进前面的坑内，然后再用适当的力将另一边按下去，以头位（第一粒石）为标准，依次放入其他宝石，要求做到宝石平整，疏密均匀。

④ 用迫镶棒垂向外倾斜迫打镶金面的外围，然后垂直迫打面金。

⑤ 用平铲将宝石面上的金屑铲走，用平铲铲顺金边，以便观看面金是否紧贴宝石。

2. 迫圆钻的工艺要求

① 镶嵌前，应先将宝石分类并观察宝石的形状、厚度，然后再开坑位。

② 根据宝石的形状、数量及镶石位的长度，合理控制宝石的间距。

③ 宝石需平整，分布均匀、排列紧密，不能有松动、斜歪、损坏宝石的现象。

④ 金边必须紧贴宝石边。

⑤ 镶完宝石的工件，金面不能变形及出现凹凸不平的现象。

⑥ 车坑时，要时刻注意面金的厚度。

⑦ 底金不能车得太空，车得太空则容易使落石过松，加大迫紧难度，且面金容易变形。

3. 迫圆钻需要注意的几个问题

① 迫边时，应先从镶口边斜迫紧宝石，再正面压紧宝石。

② 迫边时，需一边迫一边检查宝石是否有斜歪、走位、松动等现象。如有斜歪现象，观察宝石斜向哪边，则相应在对称的另一边加迫，直至宝石平整。若斜歪现象严重，需视情况拆下宝石，重新车位再镶。

③ 镶石位两边的金边，应大小一致，不可出现大小边现象。

④ 面金不能遮盖宝石太多，不能遮石侧面多于 2/3。

⑤ 面金需保留一定的厚度，通常为 0.4～0.5mm。

⑥ 座石不能出现高低不平的现象。

⑦ 宝石需对称，深浅、宽窄一致。

⑧ 横担用作防止变形和加固工件之用，因此不能将担位车断。

（二）迫方钻

迫镶方钻过程示意图，如图 7-17 所示。

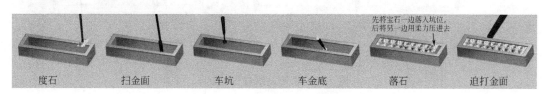

图 7-17　迫镶方钻过程示意图

1. 迫方钻的工艺步骤

① 用镊子沾印泥点宝石，放在镶口位度位，如宝石大（即石可放在两边金边上），则用牙针垂直于金面将两侧金边车开，直到可放入两金边 1/4 的位置。

② 根据宝石边的厚度，选择合适的轮针车坑，然后根据宝石的厚度用轮针斜扫底金，使两边底金与宝石吻合。

③ 用镊子沾印泥点宝石，先将宝石的一边放入前面的坑内，再用适当的力将另一边按下去，并将宝石排好放平，宝石与宝石之间不能有缝隙。

④ 用迫镶棒垂直于金面，向内倾斜迫打镶石位的边角，直到将宝石迫紧，再用迫镶棒垂直于金面，迫打金边，直到压紧宝石。

⑤ 用平铲将宝石面上的金屑铲走，以便观察面金是否紧贴宝石。

2. 迫方钻的工艺要求

① 镶嵌前，应先将宝石分类并观察宝石的形状、厚度，然后再开坑位。

② 宝石需平整，分布均匀、排列紧密，不能有松动、斜歪、损坏宝石的现象。

③ 金边大小一致，紧贴宝石，不能出现大小边。

④ 面金不能遮石太多，不能遮石侧面多于 2/3。

3. 迫方钻需要注意的几个问题

① 面金要保持一定厚度，不能太厚，太厚容易造成工件变形。也不能太薄，否则会出现松动、脱石现象。

② 迫边时需注意检查宝石有无斜歪、松动、走位等现象。如有斜歪现象，观察宝石斜向哪边，则相应在对称的另一边加迫，直至宝石平整。若斜歪现象严重，需视情况拆下宝石，重新车位再镶。

③ 开坑位时要对称，深浅、宽窄要一致。

④ 座石不能出现高低不平现象，以石面为准。

⑤ 担位的作用是防止变形，因此不能将担位车断。

（三）田字迫

田字迫镶过程示意图，如图 7-18 所示。

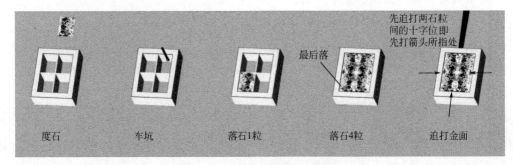

图 7-18　田字迫镶过程示意图

1. 田字迫的工艺步骤

① 用镊子沾印泥点宝石，放在镶口位度位，将宝石放在田字镶口一边角上度位。

② 如宝石比镶口位大，则用牙针扫镶石位面金，将镶口扩大，直到镶石位能斜放宝石。

③ 根据宝石的厚度及宝石底部的形状，用轮针倾斜镶石位的担位及底金，直到宝石能平稳放入镶口。

④ 以同样的方法放第二、第三粒宝石。

⑤ 镶第四粒宝石前，先按镶第一、二、三粒宝石的方法车坑，然后慢慢将宝石沿角位放下，再用镊子慢慢将宝石放正，直到宝石平整，宝石间没有缝隙。

⑥ 用迫镶棒垂直于金面，稍微向内，先迫打其中两宝石间的一点，使两宝石同样受压、受迫，用同样方法迫打其余四点，使四粒宝石受同样压迫，再用迫镶棒，迫打其余位置，直到宝石平整、排列紧密、金面紧贴宝石为止。

2. 田字迫的工艺要求

① 镶嵌前，应先将宝石分类并观察宝石的形状、厚度，然后再开坑位。

② 宝石需平整，分布均匀、排列紧密，宝石间不能有重叠和空隙，不能有松动、斜

歪、损坏宝石的现象。

③ 宝石间形成的十字需对称，十字的四边成直角，各边需长短一致。

④ 金边要大小一致，紧贴宝石。

⑤ 金边不能遮石太多，最多不能遮石侧面的 2/3。

⑥ 落石一定要紧，如果过松，在迫打时中间很容易被挤高。镶完宝石的工件，不能出现变形和金面不平的现象。

3. 田字迫需要注意的几个问题

① 面金需保留合适的厚度，太厚容易造成工件变形，且迫镶过程中易迫伤宝石，但也不能太薄。

② 担位是用来固定坑位和宝石用的，因此不能将担位车断或铲断。

③ 迫边时先斜迫镶口边，迫紧宝石，然后再正迫将宝石压紧。

④ 迫边时需注意检查是否有斜歪、松动、走位等现象，如宝石斜歪，用镊子将宝石摆平。如宝石斜歪严重，则需视情况拆下宝石，重新车坑位后再镶。

四、钉镶

钉镶是一种典型的首饰镶嵌方法，主要用于直径小于 3mm 的小石或副石的镶嵌，又可分为倒钉镶、起钉镶和齿钉镶。

钉镶的特点：根据钉镶的排石方法可以分为线性、三角形、梅花形、规则群镶和不规则群镶等；根据钉镶时钉与宝石的相互配合方式，可分为"三石一钉""四石一钉"和"六石一钉"（梅花钉）等形式（图 7-19）。

图 7-19　钉镶示意图

（一）倒钉镶

倒钉镶是在已经开好钉孔的首饰托架上进行镶嵌，将现有的钉压向宝石，并在镶口上固定宝石。这是镶嵌工艺中最简单、最基础的镶法。

1. 倒钉镶的工艺步骤

① 将需镶嵌的宝石放在铁砧上，根据宝石的不同尺寸，按大小将其分开。

② 将上好火漆（戒指夹）待镶嵌的工件，用左手把持靠住台塞固定。

③ 用镊子沾印泥，粘点宝石，并将宝石放在镶口位上度石。如宝石比镶石位大，则根据宝石的厚度用桃针或伞针开位，直到镶口位跟宝石的尺寸相同。

④ 根据宝石的大小，选一支与所镶宝石一样大的飞碟，贴住钉角先斜放入飞碟，然后慢慢扶正车坑位。

⑤ 用镊子沾印泥，粘点宝石，斜放宝石入镶口，宝石需略低于工件面，然后用镊子将宝石压正，宝石必须落在飞碟车的坑位内，如果宝石平整，则用吸珠由下向上将钉头推

往宝石边，钉需紧贴宝石。如宝石不近，则需用飞碟在倾斜的反方向再车低，直到宝石平整。如宝石离钉太近，则需用飞碟在倾斜的反方向再车低，直到宝石平整。如宝石离钉太远，可用平铲将钉压近，再用吸珠将钉头贴向宝石，在此操作过程中，注意不能划花金边和光金位。

2. 倒钉镶的工艺要求

① 镶好的宝石不能出现斜歪、高低不平、虚脱、松动、损坏宝石等现象。

② 宝石与宝石之间的高低，应根据镶嵌首饰的外形而定，同一直线上宝石与宝石之间不能出现高低不平的现象。

③ 宝石周围的光金位和金边不能划花。

④ 钉头要圆，不能压扁，钉边不能出现金屑。

⑤ 钉不能过长或过短，过长易勾衣服，过短宝石易脱落。

⑥ 镶嵌前必须将所镶宝石分类，并先观察宝石的厚度、形状，然后再开坑位。

⑦ 在操作过程中，观察宝石是否平整的方法，是将宝石台面与镶口位做比较。把宝石台面看作一直线，分别从四个方向与镶石位做比较，若平行则所镶宝石是平整的。

⑧ 观察所镶宝石是否平整，需从工件的整体外形来观察。

（二）起钉镶

起钉镶是在没有钉孔的首饰托架平面上，由操作者根据托架基材平面的具体宽度、厚度，确定宝石的大小及落石孔位，再划线、排石和钻孔，最后进行起钉操作。这种镶法是在首饰金属面上凭手工雕出一些小钉来镶住宝石的一种方法。根据雕出的金属钉的图案可分为三角钉、四方钉、梅花钉、五角钉等。起钉镶随意性很强，镶嵌师傅可创造性地在首饰上发挥制作。镶嵌图案装饰性强，但工艺主要由手工雕琢完成，工艺难度大，技术要求高。

1. 起钉镶的工艺步骤

起钉镶操作过程示意图，如图 7-20 所示。

  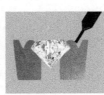  

(a) 车坑　　　　(b) 落石铲钉　　　　(c) 铲钉　　　　(d) 铲边修整　　　　(e) 完成

图 7-20　起钉镶操作过程示意图

① 用镊子沾印泥点宝石，放在镶石位上度位，如宝石比镶口大，则用桃针开位，直到镶口位与宝石的尺寸一致。

② 用镊子沾印泥点宝石，将宝石放在镶口上，宝石面要稍低于金面。

③ 确定起钉位。三钉在镶口边按正三角形划分，四钉按正方形划分，六钉按六角形划分。

④ 用平铲在起钉位起钉，先用平铲角位的起钉位起钉，再以同样方法起其他钉。

⑤ 用平铲将宝石边和其他多余的金屑铲掉。

⑥ 用吸珠将钉头吸圆，使其紧贴宝石。

2. 起钉镶的工艺要求

① 所镶的宝石一定要平整，不能出现松动、斜歪、虚脱、损坏宝石的现象。

② 钉头要圆，不能压扁及出现金屑。

③ 起钉用的平铲一定要锋利，钝了需用油石磨锋利。

④ 镶嵌前，应先将宝石分类并观察宝石的形状、厚度，然后再开位。

⑤ 落石时，宝石面应与金面持平，或微低于金面。

（三） 齿钉镶

齿钉镶是介于齿镶和起钉镶两者之间的一种镶嵌方法，主要利用已有的金属小齿在近根部来镶住宝石，以齿代钉，效果与起钉镶相同。齿钉镶克服了起钉镶的手工起钉较小、强度低、不够饱满、工艺难度大、技术要求较高的缺陷。齿钉镶由于镶石位和大小均已固定，无起钉镶那样随意、灵活。

五、 窝镶

宝石深陷入环形金属石碗内，边部由金属包裹嵌紧，称为窝镶。若宝石的外围有一下陷的金属环边，光照下犹如一个光环，则称为光圈镶。光圈镶由于金属光环的存在，在视觉上给人宝石增大了许多的感觉，而且圆形光环也有一定的装饰性。

窝镶使用的工具主要包括：波钻、球针、飞碟、窝镶吸珠、钢压、镊子、吊机、平铲。

1. 窝镶的工艺步骤

① 用镊子沾印泥点宝石，放在工件的镶口上度位，如图 7-21 所示。

② 若宝石比镶口位大，则用波钻开位，使镶口位略大于宝石，然后用飞碟在镶口位上车一小窝（打光圈），如图 7-22 所示。

③ 用镊子沾印泥点宝石，沿坑位落石，然后观察宝石是否平整，若宝石不平，观察并分析其原因，若是底金太厚，需用波钻开位，直至将宝石放平；若宝石平整，则用窝镶吸珠将石吸紧，吸时吊机转速不能太快，宝石略吸稳后，再看宝石是否平整，若宝石平整，就将宝石吸紧，如图 7-23 所示。

图 7-21 窝镶度位　　　　图 7-22 窝镶车位　　　　图 7-23 窝镶吸石

④ 用钢压把吸宝石时产生的小毛刺压紧。

⑤ 波钻车位时，要注意波钻不能偏位。

⑥ 吸石时，所选用的吸珠要适当，太小则吸到石边无金，太大则不贴石或易分层。

2. 窝镶的工艺要求

① 镶嵌前应先将宝石分类，并仔细观察宝石的形状、尺寸，然后再开坑位。

② 宝石不能有斜歪、松动、脱石等现象。

③ 宝石面要略低于金面。

④ 窝镶口的边不能崩，不能出现边大、边小现象，宝石则需在镶口的正中央。

3. 窝镶吸珠的制作

在自制吸珠的过程中，要注意边不能太厚，也不能太薄。吸珠边太厚，吸石时吸不下去，即使能吸下去，亦会影响外观。吸珠边太薄，吸石时容易出现甩石现象。吸珠的边也不能一边厚、一边薄或外形不够圆，吸珠的效果会影响到工件的外观。

六、 无边镶

无边镶是用金属槽或轨道固定住宝石的底部，并借助于宝石之间及宝石与金属边之间的压力，固定宝石的一种方法。

无边镶使用的工具，主要包括：牙针、轮针、迫镶棒、铁锤、吊机、镊子、平铲，其中牙针、轮针都要用两种规格（一大一小）。车横担的牙针用 007 或 008，扫面金用 010。车横坑的轮针用 006 或 007。车迫镶边的用 009 或 010。

1. 无边镶的工艺步骤

无边镶过程示意图如图 7-24 所示。

(a) 度石　　　(b) 车坑　　　(c) 迫镶边开坑　　　(d) 落石　　　(e) 完成

图 7-24　无边镶过程示意图

① 用镊子沾印泥点宝石，放在镶口上度位。

② 根据宝石的大小，镶口的深浅，校好中间横担的高低与厚薄，厚薄一般为 0.3～0.4mm，横担到面金的高度一般是 0.7～0.8mm。

③ 校好横担的高度和厚度之后用 006 或 007 的轮针在横担上开坑，坑要与横担的平面平行。

④ 横担的坑开好后，用 009 或 010 的轮针开迫镶边的坑，面金的厚度一般应为 0.5mm。最少不能薄于 0.3mm。

⑤ 校好坑后用平铲或镊子沾印泥落石，先落要迫打的那边，轻轻将宝石有坑的一边按到横担的坑位内，像齿轮一样吻合。

⑥ 如果是三行以上的无边镶，校好横担后，落石都要从中间开始，因中间的宝石是没有面金迫打的，宝石的控制主要依靠落石和两边的宝石，将横担向中间迫紧，所以校位一定要准，落石不能松动。

2. 无边镶需要注意的几个问题

① 落石要求。宝石的排列要紧密，每粒宝石的石边要将横担遮住一半，即两粒宝石落下去后要将横担遮掩，否则需再用007的牙针扫细。落迫打靠边的两行，最好轻微向里面倾斜，迫打后才会平。

② 镶后要求。宝石平整、排列紧密、高低一致，没有松动、斜歪、脱石、损坏宝石的现象。宝石与宝石要对齐，十字位要正。

七、 组合镶

组合镶是指在同一宝石的镶嵌上汇集了不同的镶嵌工艺。可以在主石镶嵌中既有爪镶，同时也有包镶，如心形、水滴形宝石的镶嵌，是利用包角镶镶嵌顶角，后侧则用爪镶镶嵌；也可以在群镶中出现齿钉镶加槽镶等组合。组合镶可不拘于传统镶嵌方式，镶嵌形式变化多样，给人以新颖、独特之感。

八、 插镶

主要用于珍珠的镶嵌。工艺上是在一个碟形的金属石碗中间，垂直伸出一金属插针，将金属针插入钻有小孔的珍珠中，从而镶住珍珠。插镶对珍珠无任何遮挡，突出显示了珍珠的特征，尤其是加以群镶碎钻相衬，更可显"珠光宝气"之势。

第四节 · 表面修整 ·

一、 洗火漆

工件镶石后，工件上黏附很多火漆，在表面修整过程中，要将工件清洗干净。

主要工具：焊具一套、镊子、索嘴、钢针、小铁筛、口盅、吹风筒。

操作工艺要点：用火枪将火漆烧软，用镊子将工件从火漆中逐个挑出来。将钢针装在索嘴上，用钢针将工件黏附的过多、过厚的火漆剥离。然后将工件依次放入装有天那水的口盅中，并盖好盖子。一般工件经四至五个口盅后，黏附的火漆可逐渐溶解除去，如图7-25所示。再将工件放入装有汽油的口盅中清洗后取出，并用自来水冲洗干净。若工件为铂金首饰，则将工件再经超声波清洗机清洗，然后用自来水冲洗干净（清洗机内溶液为洗洁精水溶液），最后用吹风筒把工件吹干。

必须注意用钢针脱火漆时，不能将工件划伤。用过的天那水溶液不可随意排放，需按规定集中处理。

图 7-25 取工件、洗火漆

二、执边

执边的作用就是使镶石后的工件表面恢复到光滑、柔顺的状态。

主要工具：吊机、牙针、卜锉、滑锉、竹叶锉、三角锉、砂纸、砂纸棍、飞碟、砂纸推木、红色胶辘、蓝色胶辘。

操作工艺要点：执边前，要首先对工件、镶法及表面进行观察，根据实际情况选用锉及其他工具，并将工件粗糙面执平。然后将牙针安装在吊机上，对工件的角位、缝隙位及锉不到的部位做修理，使这些部位光滑。角度要求高的工件再将胶辘安装在吊机上车角位，使角位更加平整、光滑。

用砂纸棍、砂纸飞碟、砂纸推木等工具对工件各部位进行打磨（用 400$^\sharp$ 砂纸）。若工件为铂金时，再用 1200$^\sharp$ 砂纸做成的砂纸工具进行打磨。

在执边过程中，不可破坏工件的整体外形和角度，也不能损伤工件的线条和花纹，损伤、划花、松动工件上镶嵌的宝石。

三、铲边

铲边的作用是将经包镶、迫镶、窝镶后工件金边内侧的毛刺铲平，使其内边线条顺畅，表面光亮。

主要工具：平铲、钢压、戒指夹、索嘴、油石等。

操作工艺要点：铲边前，要对工件的形状进行观察，然后选择工具，选择铲边方法，铲边所用的平铲锋口要保持锐利。

用戒指夹或手把持工件，耳环亦可将耳针插入索嘴固定。将平铲装在索嘴上，用平铲贴着金边的内侧铲边，使内边线条畅顺。圆形工件用钢压压内边，使金边更加光亮。

四、校耳拍

校耳拍的作用是将耳环整形、组合，使耳环的耳拍开关自如，具有弹性。

主要工具：吊机、尖嘴钳、牙针。

操作工艺要点：首先用牙针在耳环校筒上钻通孔，去除通孔内的金珠、披锋。然后将耳拍与耳环扣接，并调节其配合程度，使耳拍开合具有弹性。校耳拍时防止使耳拍工件发生变形。用尖嘴钳将耳环上的耳针钳正，并将耳环有耳针的一端稍稍往外钳，使耳拍顶端与耳环端点持平，以达到活动自如的目的。

五、 辘珠边

辘珠边的目的是在工件的指定位置，经滚压形成珠状金边，起修饰工件的作用。操作工艺要点如下。

① 将要加工的工件上火漆，并将火漆棍固定在工作台上，根据工件金边的宽窄选择合适的辘珠凿，并将其安装在蘑菇头上。

② 用辘珠凿对金边进行辘压。

操作时，右手持蘑菇头，使珠辘压贴金边，并用左手拇指贴住辘珠凿弯曲处，然后用右手压，使珠辘沿金边滚动，在金边上留下金珠。辘珠边时，珠凿不可脱离金边，来回辘压时，要按原来的轨迹，不可发生偏离，否则辘出的珠边会报废。

第八章

首饰的机械加工工艺

· 型材加工 ·

型材加工是机械加工首饰的基础，在首饰制作中，常见的型材有：铸锭、棒材、片材（板材）、管材和线材。

一、铸锭

铸锭是型材中最常见的基础材料。广泛用于制作棒材、轧片、拉线、制管等方面，铸锭质量的优劣，直接决定了后续加工的难易程度及制品的质量。铸锭的制作方法，总体分为：模铸锭法和连铸法两类。

1. 模铸锭法

这是传统的制作铸锭的方法，直至现在还有许多中小型首饰厂在使用这种方法生产铸锭。其方法是制作尺寸适合的铸锭模，一般用石墨或钢材制作。将首饰金属材料熔化后，浇铸到铸锭模得到铸锭。铸锭法每次生产的铸锭尺寸是很有限制的，需要不断地开合锭模，因此生产效率较低。每条铸锭在上部不可避免要产生缩孔和轴线缩松，在轧制过程中需要将锭头裁掉，否则轧制时容易出现鳄式开裂，因此铸锭的利用率较低，另外模铸锭法生产的铸锭常存在夹杂、缩孔、表面麻坑等缺陷。在这种方法中不可避免会使熔融金属较长时间与空气接触，增加被氧化和吸附氧气的机会。在浇铸过程中，由于金属液流的冲击和飞溅，导致铸坯夹杂及表面麻孔。此外，这种模铸锭法在凝固过程中的不规则梯度，使铸坯中的缩松、孔洞、裂纹及表面的冷夹等缺陷更是难免，这些问题导致棒材在拉丝加工中容易断丝，在板片材生产中容易出现"黑条""黑点""起皮"等问题。

正因为传统的模铸锭法存在诸多问题，因此，利用先进的连铸技术取而代之成为必然趋势。

2. 连铸法

连铸是连续铸造的简称，液态金属连续铸造的概念早在19世纪中期就已经提出。20世纪30年代德国制造了第一台带振动结晶器的立式连铸机，首先浇铸铜合金获得了成功。40年代，德国建成了第一台钢水的试验性连铸机，50年代，连续铸钢进入工业化应用阶段，60年代进入工业化推广阶段，70年代以后，以二次能源危机为契机，成为连铸技术的大发展时期，连铸设备和工艺日益完善。90年代以后，连铸技术主要发展方向是生产近终形产品，如薄板坯、管材等。

连铸法在20世纪60年代就开始引入有色金属及金银等贵金属加工领域，到90年代中期以后，应用连铸法生产金银型材在具有一定规模的首饰加工企业已相当普遍。

按照连铸型材的拉坯方向，分为水平连铸法和垂直连铸法两类。水平连铸法是指按水平方向出坯，垂直连铸法是指按竖直方向出坯，包括下拉法和上引法两类。

目前在首饰行业广泛应用的连铸机主要是下拉法连铸机，其原理如图8-1所示，它的典型工艺特点是：以高纯石墨为坩埚，金属在半封闭氮气或氩气保护下进行熔化，在熔炼过程中有除氧作用，使熔融的金属达到最少的氧气摄入量。另外结晶器与坩埚底部连成一体，金属液是在密闭的状态下借助金属本身的静压自动补充，因此在铸坯全过程无液流冲击与金属液飞溅，金属液也不与空气接触。连铸结晶器采用水套冷却，使金属在结晶时的固相线不紊乱，非常有序，金属在冷却结晶时能获得金属液的补充，形成了致密的结晶组织。连铸过程中铸坯速度与炉内的金属液温度由仪表严格控制，根据不同金属的要求作最佳控制。

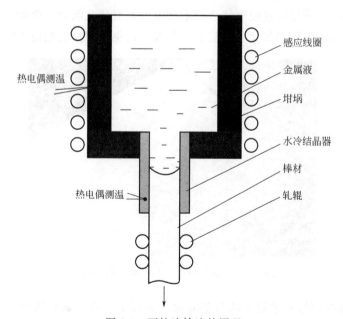

感应线圈
金属液
坩埚
水冷结晶器
棒材
轧辊
热电偶测温
热电偶测温

图 8-1　下拉连铸法的原理

与传统模铸锭法相比，连铸提高了金属的收得率，节省了能源消耗，简化了生产工序，容易实现机械化自动化生产，生产效率高。更重要的是，连铸锭坯大大改善了加工性能，使原来手工铸坯中普遍存在的"黑条""黑点""起皮"等缺陷减少或消除，使成品率大幅度提高，且产品的抗拉强度、延伸率、物理性能等都有较明显的提高。

3. 铸锭或连铸坯出现的缺陷

在铸锭生产中，即使是采用连铸法生产，工艺不当时也会出现一些问题，典型的问题包括以下几方面：

① 中心缩松和缩孔。锭顶部出现的缩凹是凝固收缩的结果（图8-2），铸锭在随后加工时（锻压或轧制）会使加工的板、条或线沿中心线缺陷分裂开来，特别是当缩凹表面产生了氧化时，更容易出现此问题，这种缺陷又称为鳄式开裂。为避免此缺陷，在加工前应将缩凹的部分裁掉，内部缩孔应焊合，一般内表面清洁、没有氧化物时是可以焊合消除的。

图 8-2　纯银铸锭在顶部的缩凹

② 起泡。板材、带材表面起泡（图8-3）可能是由铸锭内的气孔或退火时由铸锭与大气反应引起的，一般可以通过控制铸造或退火条件来避免此问题。例如，加强熔炼过程中的脱氧，减少金属液吸气和氧化，控制退火温度，避免使用富氢的退火气氛等。

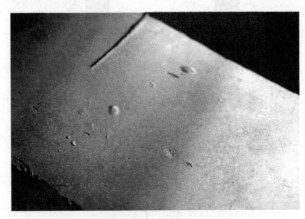

图 8-3　纯银型材退火后表面出现的起泡

③ 夹杂。铸锭中的夹杂物来源有多方面，如石墨颗粒、氧化物和硅酸盐等，这些物质会恶化型材表面质量（图8-4），使加工时出现裂纹。要减少夹杂物，必须定期检查坩埚和炉衬的状况，工作环境的清洁状况，熔炼时考虑到可能发生的反应等。

④ 污染。金属受到污染后可能在加工时变脆或出现裂纹，在回用料、焊料中带入微量的铅就会使合金材料受到污染，其他的脆性污染物包括硅、硫和其他低熔点金属，要注意回用料

图 8-4　纯银铸锭表面的夹杂

的管理，成分不明确的材料不能随便使用，要先进行分析，检查有无这样的杂质。

⑤ 表面质量。终产品的表面质量取决于初始铸锭的表面质量。初始铸锭表面有氧化物时，在加工前要用酸浸除去，因为这些氧化物被压进轧材表面后，再要去除就非常困难了。在锭模中使用过多的机油或助熔剂随金属液大量进入锭模时，会使铸锭表面出现大的凹陷，应在锭模壁刷上一层连续的薄油膜，在浇铸前将过多的溶剂除掉。浇铸时，如金属液溅到锭模壁上，表面产生氧化会形成金属豆，它与金属本体没有很好地熔合在一起，加工时会在氧化表面产生剥离，导致表面不平坦。

在加工前要先检查铸锭表面，必要时进行修锉，使表面平整，没有凹陷，没有金属豆，并将嵌入金属表面的颗粒去除。

二、型材加工

1. 加工棒材

当结晶器的铸孔尺寸合适时，也可通过连铸直接获得棒材，但是与轧制棒材相比，连铸坯的材料性能要差些，因此生产中常用轧制方法来加工棒材。所谓轧制，就是利用带轧槽的轧压机将铸锭轧制到所需直径的棒料，即金属在两个旋转的轧辊之间进行塑性变形，轧制棒材的过程中不仅改变金属的形状，如断面减小、形状改变、长度增加等，而且也使金属获得一定的组织和性能。

棒材的轧制分热轧和冷轧两种，热轧是将铸锭加热到再结晶温度以上进行轧制，在此温度以上金属的塑性好，降低了变形抗力，冷轧是直接在常温下进行，由于连续冷变形引起的冷作硬化会使棒材的强度、硬度上升，韧塑指标下降，因此在轧制过程中往往需要进行中间退火处理，以恢复材料的塑性。

2. 加工金片

片材在首饰制作中应用广泛，用辗片机将金条辗轧成各种不同厚度的金片（图 8-5），在首饰加工过程中使用。如制作鸭利制、校制等配件都需将金条辗轧成金片。

辗片前，要揩净辗辊和金条上的脏物，调整好辗辊间距，辗片中每次下压的距离不可太大，按不同金质确定不同辊压次数，完成不同辊片次数后要进行退火，并且控制好金片的曲直方向。在选择辊压金条时要掌握好长度重量，以便压制的金片符合尺寸的要求。

在制作饰品过程中，往往需要很多不同形状的金。制作时按设计图纸要求的尺寸，用划线笔在金片上划好图形，然后用铁剪剪成形，锉除毛刺即可（批量生产时可采用机械冲床冲压）。

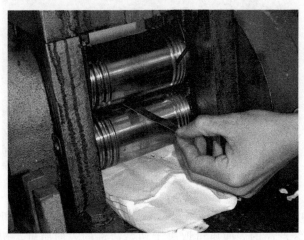

图 8-5　轧压金片

3. 加工金管

管的制作方式有两种，一种是由片制得，在形式上表现着线的加工特征，细长管的制作是用拉线机、拉线板拉制的。加工制作管材时，要按管径周长选择相应截面形状和尺寸的拉线板的线孔拉制。为使管在加工过程中不变形，形状尺寸精确，须在拉制前穿一根线芯在管中与管地起拉。如用铝线或铜线则不但塑性好容易拉制，而且改好的管可用酸浸除去线芯。这种方法制得的管材还需要在后面的工序中进行焊接。另一种制作管材的方法是无缝管，即利用连铸管坯或者是实心棒材直接进行加工，分热轧、冷轧、冷拔、冷挤压等几种制作方法。

① 热轧无缝管是将实心管坯经检查并清除表面缺陷，截成所需长度，在管坯穿孔端端面上定心，然后送往加热炉加热，在穿孔机上穿孔。在穿孔同时不断旋转和前进，在轧辊和顶头的作用下，管坯内部逐渐形成空腔，称毛管。再送至自动轧管机上继续轧制。最后经均整机均整壁厚，经定径机定径，达到规格要求。利用连续式轧管机组生产热轧无缝钢管是较先进的方法。

② 冷轧无缝管通常在二辊式轧机上进行，钢管在变断面圆孔槽和不动的锥形顶头所组成的环形孔型中轧制。冷拔无缝管，是在高温下将圆钢穿孔，然后在拔管机上冷拔加工。采用冷轧为主、冷拔为辅的联合方法生产无缝管材是比较先进的工艺，它具有以下优点：钢管质量好，冷轧钢管壁厚精度和表面质量较高，冷拔确保钢管外径精度；冷加工周期短，减少中间脱脂、热处理、缩口、矫直等工序，节省能源，减少金属消耗。

③ 挤压法即将加热好的管坯放在密闭的挤压圆筒内，穿孔棒与挤压杆一起运动，使挤压件从较小的模孔中挤出。采用挤压法的优点是可以直接使用连铸坯作原料，产品质量稳定，更换品种灵活，可以直接生产热挤压成品管材，也可以生产各种异型断面的管材以及直径较小的管材。

4. 加工金线

在首饰加工中，金线的制作一般采用拉拔方法，它是使金属线材通过模孔，从而使金属断面缩小、长度增加的一种加工方法。其工艺过程是，将金条辗压成直径稍大于线状时，将金线一端用卜锉磨尖细后，由大到小，逐级穿过拉线板的线粒孔，用拉线机拉制，直至拉出符合要求的金线。拉线一般多在冷状态下进行，可拔制断面很小的产品，如直径小至微米级的金丝，且产品表面光洁，尺寸精确。拔制时由于产生加工硬化，金属的强度和硬度均有所增高。如图 8-6 所示。

图 8-6　拉拔金线

需要注意的是，在拉线板上镶有一系列硬质合金制的线粒孔，线粒的轴截面似一漏斗，拉线时总是从大头进小头出，不能反之，否则将损坏线板，线的质量也得不到保证。

金线可以制成各种各样的半成品。用线制成的半成品广泛应用在首饰制品中。一般 K 金拉线都要经过几次中间退火，约过 3～5 道线粒就要进行一次退火。径向螺圈通常用平嘴钳为工具在平板上绕制而成，轴向螺圈都以硬圆木或圆钢为芯绕制。当然，也可以根据需要绕成圆锥形、半球形等。

三、 型材加工过程产生的缺陷

1. 轧制板材、 带材和片材时常见问题

① 终产品轧辊质量差。终产品轧辊表面有划痕或局部损坏时，会恶化轧材的表面质

量。终产品轧辊的直径要小，高度抛光或电镀处理，达到镜面效果。生产过程中要经常擦拭轧辊表面，防止灰尘和其他颗粒沉积，擦伤轧辊或轧入带材表面，轧辊不用时要盖好，以保护表面。

② 轧辊没有校直。轧辊没有校直时，如果是轧制较厚的带材，则会使其向一边弯曲，如果带材较薄，则会在一边产生锯齿状边缘。要调整轧辊的螺钉，使其间隙平直。

③ 轧辊弯曲。轧辊在轧制压力作用下，如产生弯曲，则会导致带材截面厚度不均匀或在两边产生锯齿状边缘。要减少每次轧制的量，增加中间退火的次数，以减少轧制力。也可采用 4 个轧辊，小直径的轧辊分别由大直径的轧辊支承，这样有利于提高轧辊抵抗弯曲的能力。

④ 边缘裂纹。通常由两次退火间加工量过大引起，当出现边缘裂纹时，要及时修整。因进一步轧制时，某些裂纹可能会突然扩展到带材中心，使产品报废。

⑤ 厚度控制。轧制操作时，必须注意保证轧材沿长宽方向的厚度都均匀，厚度的变化会引起随后板材成型过程中轧制力的变化，从而增加废品率，工具的磨损和损坏也会加剧。

2. 轧制棒材时常见的问题

主要有飞边和堆叠。飞边是由将过多的金属推入轧辊间隙引起的，即一次缩减量过大，以至轧辊被撑开，过多的金属被挤往两边而形成飞边。如果飞边随后被轧进棒材中，它们就会堆叠，形成薄弱面，在后面的工序中，就容易在此处裂开，尤其是在扭曲或弯曲时，更容易出现裂纹。采用合适的一次缩减量，轧制时依次转 90°，将有利于防止此缺陷。

第二节　·首饰的机械加工·

一、首饰加工常用的机床类别

利用机床可直接加工首饰，机械行业中有各种各样的机床，如车床、铣床、钻床、磨床、镗床、刨床、锯床等，类别很多，每种机床均有各自的用途和适用范围。在这些机床中，以车床、钻床、磨床、铣床等最为常用。

车床是主要用车刀对旋转的工件进行车削加工的机床。在车床上还可用钻头、扩孔钻、铰刀、丝锥、板牙和滚花工具等进行相应的加工。车床主要用于加工轴、盘、套和其他具有回转表面的工件，如车外圆、车端面、车沟槽、切断、车螺纹等，是应用最广的机床之一。

铣床是用多刃回转刀具（例如平面铣刀、端铣刀等）进行切削加工的机床，可进行平面（水平面、垂直面等）、沟槽（键槽、T 形槽、燕尾槽等）、分齿零件（齿轮、链轮、棘轮、花键轴等）、螺旋（螺纹、螺旋槽）等表面及各种曲面的加工，一般用于粗加工及半精加工，有时也用于精加工。铣刀是多刃刀具，具有较高的切削速度，无空行程，故生产率较高。

钻床主要用钻头在工件上加工孔（如钻孔、扩孔、铰孔、攻丝、锪孔等）的机床。

磨床是利用磨具对工件表面进行磨削加工的机床，大多数磨床用高速旋转的砂轮进行磨削，少数使用油石、砂带等其他磨具和游离磨料进行加工。

由于首饰一般比较细小，因此选用的机器设备以小型居多，例如仪表车床、仪表铣床、微型钻床等。随着技术的不断进步，机床的精度、自动化程度不断提高，先后出现了高精度机床、精密机床、半自动机床、自动机床、数控机床、CNC 加工中心等加工设备，并先后引入到首饰加工领域，特别是数控机床和 CNC 加工中心在首饰行业得到了快速的推广应用，它们与三维扫描、首饰 CAD 等先进技术一起，为首饰机械加工和生产技术带来了新的革命。

二、首饰机械加工的工艺流程

1. 拟订工艺路线

用机床直接加工首饰，首先要制订加工工艺，而拟订工艺路线是制定首饰机械加工工艺最主要的工作，是制订工艺过程总体布局非常关键的一步，它与定位基准的选择有着密切关系。拟订工艺路线的主要任务是加工方法的选择，定位基准的选择，加工阶段的划分及工艺的安排，等等。

2. 加工阶段的划分

对精密加工的饰品，其工艺分为以下几个阶段：

① 粗加工阶段。其精度在 7 级以下，表面粗糙度 $Ra50\sim12.5$。粗加工阶段主要是要高效率地切除大部分余量，并为精加工准备可靠的定位基准和均匀的余量。

② 半精加工阶段。其精度达 2～6 级，表面粗糙度 $Ra6.3\sim1.6$。半精加工阶段必须保证零件要求的精度。

③ 精加工阶段。其精度达 1～2 级，表面粗糙度 $Ra0.8\sim0.2$。精加工主要是为了获得所要求的表面粗糙度，有时也用以达到所要求的精度。

3. 加工基准的选择

（1）粗基准的选择

在起始工序中，工件定位只能选择未经加工的毛坯表面称为粗基准。

① 对于具有不加工表面的工件，为保证不加工表面与加工表面之间的相对位置要求，一般应选择不加工表面为粗基准。

② 对于具有较多加工表面的工件，粗基准的选择应合理配备加工表面的加工余量。

③ 作为粗基准的表面，应尽量平整，以便使工件定位可靠，夹紧方便。

④ 由于毛坯表面比较粗糙且精度较低，一般情况下，同一尺寸方向上的精基准表面只能使用一次。

（2）精基准的选择

① 为了较容易地获得加工表面对其设计基准的相对位置精度，应选择加工表面的设计基准为定位基准。

② 定位基准的选择应便于工件的安装与加工，并采用结构简单的夹具。

③ 当工件以某一组精基准定位，可以比较方便地加工其他表面时，应尽可能在多数

工序中采用同一组精基准定位。

④ 某些要求加工余量小且均匀的精加工工序，可选择加工表面本身作为定位基准。

4. 检验、钳工在工艺规程中的安排

① 检验工序。根据车间的检验制度，在各加工阶段的前后，特别是在重要工序前后，应该考虑安排检验工序。在检验工序以前，有时还安排清洗工序，以保证检验的可靠性。

② 钳工工序。工艺过程应安排必要的钳工工序，包括装配时和装配后才能加工的表面、去毛刺、划线、校直、手铰孔、攻螺纹等。

典型工件的加工工序，例如加工外圆带沟槽的戒圈，一般选用车床进行车削。当沟槽尺寸较小时，可以选用刀尖宽度与车削沟槽宽度一样的车刀一次车出，当车削宽度较大的沟槽，可以采用几次吃刀来完成。车第一刀时，先用卡尺量好距离，或根据机床上的刻度盘计算好的距离，车削好一条沟槽后，把车刀退出工件，再向左移动后继续车削，把沟槽的大部分余量车去，但在槽的两侧和底部应留出精车的余量。最后根据产品图纸规定的尺寸要求进行精车。如图 8-7 所示。

当采用数控机床时，先依据工件的电脑设计资料，用专用软件编制刀路后进行加工。

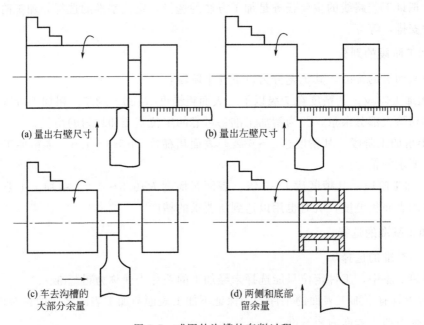

(a) 量出右壁尺寸　　(b) 量出左壁尺寸

(c) 车去沟槽的　　(d) 两侧和底部
　　大部分余量　　　　留余量

图 8-7　戒圈外沟槽的车削过程

第三节　·**首饰零配件的加工**·

随着社会的进步，分工越来越细，生产的社会化程度越来越高，在首饰加工行业，也充分反映了这种趋势。同类首饰往往具有一些结构、尺寸相近甚至相同的构件，每家首饰企业不可能因个别或少数配件的特殊要求而增加工艺和装备的类型，它不仅会大大增加设备投入，设备的使用率也非常低下。如果将这些构件集中起来，采用机械化、专业化、自动化生产，将有效降低生产成本，提高生产效率，提高产品质量的稳定性。为此，在首饰加工行业出现了一批首饰配件加工企业，生产各种结构款式、各种材料的配件，不仅满足了首饰企业的外协、外购需求，也为当今首饰 DIY 时尚的大气候提供了基础材料。

一、首饰配件的类别

首饰配件的应用范围极广，既用在项链、耳环、戒指、吊坠等时尚首饰上，也用在钥匙扣、手机绳等生活小饰品中，甚至被用于制作西装、手袋或腰带等服饰上。

首饰配件的范围非常宽，既有造型独特、色彩缤纷、种类众多的各类晶石、陶瓷、塑胶配件，也有各类材料广泛、类别多样、使用便利的金属首饰配件，包括金、银合金等贵金属材料和锌合金、低熔点合金等普通金属材料。对于贵金属首饰制作而言，常见的配件包括：

① 用于吊坠上的瓜子扣、挂坠、挂件等。

② 用于戒指上的爪镶镶口、窝镶镶口、戒柄、戒圈等。

③ 用于项链、手链、脚链上的圈仔、波珠、吊牌、挂件等，以及 S 扣、龙虾扣、弹簧扣、鱼钩扣、OT 扣等扣件。

④ 用于耳环上的耳钩、耳坠、弹簧耳夹、耳圈、耳拍、耳针、耳钉等。

二、首饰配件的制作工艺

首饰配件基本上是采用机械化生产的，不同的首饰配件制作工艺各有特点，下面以耳针、耳迫配件和镶口配件为例，介绍它们的加工工艺。

1. 耳针、耳迫

耳针和耳迫是耳钉首饰的基本配件，两者配合使用。耳针为一条细圆棒，直径一般为 0.7～1mm，长度约 9～12mm，一般在距离耳针端部约 2mm 处车一条卡槽，可以防止耳迫自行脱出。耳迫又称为耳堵，是带金属弹片锁紧机构的配件，中心钻孔，依靠两边卷曲的金属片的弹力卡紧耳针。

依据其配合结构，耳针耳迫有拔插配合（图 8-8）和螺纹配合（图 8-9）等方式。而根据耳迫的形状，又有平底圆面蝴蝶耳迫（图 8-10）和飞碟耳迫（图 8-11）等类型。

耳针的制作一般多采用自动耳针机，先将金属料拉拔成直径符合要求的线材，通过耳针机的送料装置将线材送入加工室，利用其微型车床将耳针头部车圆滑，并车出卡槽，然后定长车断。整个加工过程可以无间断自动进行。

耳迫的制作一般采用自动耳迫机，先将金属料轧压成所需厚的金属片材，根据耳迫的尺寸要求，将其展开得到下料的平面尺寸，利用耳迫机的自动送料装置将金属片材送到冲压室，此处可以将裁料、打字印、冲孔、卷曲成形和退料一次完成。

2. 镶口

典型的镶口有爪镶镶口和包镶镶口。爪镶镶口中，四爪、六爪镶口应用非常普遍，图 8-12 是典型的蒂芙尼（Tiffiny）六爪镶口。爪镶镶口可以铸造成形，作为首饰配件时，

图 8-8　拔插配合耳针耳迫

图 8-9　螺纹配合式耳针耳迫

图 8-10　平底圆面蝴蝶耳迫

也可以采用机械加工工艺批量生产，以六爪镶口为例，先将金属轧压到要求的厚度，在冲压机上将三对爪冲出，然后将这三对爪组合并焊接在一起即可得到六爪镶口。

　　包镶镶口也可采用机械加工方法高效率地生产出来，制作这种包镶镶口时，一般先利用连续铸造、拉拔等方式制得尺寸符合要求的管材，再利用高速车床车制镶口内壁的坑位、外壁的卡口位、镶口边圆角，最后根据镶口所需长度将其切断。

图 8-11 飞碟耳迫

图 8-12 典型的蒂芙尼（Tiffiny）六爪镶口

 **第四节** ▪ **机制链的加工** ▪

　　首饰行业中链子的使用非常广泛，除少部分链子采用铸造后手工扣接成型外，大部分链子均采用机械制造的方法。

机制链的制作技术复杂，设备精良，其中以意大利的机制链设备和工艺闻名于世。近些年国内的机制链产量迅猛发展，制链的款式不断推陈出新，制链的技术和设备也得到了长足的进步。

一、 机制链的基本工艺过程

典型的圈仔扣机制链的生产工艺流程为：

① 制作棒料。利用连续铸造机将制链用的合金制作成一定规格的棒料。

② 拉线。利用压线机、拉线机、热处理炉等设备将棒料轧压、拉拔成所需尺寸的线材。

③ 织链。利用高速制链机将线材定长裁断、圈形、扣接成链。

④ 焊接。利用等离子、激光仔扣链时同步焊接，或者将链子放入连续防氧化式自动焊链炉中用焊粉钎焊。

⑤ 扭链。利用扭链机将水波链、双水波链及十字推密链扭至平整或所需形状。

⑥ 锤扁松链。利用扁松链机将刀片链、方十字链等链型锤扁，再将链子经过多个不同尺寸的轮子将链子软化。

⑦ 抛光。利用高速振光机将链子振光。

二、 机制链的主要款式

各种规格织链、珠链、蛇链、万字链、灯饰吊链、首饰链、麻花链、焊口链、打结链、手扣链、O字链、侧身链、十字链、压扁O字链、磨链、压花链、牛仔链等链条系列。

三、 机制链的焊接

首饰生产中，链子的焊接效果对后工序的加工直至成品首饰的强度质量有着至关重要的影响。机制链的焊接一般采用等离子、激光和焊粉钎焊三种方法。

（一） 等离子焊接

等离子焊接技术是在织链机上装配等离子体焊接系统，整台设备采用微机控制，依靠微机传感器自动检测断链、链密度及线工作完停机情况。等离子体可用于焊接黄金、铂金、银等金属，焊接时不用其他焊料，依靠产品自身熔化焊接，有效保证了纯度，而且焊接时利用氩气保护，使焊接位平整光滑。针对不同的金属材料和链的粗细，对焊接电流和功率做出相应调节，便可完成各种链子的焊接。

（二） 激光焊接

激光焊接技术是在织链机上装配激光焊接系统，与等离子焊接一样，整台设备采用微机控制，依靠微机传感器自动检测断链、链密度及线工作完停机情况。一般在制链机上配有张力器，使其运作顺畅及稳定。采用激光对焦头调节器，可以方便简单地调校激光焊点的焦距，并且通过电子控制和焊接参数的调整，使链子快速精确地置于平面的焊点位置上，令焊接均等和完美。激光焊接可应用于各种金属的焊接，特别像铂金、钯金和18K

金等合金特别有优势。

（三）焊粉钎焊

焊粉钎焊是在制链之后利用防氧化式隧道焊接炉将制成的链子进行批量焊接的方法，如图 8-13 所示。因制链过程中摆脱了同时焊接的步骤，使得制链的速度得以提高，同时使得链机的调整难度大为降低。综合制链与焊接两方面的因素，采用焊粉钎焊的方法，可以提高制链的生产效率。但焊粉焊接又是在常用几种焊接方法中比较难以掌握的工艺，如果把握不好，要么焊接不牢，甚至个别假焊，要么链子"焊死"，产生大量废品，不仅不能提高生产效率，反而严重制约合格半成品的产出。

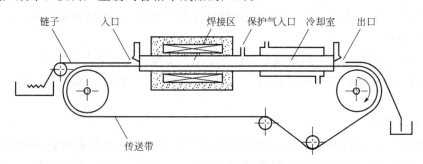

图 8-13　隧道炉焊接示意图

1. 工艺过程

利用焊粉钎焊的工艺过程包括：脱油清洗—施焊粉吸附剂—施焊粉—脱焊粉—上滑石粉—焊接—清洗。

（1）脱油清洗

为了防止链圈表面的油脂、污物等影响焊接质量，必须对链子进行清洗，这是重要的焊前表面准备。根据钎焊原理，钎焊是靠液态钎料对固态母材的湿润和毛细作用来填充接头间隙而实现的，熔化了的钎料不能湿润未经清理的母材表面，就无法填充接头间隙。

首饰加工中，一般采用三氯乙烯作为去油的有机溶剂。为了防止三氯乙烯对链子的二次污染，达到比较好的去油效果，我们采用的是三氯乙烯蒸馏器进行蒸气清洗。去油后，再用超声波进行清洗，这样使得链圈表面和接头间隙内能够更干净。

（2）施焊粉吸附剂

吸附剂的作用是让焊粉能够有效地粘到链圈表面和接缝的周围。将松香、蓖麻油以及必要的花生油溶入三氯乙烯中，把清洗好的链子在其中浸泡几分钟后晾干，使链子上的三氯乙烯全部蒸发，这时链子表面应黏手但不湿。

溶剂配制时松香和蓖麻油的多少及链子的浸泡时间，取决于链子上吸附剂的多少。焊粉在链子上的吸附效果，与链圈线径、当时的气温和空气湿度有一定的关系，最终要看施焊粉的效果。如果焊粉不能很好地粘在链子上，经脱焊粉后，留在链子上的焊粉不足以使链圈接缝焊接牢固，或根本焊不住；反之，如果焊粉过重地粘在链子上，在脱焊粉时费工且不容易达到合适的焊粉重量，难以保证链子焊接后的成色。

（3）施焊粉

使用施焊粉机,将链束挂在施焊粉滚筒里的八角中心轮上,链束垂到滚筒里的焊粉中。在滚筒正反转动过程中,使焊粉均匀地粘到链子上。

(4)脱焊粉

脱焊粉的目的是保证焊接后链子的成色在允许的范围内,同时为把链圈表面浮动的焊粉脱去,避免在上滑石粉后,浮动焊粉与滑石粉混合,使滑石粉不能有效隔离链圈而在焊接中造成链圈粘链"焊死"。

脱焊粉的程度,以焊粉不再轻易地被脱落(不再有浮动焊粉),且链子上焊粉前后增加重量在成色允许的范围内为原则。如果焊粉大都被轻易地脱落掉,则粘在链子上的焊粉不足以将链子焊牢,这一般是因焊粉吸附剂上得太轻所致,这时,即使少脱焊粉而保留足够的焊粉在链子上,也因浮动焊粉过多而使链子易"焊死";如果焊粉太多,则焊后链子的成色不能保证。

脱焊粉是手工完成的,这是在焊接过程中受手工操作影响最大的一道工序,易造成对链圈接口的拉开而使焊接失败。所以,脱焊粉的动作一定要稳、柔、轻,但也要动作到位、彻底。

(5)上滑石粉

上好焊粉的链子需要使用滑石粉对链圈进行隔离,防止在焊接时链圈粘链"焊死"。完成这道工序,利用双滚筒施焊粉机的另一个滚筒,放入一定量的滑石粉,同施焊粉一样,将滑石粉均匀地粘在链子上。

(6)焊接

焊接采用炉中保护气体钎焊,炉体分卧式、立式两种型式,卧式焊接炉的炉膛空间较大,采用传送带将焊件水平方向送入炉内,应用范围较广;立式焊接炉的炉膛做得细小,相比卧式炉来讲炉温可以做得高一些,专门用来焊接熔点较高的白金链子。

焊接使用的保护气体采用分解氨,将瓶装液氨经分解器加热分解成 N_2 和 H_2 的混合气体。这种氮氢混合气体不仅能阻止空气进入炉膛防止链子在高温时氧化,还能还原链子表面的氧化物,有助于钎料湿润母材提高焊接性能。

充入炉膛的保护气体应保持一定的流量,以防止空气渗入炉内,对炉口排出的气体要点火燃烧掉,以防止在炉旁积聚爆炸。同时,入口处的火焰对链子有预热作用,所以,加大气体流量增大火焰,有助于较粗链子的焊接。

开始焊接前,利用链子开束机将上好滑石粉的链子开束,"顺"入适当的容器内防止缠绕,并再加入适量滑石粉覆盖。链子在炉膛入口由传送带(立式炉则由送链轮)连续送入炉内,注意链子不能在传送带上滑动,否则,处于焊接室的链子在高温下因受拉力变形,甚至断扣脱节。

链子在炉膛中经过高温焊接后,进入围有冷却水套的冷却室(对于立式炉则直接进入冷却水中)冷却。

焊接温度是主要工艺参数之一,主要取决于所使用焊粉的温度,焊接不同材料的链子所选用的焊粉是不同的,例如焊接黄金链子的焊粉主要成分是 Zn、Cu,焊接白金链子的焊粉主要成分是 Ag。同样一种材料的链子其线径大小不同,焊接时的温度也应有所区别。另外,对于同一链型使用卧式炉与立式炉焊接,其焊接温度也有所不同。使用立式炉焊接时，因链子自身重力的影响，过高的温度很易将链子拉伸或拉断，所以，焊接温度较卧式炉要低10％～20％左右。具体每一种链型焊接时的温度及送链速度，应在实践中不断摸索积累经验。

（7）清洗

焊接完的链子经检查没有质量问题，就可以打束清洗后进入后道加工工序，打成束的链子首先经过流水冲去表面的滑石粉，再使用超声波进一步清洗，然后酸洗。

2. 影响焊接质量的主要因素及操作中的注意事项

① 链圈接头间隙

钎焊是靠毛细作用力使钎料填满间隙的，毛细作用的大小除取决于钎料对母材的湿润能力外，还与间隙大小有着直接的关系。实践证明，液体沿间隙上升的高度与间隙大小成反比，随着间隙的减小，上升高度增大。因此，为使在焊接过程中钎料有效填充接头间隙而焊接牢固，必须保证链圈接缝间隙不能太大。操作中，朝着光线明亮的方向，逆光用放大镜观察链圈接缝，根据接缝漏光程度来分辨间隙大小是否合适。

为了保证链圈接缝有一个合适的间隙，除在制链过程中正确调整链圈合口外，在链子焊接前的打束、清洗、脱焊粉等手工操作中要尤其注意动作的轻柔，避免因操作不当产生对链子的拉扯。另外，当日制成的链子最好当日焊接完，避免焊接前的链子因存放、搬运等因素产生的不良作用影响链子的焊接效果。因特殊情况不能当日进行焊接的链子要特别注意，避免链子受挤压、颠簸、拉扯。

② 施焊粉的均匀程度

保证链圈接缝有一个合适的间隙是焊接牢固的基本前提条件，而施焊粉的均匀程度则是整束链子焊接成功的重要保障。

链子在施焊粉的过程中是要打成束的，打成束的链子必然有一个捆扎的部位，链束的这个部位相对来说比较紧密。为使整条链束尽可能均匀地打上焊粉，除对链束的捆扎不应太紧外，在施焊粉吸附剂、施焊粉、上滑石粉的操作中，链束的捆扎点至少移动一次位置，在脱焊粉的操作中要注重对链束捆扎部位进行单独处理。这样一来，在整个过程中，可以使得链束的捆扎部位和其他部分一样，能够不至于因施焊粉吸附剂和焊粉不足而焊接不牢，也不至于因脱焊粉不充分或上滑石粉不到位而使之"焊死"。

第五节 ▪ **首饰的冲压工艺** ▪

冲压是靠压力机的冲头把厚度较小的板带顶入凹模中，冲压成需要的形状。用这种方法可以生产有底薄壁的空心制品，冲压是利用压力机和模具对金属板材、带材、管材和型材等施加外力，使之产生塑性变形或分离，清晰地复制出模具的表面形状，从而获得所需形状和尺寸的工件（冲压件）的成形加工方法。与传统的失蜡（熔模）铸造首饰工艺相比，冲压可在短时间内大量、经济的反复生产同种产品，而且产品的表面光洁，质量稳定，大大减少了后续工序的工作量，提高了生产效率，降低了生产成本。因此，冲压工艺在首饰制作行业受到了越来越多的重视，其应用也越来越广泛。

一、 冲压首饰件的特点

冲压首饰件具有以下特点：

① 与失蜡（熔模）铸造首饰件相比，冲压件具有薄、匀、轻、强的特点，利用冲压的方法可以大大减少工件的壁厚，从而减轻首饰件的重量，提高经济效益。

② 利用机械冲压方式生产的首饰件孔洞少，表面质量好，提高了首饰产品的质量和成品率，降低了废品率。

③ 批量生产时，冲压工艺生产效率高，劳动条件好，生产成本低。

④ 模具精密度高时，冲压首饰件的精度高、重复性好、规格一致，大大减少了修整、打磨、抛光的工作量。

⑤ 冲压工艺可以实现较高的机械化、自动化程度。

二、 采用冲压工艺的条件

冲压是一种较先进的机械加工工艺方法，在经济、技术两方面都具有很大的优越性，把失蜡（熔模）铸造首饰件改为冲压首饰件，其目的是为了提高生产率，降低成本，增加经济效益。但是否可行，还需要具体考虑以下几个条件：

① 首饰品采用冲压工艺后，不得降低原来的使用性能要求。冲压工艺生产时，金属厚度的选择是一个重要因素，金属材料过厚难以保证形状的完整性和精确性，而且容易在弯折处产生裂纹；金属材料过薄则会影响工件的机械强度性能。

② 首饰品应当具有相当的生产批量，由于采用冲压工艺生产时，需制作专用模具，周期较长，且模具的制作成本较高，对小批量首饰产品，采用冲压工艺方法代替失蜡（熔模）铸造，生产成本并不具有优势。

③ 首饰件的结构应具有良好的冲压工艺性，要尽量避免带小孔、窄槽、夹角，底部镂空的结构不能冲压，要设计拔模斜度。冲压件的形状要尽量对称，以避免应力集中和偏心受载、模具磨损不均等问题。

④ 用于冲压生产的首饰合金要具有一定的冷加工性能，韧塑性差、加工硬化显著的首饰合金应用此工艺时，容易出现质量问题。

三、 冲压工艺所需工具设备

利用冲压工艺加工产品，冲压机械与冲压模具是必不可少的。

1. 冲压机械

根据冲压作用力产生的方式，可以将冲压机械分为气动冲压机、液压冲压机和人力冲压机。气动冲压机是使用压缩空气作为动力源，它的动作较迅速。液压冲压机一般采用高压油缸产生压力，增压比较缓慢，图 8-14 是一种典型的液压冲压机。人力冲压机有脚踏冲压机（俗称"一脚踹"）、手动冲压机（俗称"手脾机"）等种类，如图 8-15 和图 8-16 所示。产生作用力的方法不同，产品的结果也不同。

图 8-14　液压冲压机　　　　图 8-15　脚踏冲压机　　　　图 8-16　手动冲压机

2. 冲压模具

冲压机械是通过装载冲压模具后进行冲压加工的，没有模具就不能进行冲压加工。一般来说，模具设计和制造需要较长的时间，这就延长了新冲压件的生产准备时间。在产品设计方案初步确定后，要对其加工工艺性进行全面科学的分析，保证有比较好的成型工艺，模具制作时，必须以此为基础。模具的精度和结构直接影响冲压加工的生产性和冲压件的精度，模具制造成本和寿命则是影响冲压件成本和质量的重要因素。因此模具对于冲压工艺具有极为重要的作用，可以说是冲压加工的生命。

（1）模具的类别

冲压加工的方法有很多种，像剪断、弯曲、拧绞、成型、锻造、接合等都属于冲压加工。相应地模具的种类也很多，不同类型的模具可以完成不同的操作，大致可分为以下几大类：

① 剪断加工。包括呈封闭曲线的冲裁、呈开放型曲线的外形切割和侧面切割、穿孔、剪切、冲口、部分性分离等。

② 弯曲。包括 V 形弯曲、L 形弯曲、台阶状的 Z 形弯曲、N 形弯曲、帽型弯曲、弯成筒型的卷边加工、圆形弯曲和扭转弯曲等。

③ 拧弯。制成符合穿孔器和冲模形状、有底的容器状产品。

④ 其他方面。如半穿孔、凸出、打通、切弯、压瘪、打钢印、修边、细冲切等。

（2）模具设计

模具设计是冲压工艺性和模具寿命的基础。

① 模具结构设计。冲压件应尽量避免带小孔、窄槽、夹角等难以成型和取模的结构，形状要尽量对称。要设计拔模斜度，避免应力集中和冲压单位压力增大，克服偏心受载和模具磨损不均等缺陷。设计模具时应充分利用 CAD 系统功能对首饰件进行二维和三维设计，保证产品原始信息的统一性和精确性，避免人为因素造成的错误，提高模具的设计质量。

② 成型模腔设计。对于模具模腔边缘和底部圆角半径 R，设计时应从保证型腔容易

充满的前提下尽可能放大。若圆角半径过小，模腔边缘在高压下容易堆塌，严重时会形成倒锥，影响模锻件出模。如底部圆角半径 R 过小而又不是光滑过渡，则容易产生裂纹且会不断扩大。

③ 模具材料。根据模具的工作条件、生产批量以及材料本身的强韧性能，来选择模具用材，应尽可能选用性能好的工具钢，确保内部质量，避免可能出现的成分偏析、杂质超标等内部缺陷。要采用超声波探伤等无损检测技术检查，确保每件锻件内部质量良好，避免可能出现的冶金缺陷，保证模具具有足够的硬度、强度和韧性，可以承受反复冲压的冲击、疲劳、磨损等。

（3）模具制造

模具制造主要包括以下步骤：

① 模具加工成型。为保证首饰冲压件所要求的精度，应采用先进设备和技术进行加工制作，保证模具具有较高精度，同时要保证加工后的加工变形与残余应力不能太大。模腔的粗糙度直接影响模具的寿命，粗糙度高会使首饰件不易脱模，特别是中间带凸起部位，工件越深，抱得越紧。另外粗糙度值高会使金属流动阻力增加，既影响冲压件成形，也容易使模具早期失效。工作表面粗糙度值低的模具不但摩擦阻力小，而且抗咬合和抗疲劳能力强，表面粗糙度一般要求 $Ra0.4\sim0.8\mu m$。模腔表面加工时留下的刀痕、磨痕都是应力集中的部位，也是早期裂纹和疲劳裂纹源，因此在压型加工时一定要先磨好刀具。在精加工时走刀量要小，不允许出现刀痕。对于复杂模腔一定要留足打磨余量，磨削时若磨削热过大会引起肉眼看不见的，且与磨削方向垂直的微小裂纹，对于精密模具的精密磨削要注意环境温度的影响，要求恒温磨削。模具的制造装配精度对模具寿命的影响也很大，装配精度高，底面平直，平行度好，凸模与凹模垂直度高，间隙均匀，也有利于提高模具的使用寿命。

② 模具热处理。模具热处理包括模具材料锻造后的退火，粗加工以后高温回火或低温回火，精加工后的淬火与回火，电火花、线切割以后的去应力低温回火。只有冷热加工相互配合好，才能保证良好的模具寿命。同一种模具材料，采用不同的热处理工艺，模具的使用寿命差异很大，热处理不当时，会导致模具早期失效。

③ 模具表面处理。模具表面的质量和硬度对模具使用寿命、制件外观质量等方面均有较大的影响，因此在模具使用之前，同时也是模具制造的最后阶段，通常要进行研磨与抛光处理，以提高模具表面质量。而在研磨与抛光处理后，有时还要运用各种表面处理技术，进一步提高模具表面的硬度，以延长模具使用寿命，提高工件的加工品质，降低模具使用成本。模具的表面处理技术包括整体模腔的渗碳、渗氮、渗硼、碳氮共渗以及模腔局部的喷涂、刷镀和堆焊等，其中 PVD、CVD 等表面覆层硬化技术中常用的真空蒸镀、真空溅射镀和离子镀等在近年来获得了较大的进展。

四、 冲压工艺对冲压材料的要求

冲压用板料的表面状况和内在性能对冲压成品的质量影响很大，冲压材料应满足以下要求：

① 要满足冲压件的使用性能要求。冲压材料的屈服强度要均匀，无明显方向性强度；塑性好，屈强比低；加工硬化性低。一些容易产生加工硬化的 K 金合金，采用冲压工艺

时要注意中间处理，避免出现裂纹。材料中混杂了夹杂物、有害元素以及有缩松、气孔等缺陷时，很容易导致冲压件的质量产生问题。

② 要满足冲压件的表面质量要求。冲压材料应具有良好的表面质量，做到表面光洁、无斑、无疤、无擦伤、无表面裂纹等。

③ 要满足冲压件的厚度要求。冲压材料的厚度要精确、均匀。

五、 冲压工艺过程

冲压的工序过程按工艺分类，可分为分离工序和成形工序两大类。分离工序也称冲裁，其目的是使冲压件沿一定轮廓线从板料上分离，同时保证分离断面的质量要求。成形工序的目的是使板料在不破坏的条件下发生塑性变形，制成所需形状和尺寸的工件。在实际生产中，常常是多种工序综合应用于一个工件。冲裁、弯曲、剪切、拉深、胀形、旋压、矫正是几种主要的冲压工艺，它们的工序简图如表 8-1 所示。

表 8-1 冲压工序的分类及各自特点

工序性质	工序名称		工序简单图	特点及应用范围
分离工序	剪裁			用剪刀或冲模切断板材，切断线不封闭
	冲裁	落料		用冲模沿封闭线冲切板料，冲下来的部分为工件
		冲孔		用冲模沿封闭线冲切板料，冲下来的部分为废料
	切口			在坯料上沿不封闭线冲出缺口，切口部分发生弯曲，如通风板
	切边			将工件的边缘部分切掉
成形工序	弯曲			把板料弯成一定的形状
	拉深			把平板形坯料制成空心工件
	成形	起伏		将板料局部冲压成凸起和凹进形状

冲裁时材料分离过程可分为三个阶段：弹性变形阶段、塑料变形阶段和断裂分离阶段，冲裁的断面质量取决于冲裁条件和材料本身的性质，如刃口间隙及刃口形状、刃口的锋利程度、冲裁力、润滑条件、板料的质量和性能等。冲压生产要求冲裁件有较大的光亮带，尽量减少断裂带区域的宽度。

六、 典型首饰件的冲压制作过程

下面以典型的戒柄为例来说明冲压过程，这种戒柄广泛用于单粒宝石戒指。材料采用14K方形金条，这种合金有很好的冲压性能，容易加工。先制作方形金条的冲裁模具，如图8-17所示。在模具壁涂上润滑油，要注意合适的涂刷量，仅留下一层干的油膜即可。涂刷太多时油会流进型腔中，使轮廓不清晰。模具制作好后，将模具装配到压力机的模座上，如图8-18所示。模具位于冲头的下方，调整模具的高度，将冲压金属板放在压型上，启动冲压操作，材料被冲进型腔中，得到了符合要求的金属方条。冲压过程中工艺参数的设定，对冲压件的质量和模具的使用寿命影响很大。

图 8-17 戒柄用方形金条模具

图 8-18 模具组装

如果使用的压力过大，金属片被过度冲击，模具容易在底部开裂，或型壁产生崩塌，严重时甚至犹如楔子一样，将模具劈成两半。另外金属片的量也很重要，如果加入材料量过多，工件会产生批锋。为使材料能继续加工，要使用裁边器将披锋去掉。而加入的材料量不够时，又不能充满模具，冲压件不能成型。工作过程中要注意加强裁边器的维护保养，它对工件外形合格、稳定与否非常重要。如果裁边器的切板太尖锐了，则开口会增大，在裁边区引起台阶。相反，如果太紧了，又会切到工件，形成平坦的侧边而与设计不符。

冲裁得到平直方形金属条后，要在最终模具中冲压出所需的外形尺寸，才能形成所需的戒柄。在整圆戒柄前，需要先处理两个端部，使其能安放镶口，对四爪镶口，戒柄末端切成90°，而对六爪镶口，戒柄末端则切成60°，如图8-19和图8-20所示。

图 8-19 对四爪镶口，戒柄末端切成90°

图 8-20 对六爪镶口，戒柄末端切成60°

戒柄末端斜口的制作一般有三种方法。一种简便的方法是用冲头和金属板錾出,但是錾切镶口的质量比较差一些。另一种方法是在水平磨床上磨削出镶口位,将戒柄装在夹具上,磨轮运转即可以进行准确整洁的磨切,这是一种较好的方法。第三种方法是将戒柄末端弯成吊钩形状,然后装夹和磨削,如图 8-21 所示,它与第二种方法相似,但可以避免弯曲时将戒柄末端的镶口位弄变形,因为镶口位的准确性对重复操作很重要。采用后面两种加工方法时,要注意磨削的角度,这对保证镶口位与镶口的精确配合很重要,要做到两者之间没有缝隙。

整圆是由一系列的弯曲步骤组成的,操作时要注意保护戒柄的末端,这个位置直接关系到镶口的配合情况。整圆的方法很简单,用两个半圆钢凹模就可以做到,有时为避免在工件上形成深的印痕,会在第一个钢凹模上接触工件的部位嵌入塑料块,如图 8-22 所示。在第二个钢凹模中形成最终的弯曲形状。

图 8-21　弯曲戒柄末端

图 8-22　整圆戒柄

将整个戒指整圆后进行执模,如图 8-23 所示,然后在镶口位焊上镶口,再按通常的镶石、抛光、电镀等工艺流程完成首饰品的加工,如图 8-24 所示。

图 8-23　整圆抛光后的戒柄

图 8-24　组合后的戒指

第九章

贵金属首饰电铸工艺

电铸工艺是一种电成形技术，是首饰加工制作行业中引进的一项新的工艺技术，20世纪60年代起源于美国，1984年在瑞士巴塞尔展览会中首次推出，包括18K金电成形技术和电成形首饰。电铸工艺通过电解作用将金、银、铜等金属或合金沉积到模型表面，随后除去模型，而形成具有体积大、重量轻的空心薄壁首饰产品，它弥补了失蜡（精密）铸造不能生产出壁很薄的铸件的缺点，也解决了冲压不能制造体积大及细部轮廓清晰的首饰产品的缺陷。与失蜡（精密）铸造相比，其具有很薄的金属层，在同样的体积下，大大地减轻了产品的重量，从而有效地降低了产品的成本，提高首饰产品的市场竞争力。

电解铸造技术是一个较复杂的电化学过程，涉及的工序和工艺参数多，电铸液的组成、温度高低、通过的电流大小以及铸件表面的面积大小等，都会对电铸产品产生一定的影响。所以，在电铸首饰生产过程中，其工艺有别于其他手工作业工艺，必须严格按照技术参数的要求，结合具体的生产实践经验，本着一丝不苟、严谨科学的工作态度，才能在生产工作中提高操作技术水平，生产出合格品率高的首饰产品。

典型的电铸工艺过程，包括：芯模制作、上挂具、电铸、执省、脱除芯模、打磨等相互交叉的生产工序组成。

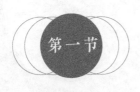

第一节　　电解铸造的工作原理

一、 电解铸造的工作原理

电解铸造的工作原理是将经过表面处理后可以导电的模型置于含有金属离子的电解液中，在电场的作用下，金属按一定比值沉积到工件表面形成所需形态的过程。

二、 电解铸造技术的基本构造

电解铸造的基本结构可以分为四个部分：电源、电解槽、回路与辅助机构、试剂。见图9-1。

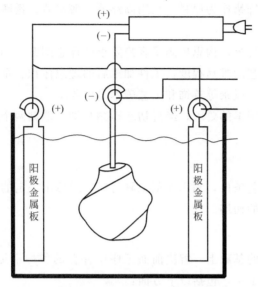

图 9-1 电解铸造结构示意图

① 电源。把 220V 的电源，通过整流设备转换成直流电源。在电解槽中设置阴极和阳极。

② 电解槽。选用釉槽、PVC槽等耐腐蚀的容器。

③ 回路。需电解铸造的工件连接在阴极，阳极连接电解液中所需金属离子的金属板，在电解槽中形成回路。

④ 辅助设备及试剂。调制电解液需要过滤器、混合机及各种金属盐类试剂、酸、碱等化学药品。

第二节 · 芯模制作 ·

电铸使用的芯模材料有非金属和金属两大类，前者最常用的是蜡，它可以通过雕刻较方便快捷地表达形状复杂的造型，也可以借助硅胶模翻制蜡模，但是由于蜡本身不导电，电铸前必须对其表面进行金属化处理，通常采用的方法是涂刷银油；后者是采用导电性优良的低熔点合金作为芯模材料，利用硅橡胶离心铸造的办法来制作合金芯模坯件，经执模后就可以进行上挂电铸。

一、 蜡芯模制作

蜡芯模制作是在蜡料上设计，通过雕模版、复模、注蜡模、执蜡模等操作步骤而实现。做大工件时，也可采用泥雕模版，而后再复制成硅胶模、蜡模等工艺步骤。

（一）雕模版

雕蜡模通常选用首饰蜡作为原料，采用高浮雕、薄浮雕、透雕、线刻等技法，将设计的产品雕刻成蜡模版。

设计师针对客户的要求，构思出满足客户要求的理想图案。同时要考虑设计题材的主题，加工工序及电铸工艺的难易程度，工件加工后的理想体积、重量等因素，从而满足客户对人物、植物、动物、风景等首饰和工艺美术品的要求。

雕蜡师傅根据设计图案的要求，经过初坯雕刻和细工雕刻两个阶段，将设计的图案雕成蜡模。

1. 初坯雕刻

按照设计意图和工艺条件，利用雕刻工具将蜡料雕琢出一定的造型，以确定其基本形体，称之为雕刻过程中的初坯。

2. 细工雕刻

细工雕刻是在初坯的基础上，解决前面工序中存在的各种不足，并使蜡模表面平整、光洁。其主要工艺表现手法，包括以下方面：

① 勾细样。即在初坯上画出更为精细的画稿。如人物的眼、手、耳、足，花卉的花瓣、枝叶等。

② 精细定位与修整。勾细样完成后，即可逐步向纵深推进，对细部的具体特征，进行深入精修细刻，并对装饰线进行修饰。

③ 精细修饰。主要是对一些前工序遗漏的不足进行检查、修补。蜡模修饰后再用汽油洗去表面的残留物，一个完整的蜡模即告完工。

3. 雕刻技法

雕刻的技法通常主要包括以下几类：

① 立体圆雕。大部分蜡模制作采用此手法，圆雕要求正反两面都要进行精细的雕刻，而浮雕只雕一面。

② 高浮雕。高浮雕形体较厚，从最厚到最薄的点之间距离较大，有些接近圆雕的厚度。而这种高浮雕又常常配以薄浮雕为背景衬托主题，使远景和近景相互交融。

③ 薄浮雕（低浮雕）。其最厚点和最低点之间距离小，起伏不大，相对于高浮雕来说，立体感不明显。

④ 线刻。用线的方式表现形象，线刻分阴刻和阳刻两种。阴刻是在平面上刻有沟槽，而表现出图案的特征。阳刻则是以突起的棱线，表现出图案的特征，它的工艺加工过程是将有线的部位保留，而其余部分用刻刀铲低，以突出线条部分。

⑤ 透雕（镂空雕）。将某些图案的"底子"或背景用刻刀雕琢镂空，使形体出现玲珑剔透的效果。在表现手法上，有用散点透视，也有用焦点透视的。

（二）复模、割模

完成一件作品的蜡模雕刻，通常需要花费大量的时间，通过有经验的雕刻师傅完成，这样的雕刻蜡模，在工艺上称为蜡样版。为了达到批量生产的目的，要把蜡样版复制成胶模。

操作过程中，通常用废砂纸根据样版的大小卷成筒状，用订书机钉好，将样版放在纤维板上定位，再将卷好的砂纸固定在样版的外面。将硅胶和催干剂倒入胶盆，硅胶与催干剂比例为10∶1，需经充分搅拌直至均匀。搅拌时间依据所用材料的不同，而有所差异，一般627型胶为15～25min，1300型硅胶为30～45min。样版与砂纸筒之间留有一定的距离，一般为7mm以上，但不必过厚，避免增加硅胶的用量。把砂纸筒固定在玻璃平面上，将搅拌混合均匀的硅胶先抽真空，然后注入砂纸筒，如图9-2所示，再抽真空，在实践过程中，一般是先注入1/2，经过抽真空后，再依据实际情况注胶。注满硅胶后，再放入抽真空机抽真空，将最后抽真空的砂纸筒放置在适当、稳固的地方晾干。国产硅胶一般5h左右可自然晾干，进口硅胶则需8～12h才会自然晾干。

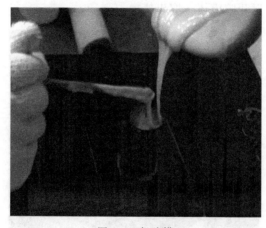

图9-2　复胶模

以上所述的为一般电铸工件的复模方法，大型电铸工件的复模方法则有所不同。大件如采用硅胶复模材料，则材料的消耗量很大，将会提高产品的生产成本，且由于体积大难以抽真空，质量难以保证。因此，对于大型电铸工件，采用在模版上先涂胶，然后再复石膏模的方法进行复模操作。

将模版固定在圆盘上，将调配好的硅胶用毛刷涂在模版上，仔细检查表面是否出现漏涂现象，有无气泡产生。若发现气泡，应及时处理。第一层合格后，再重复刷二次，厚度达3～5mm（视模版大小而定）。用油泥将较大的凹位、窿位填平。再用适量水调配好石膏浆，用平铲及手（戴胶手套）刮、抹石膏泥于模版上，厚度约20～30mm（视模版大小而定）。刮、抹时要视模版的形状复杂程度分解为几部分进行制作，简单的分成两块，复杂的分成3～4块或若干块，以便于取出胶模、模版为标准。制作好一块石膏模体外层后，须在外围抹上地板蜡，再制作另一块，不使其黏合在一起，便于分解。整个复模工作结束后，需自然晾干。用胶锤敲击石膏层即可分解，再用手术刀在适当位置割开硅胶层，取出模版。将割好的胶模合拢，用石膏分解模将胶模合拢、固定，用胶线、胶纸将其绑牢，大件复模工作即告完成。

割模时要选择易于修复的部位，使得注出的蜡模易于执（刮）版。如人物、动物的雕像割模时，应尽量避免通过五官部位。割模后应检查胶模的质量，观察是否有气泡，胶模嵌合起来是否密合。

（三）注蜡

用胶模注蜡，批量生产制作出用于电铸的蜡模。

操作过程中，通常用压缩空气吹净胶模内的杂质，将胶模放入电烤炉中预热5min左右，使胶模的温度达到60~65℃，除去水气，这样做可以减少注蜡时气泡的产生。将胶模从电烤炉中取出，合拢胶模并使接口完全密合，用橡皮筋绑好。用铁勺盛取电加热缸内的蜡水，注入胶模，如图9-3所示，再放入抽真空振动机内抽真空1~2min，取出补蜡，再抽真空1~2min。注蜡、补蜡、抽真空工作完成后，将胶模放置在工作台上自然冷却，待其注蜡口处凝固后，将胶模立于盛有冷水的塑料盆中，以加速蜡的凝固，凝固时间根据蜡的体积确定，一般在30min以上，有时要长达1天。待胶模内的蜡模完全固结成型后，松开橡皮筋、胶带纸，掰开胶模体，取出蜡模。

图9-3　注蜡

蜡模的冷却过程不能太急，不能直接用冷水加速凝固，防止出现缩蜡现象。需要注意的是蜡模没有完全冷却成固体前，不能将蜡模斜放。胶模合拢要查看密合状况，避免发生错位，导致注出的蜡模产生披锋，增加执版的难度和残次品率。

（四）执模

执模就是将注蜡成型的蜡模精雕细刻，修补缺陷，使其表面美观，符合设计的要求，且表面光滑、无杂质，达到符合电铸技术要求的过程。

1. 执蜡版

把注出来的蜡模精雕细刻，达到设计要求，且符合电铸工艺生产技术要求的蜡版。用蜡样版复胶模，生产批量大时，需按照蜡版→银版→胶模的工艺过程进行操作。

2. 刮蜡（执蜡）模

参照蜡样版，用刮蜡刀或手术刀将蜡模上的披锋、蜡痕、水口等刮掉，并使整个蜡模表面美观、光滑，如图9-4所示。用电烙铁点蜡，对蜡模上存在的小孔和其他缺陷进行修补，或将几个蜡配件连接在一起。用汽油擦洗蜡模表面，使之光洁、平滑，如图9-5

所示。

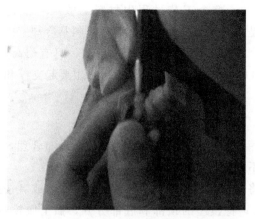

图 9-4　执蜡

图 9-5　清洗蜡模

3. 打字印

在准备电铸的蜡模上标记成色、字号等。要注意选择打字印的位置，既不能影响美观，也不能与后处理预留孔和插挂杆的位置冲突。用汽油将字印冲模清理干净，然后再在蜡模上打字印。打字印时必须注意手法要准确，手不能用力太大，以防蜡模变形，打好字印后用汽油将字印冲模擦洗干净，然后再在蜡模上按字印，如图 9-6 所示。按好字印后，检查字印处有无毛刺，如有则用手术刀轻轻刮一下，或用汽油棉球擦拭一下，以保持表面清洁、无尘。注意不要让汽油在蜡模字印处停留太久，要迅速风干，否则字印会变模糊。

二、 低熔点合金芯模制作

低熔点合金芯模主要采用硅橡胶模离心铸造工艺制作，其生产工艺流程如下：母版制作→压制胶膜→割胶膜→熔炼→浇铸→清理→打磨→芯模成品。

（一）母版制作

母版是电铸生产的龙头工序，制作时必须首先利用立体思维来深入体验和领会设计者的构思和主题，兼顾母版的整体性、协调

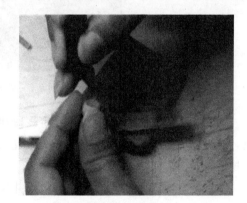

图 9-6　打字印

性、美观性、可操作性、表面质量，制版的效果直接影响后续工序的加工难度和成品的质量。母版的材料可以是多种类别的，关键是能承受压制胶膜时的温度和压力。

（二）压制胶膜

低熔点合金离心铸造生产中，广泛采用耐热硅橡胶制作的模型。

1. 制作橡胶片

将新橡胶和回用橡胶混合，新旧橡胶的比例为 50：50。橡胶在压模机内加热，压制成厚度为 1.3～1.5mm 的胶片，此即为胶模的一个送片。在一个鼓形圆桶内将材料卷拢，

将材料切割成要求尺寸的小块。将材料叠放在垫板上，放入冷却室内（冷却室温度约6℃），时间3～4天，使橡胶收缩到最终尺寸，整个工艺过程中材料总收缩可能达到11％，如果材料的最后形状呈蛋形，则可能是没有充分冷却的缘故。将材料从冷却室中取出，将其切成所需直径的圆片状，通常是8″～18″。A胶用作模型的面层，具有耐高温、收缩率小、抗撕裂性强、经久耐用的特点，B胶用作橡胶模型的加固层，主要起支撑和加固作用。

2. 压制橡胶模

橡胶模的质量直接决定了铸件的质量，一个优质的橡胶模要求做到原版分布合理，水线开设有利于充型和排气，铸件方便取出，不易变形和断裂等。

准备压模所需的各种工具和辅助材料，将模框放入压模机内预热到150℃，或者按照橡胶供应商的推荐温度，通常是146～157℃；将模座的顶部和底部分开，撒上脱模剂，防止两半粘接在一起，或者与模框粘接在一起；将原版表面的灰尘清理干净，喷上硅酮，使之与硅橡胶模容易分离，防止粘模。在钢板下方垫上报纸，并将硅胶圆盘放入钢圈内，如图9-7所示。

图9-7 硅胶盘放入钢圈内

将上半胶膜圆盘中心挖洞，并将浇棒和浇道盘放置于中央。按合理的顺序和要求的距离，将母版和定位销绕着浇道盘依次布置在下半模表面，如果原版很大，需要将底模的部分橡胶挖掉。

在胶膜分型面上均匀洒上分型粉，并用刷子将模型上的分型粉清掉。将上半胶模放入模框，仔细定位，将上压板放入模框，保证两者垂直。将模框放入压模机，注意模框要直，放在压模机中央，将台板和模框顶起与上台板接合，观察配合状况，如图9-8所示。轻轻加压顶起台板，将压力释放，再重复刚才的操作，每次都少量加压，一般的压模机要凭感觉，自动压模机则安装了压力表，重复本环节8～15min，直到橡胶很软，台板完全密封为止。

设置硫化时间，一般每英寸（1in＝25.4mm）厚度至少1h。当硫化时间到，将压力释放掉，将模框取出。

3. 割模

用扳手或螺丝刀将模框打开，从模框中取出胶模，用手术刀或锯条将两半胶模割开，在胶模边缘做好合型记号，去除多余的飞边。将原版从胶模中取出，割水线和透气线。

图 9-8　胶膜在压模机内压模

（三）熔炼浇铸

1. 熔炼

将材料投入到电熔炉中（图 9-9），根据材料熔点和产品结构设置合适的熔炼温度。坩埚使用前必须进行清理，去除表面的油污、铁锈、熔渣和氧化物等，熔炼工具不能沾有水分，否则易增加金属液的含气量，导致气孔缺陷，甚至引起熔液飞溅及爆炸。控制合金成分从采购合金锭开始，合金锭要保证有清洁、干燥的堆放区，以避免长时间暴露在潮湿环境中而出现白锈，或被工厂脏物污染而增加渣的产生，从而增加金属损耗。水口料、报废工件等不宜大量使用，原因是这些废料表面在铸造过程中发生氧化，其氧化物的含量远远超过原始合金锭，当这些废料直接重熔时，金属液表面产生大量熔渣，撇除这些熔渣时将会带走大量的合金成分。新料与水口等回炉料配比，回炉料不要超过 50%，一般新料：旧料＝70：30。连续的重熔合金中有些合金元素逐渐减少。

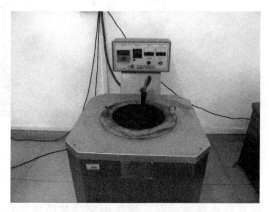

图 9-9　采用电熔炉熔炼合金

熔炼过程中不要随意搅拌金属液，这样容易使表面形成的氧化膜被卷入金属液中。要用扒渣耙平静地搅动，使熔液上面的浮渣集聚以便取出。

2. 浇铸

准备橡胶模，在胶模上拍滑石粉，两面都拍，然后敲打两半胶模，除去多余的滑石粉。预热胶模，可以将金属液倒入胶模内，保持一段时间，使胶模预热到足够温度。也可以开始铸造，几次后胶模温度将升高。按照胶模上的旋转方向、压力设置等标记，将胶模安装在离心机上，设置好参数，保证气压合适，并反方向锁紧胶模，如图9-10所示。

图 9-10　胶模安装在离心浇铸机上

将离心机盖子盖好，检查转速设置是否正确。机器盖子盖上时，铸造周期开始自动计时，选用合适的浇勺，用浇勺背面将金属液表面的渣滓推开，从熔炉内舀取适量的金属液。将金属液平稳浇铸到铸型内，如图9-11所示。注意金属液的量要合适，避免过多的金属液从胶模中甩出到铸造室。旋转停止后，打开离心机盖，移开胶模上盖，再将胶模取出，将工件从胶模上取下来。

图 9-11　离心浇铸

（四）打磨

铸造后，铸件与浇铸系统连接在一起，铸造出来的芯模粗坯有各种毛刺、披锋、细珠等，必须通过去水口、修边等工序对铸件进行清理，将沙孔、粗糙的地方执平滑。在这一工序中使用的工具较简单，一般有剪刀、刀片、锉刀、砂纸、吊机等工具。该工序看似简单，但由于低熔点合金的硬度小，熔点低，在执模时要特别注意，不能过热，不能划伤工件，否则会导致芯模报废。执好的芯模应该表面光滑细腻，没有影响沉积的气孔、夹杂物等，如图 9-12 所示。

图 9-12 执好的低熔点合金芯模

第三节 ·空心电铸·

空心电铸是在制作的芯模基础上，经过涂银油、上挂、入缸电铸，完成首饰或工艺摆件（包括足金、K 金、银、铜）的空心电铸成形过程。做大件及有特殊要求的工件时，还要通过电镀工艺对其表面进行加工处理。

一、上挂具

为了便于入缸电铸，需将芯模固定在挂具上，从而达到固定和导电的作用。

（一）低熔点合金芯模

对于低熔点合金芯模，在表面执模后，选择不影响工件外观的部位打孔。将挂杆头部加热，趁热插入预先打好的孔，随后熔融的金属液冷凝，使芯模固定在挂具上，如图 9-13 所示，确定打孔位置时，要使电沉积时有利于获得均匀的沉积层。

（二）蜡芯模

蜡芯模安插挂杆常用的有两种方法，一是将钻头安装在吊机上，然后在蜡模底座中间的合适位置钻孔，将适当的铁挂杆插入所钻的孔中，再用电烙铁点蜡，将插杆部位封好封紧，刮平封口蜡，如图 9-14 所示。二是选用正确的挂杆，用酒精灯烧热，直接插入蜡模底座中间适合的位置，再用电烙铁点蜡，将插杆部封好封紧，以防止蜡模在铸缸中电铸时脱落，再刮平封口蜡。

图 9-13　低温芯模安装在挂具上

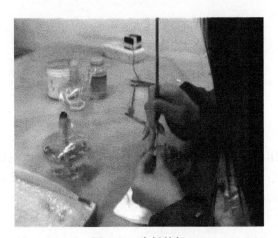

图 9-14　安插挂杆

二、芯模表面前处理

　　对于低熔点合金芯模，由于合金本身具有良好的导电性能，因此无需再对其表面进行导电化处理。但是要使芯模表面顺利沉积电铸层，需要将芯模挂具进行电解除油，并彻底清洗干净。

　　对于蜡芯模，因其不是导电体，所以要在蜡模表面涂上均匀的银油，在银油自然晾干的过程中，溶剂中的丙酮会挥发掉，蜡模表面即形成了一层很薄的导电层，这是电铸成形技术所必需的。

　　操作过程中，将银油用一个较密的筛子过滤，除去银油中较粗的物质，然后把300mL左右的银油注入装有磁铁的烧杯内，放在磁力旋转机正中区，磁力旋转机通电后，杯中的磁铁作快速旋转运动，可以起到搅拌的作用，使银油搅拌均匀，且表面不易结垢。如杯中银油变稠，则需适量加一些丙酮稀释。用毛笔蘸银油，均匀地涂在蜡模表面，如图9-15所示，并使银油覆盖蜡模与铁挂杆相接处，铁挂杆上所涂的银油不宜过高，通常以

3mm 为宜。银油在室温条件下，会被氧化、落尘。因此，不用时，需将银油放置在冰箱内保存。银油要保持一定的浓度，一般以银油涂在蜡样上表面呈光滑、洁白为佳。毛笔要经常用银浆稀释剂清洗，以免出现黏结现象。

图 9-15　涂银油

三、　开预留孔

为了脱除芯模、除银油，保证摆件中的含金量，必须为后处理开设预留孔，这样可以避免电铸成形后，再在成品上开孔，增加金耗，又会增加成品报废的概率。开设预留孔要注意两点：一是要不影响美观，通常将预留孔开在较隐蔽的位置；二是数量和大小要适宜。因此，开预留孔要和雕蜡、打字印、安插挂杆和后处理等各道工序互相协调和配合。对于低熔点合金芯模，开设预留孔的方法是在该位置涂上指甲油或者清漆使之不导电；对于蜡芯模，则是避免在该处涂上银油。

四、　落缸电铸

如图 9-16 所示，电铸的原理与电镀的原理一样，是一个电化学的过程，同时也是个氧化还原的过程。电镀是使基体与镀层结合牢固，达到防护、装饰为目的。而电铸则要求电铸层与芯模分离，电铸层最后形成一个独立的金属形体。在电铸过程中需要密切注意以下几个方面的问题：

1. 金盐（氰化金钾）的补充方法

在电铸过程中，如果电铸液中，金盐的含量不足时，铸层结晶较细，阴极效率明显下降，允许的阴极电流密度上限下降，铸层易烧焦，有时还会出现铸层色泽较浅的现象。提高溶液中金盐的含量，则允许电流密度上限上升，电流效率高，铸层的光泽较好。但当溶液中金盐含量过高时，铸层粗糙、色泽易变暗、发红。

2. 温度

在电铸过程中，温度是影响电流密度范围和铸层外观的主要因素之一。

升高温度能加大允许的阴极电流密度范围，但过高则使铸层粗糙，尤其是顶端易发红，严重时发暗、发黑、变形或开裂。温度低时，阴极电流密度范围缩小，铸层易发脆，

图 9-16　落缸电铸

用火烧时起泡。因此，在生产工艺操作过程中，不能忽视温度的作用。由于不同供应商的药水配方不同，对温度的要求也不一样。

3. pH 值

电铸溶液中的 pH 值，是电铸工艺中一个常用的质量控制指标，正确测定和调整溶液的 pH 值，是确保电铸质量的关键。pH 值偏高时，铸件会出现砂孔、粗点；pH 值偏低时，则易导致铸件上的凹位无金砂，颜色暗红。pH 值偏高或偏低，铸层的硬度都会有不同程度的下降。

4. 电流密度的测定

电流密度是电铸时的操作变化因素之一，任何铸液都有一个获得良好铸层的电流密度范围。一般来说，当阴极电流密度过低时，阴极极化作用小，铸层结晶晶粒较粗，在实际生产过程中，很少使用过低的阴极电流密度。随着阴极电流密度的增大，阴极的极化作用也随之增加，铸层的结晶也随之变得细致紧密。但是必须注意阴极上的电流密度不能过大，不能超过允许的上限值，若超过允许的上限值，由于阴极附近严重缺乏金属离子的缘故，在阴极的尖端和突出处，会出现形状如树枝状的金属镀层，或者在整个阴极表面，产生形状如海绵的疏松铸层，这将严重影响产品的质量。因此，电流密度的大小，对电铸质量的高低极为重要。

5. 电流密度的调整

在电铸生产过程中，电流密度的调节主要是通过调整电流的大小来实现的。

电流密度过低，电铸绒沙工件时，工件表面的绒毛不明显，镀层相对较平滑；而电铸水沙工件时，工件表面不够光滑，出现金珠，铸层色泽暗淡、无光泽。电流密度过高，则易导致铸层松软、发暗、粗糙，严重时会使铸层略带脆性，还有可能出现其他金属杂质沉积，铸件表面常见褐色或黑色的斑点。因此，生产过程中，要密切注意观察电流情况，核查各项工艺参数，电流密度超出要求范围时，应及时采取措施调整。

6. 铸液的纯净度

电铸液中各种杂质的混入，都会影响铸层结构、铸层的外观、可焊接性、电铸液的导电性等。如有金属类杂质混入电铸液中，这样的杂质是很难从电铸液中除去的，因此需要保持电铸工作间的整洁。电铸液中如含有少量的钠离子则容易使阳极钝化，时间久了，铸液也易变成褐色，影响产品的质量。因此，在生产过程中要认真管理好电铸液。

有效保护电铸液的纯净度，主要采用以下措施：一是采用过滤泵，保持经常性的过滤，定期更换滤芯；二是要防止工作场地的尘埃落入铸缸，保持环境的整洁，混入铸液的杂质和尘埃，将严重影响电铸产品的质量；三是要注意纯水机的维护，严禁补加和使用不达标的纯水；四是每隔半年或定期用活性炭芯将铸液过滤一次，以保持铸液的纯净度。

第四节　电铸坯件的表面处理

电铸坯件的表面处理是对从电铸缸中取出的铸件进行后处理，主要包括：执省、钻孔、脱芯、蘸酸、喷砂、打磨、喷保护液等工作。

一、执省

对铸件表面进行车沙（水沙工件）、省砂纸、修理、去除毛刺处理，如图 9-17 所示。

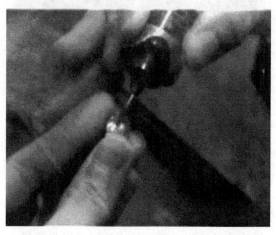

图 9-17　执省

二、脱芯

脱芯是利用高温使低熔点芯模熔融脱除，使铸件自成一个完整的金属体，即空心、多层首饰工艺品铸件。

无论是蜡质芯模还是低温合金芯模，其受热膨胀与金层是有差别的，要求在电铸件合适部位开设足够大小和数量的溢流孔，使熔融的蜡液或低温金属液能及时排出，而不至于堵在内腔将电铸件胀变形，为此要严格控制脱芯的温度和时间。

1. 脱除低熔点合金芯模

对于低熔点合金芯模，一般控制温度在 180℃、时间 30min 左右，待合金熔化后就利用振动将其振出。温度过高时，芯模有可能出现沸腾气化现象，电铸金层也可能受热变软，将导致电铸件变形甚至报废。

2. 脱除蜡芯模

除掉铸件体内的蜡，使铸件自成一个完整的金属体，形成空心的首饰或工艺品铸件。

除蜡的过程是先将饰品放入调温为 100～150℃的电焗炉内的不锈钢筛盘中，筛盘下面有接蜡的铁盘，烘 20～30min，将铸件中的蜡烤出（蜡过滤后可回收再用）。趁热取出，取的时候轻轻甩一下，将没烤出的蜡倒出，用塑料保鲜袋包好，留出预留孔，放入塑胶筛网中在超声波除蜡机中去除余蜡，除完蜡之后取出铸件，倒出里面的蜡水。

将除蜡水放入除蜡机中（除蜡水与水的比例为 1∶20），调节温度，使除蜡水高于蜡的熔点（80～100℃）或沸腾。将铸件放入除蜡机中（工件量少时可用电饭煲）除蜡，工作时间约 5～10min。电铸的绒沙工件用棉纱布保护并用棉纱布带吊着放入除蜡机，用筷子（需用棉布包起来）夹起铸件进行倒蜡，让蜡水从铸件底孔处流出，如此反复，至铸件体内流出的水清澈为止，如图 9-18 所示。再把铸件放入超声波清洗机内清洗，清除残余的污垢，清洗时间 3～5min。用自来水清洗铸件表面，用气枪吹掉铸件内外的水珠，放在工作台上自然晾干。

图 9-18　除蜡

如果电铸件的厚度要求很薄，为了避免打磨时引起工件的变形，所以对于电铸绒沙工件，通常采用先打磨，后除蜡的工序，而水沙工件则可以先除蜡，后打磨。除蜡后的绒沙工件要用火枪烧干，水沙工件可放入电焗炉。在处理绒沙工件过程中，要特别小心。不能使绒沙工件与其他物件碰撞，如有碰撞，产生的缺陷将无法弥补。需要强调的是放置绒沙工件时，底部必须要用布垫着，各摆其位，不能将产品重叠摆放。

对于电铸的银工件，在除蜡后放入 300～400℃的电焗炉内烧 30min，其作用是将残留在银工件内的蜡油、除蜡水烧掉，消除内应力。颜色较暗时要煮明矾和氰化钾，或者用火枪烧（火力不能太猛，银件不能烧红，否则银层会破裂），作用是把残留在银工件内的蜡、油、除蜡水烧掉，并使它的颜色变白，形成一层钝化膜，增强银表面抗氧化的能力。

三、煮酸

煮酸的目的是要清除残留的合金芯模或者蜡芯模上涂覆的银油（导电层）。

具体的操作步骤是将浓度为 65%～68% 的浓硝酸倒入汉林煲内，并放在电炉上加热，硝酸加热至沸点时，把准备好的铸件放入硝酸中煮，工作时间视铸件的大小、残留合金或银油的厚度而定，一般煮 45～60min，至不冒黄烟为止即可除尽，如图 9-19 所示。在煮的过程中，要用玻璃棒轻轻搅动铸件几次，不时将铸件体内的硝酸倒出，因硝酸与合金或银油发生反应后生成可溶性硝酸盐，所以铸件体内的反应产物随硝酸的倒出而被清除。清除合金或银油后的铸件，要用清水清洗数次，再放入超声波清洗机清洗，用风枪吹掉铸件内外的水珠。

硝酸具有很强的腐蚀性，操作时要谨慎、小心，必须戴专用防护胶手套。硝酸易挥发，使用 3～5 次后，视硝酸的浓度需及时进行补充或更换。

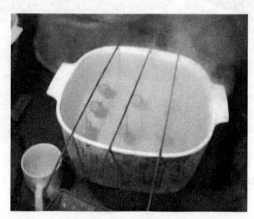

图 9-19 除银油

四、蘸酸

通过蘸酸这一工艺步骤，清洁铸件表面的脏物、斑点。

将浓度为 36%～38% 的盐酸放入汉林煲内，用火枪将铸件烧红，有小孔的部位朝上，蘸酸时，先把铸件的一部分浸入酸中，待听到响声后整体浸入，约 3s 即取出，并用水清洗。

五、烘烤

铸件表面清除干净后，放入 750℃ 左右的焗炉内烘烤 10～20min，其目的是将铸件内的水分，砂窿内的酸、盐、蜡等杂质除去，防止在铸件表面出现红点，另外以此来消除铸件的内应力，改变铸件的脆性。

六、喷砂

喷砂就是要在铸件的特定部位，按照设计的要求制造出砂面的效果，使首饰铸件的抛光面与喷砂面形成质感对比，以增强首饰铸件的表面装饰效果。

操作过程中，先将非喷砂部位用胶纸封好，按产品的要求喷上粗砂或细砂。喷砂分干喷砂和湿喷砂。干喷砂加工的表面较粗，湿喷砂加工的表面较细。湿喷砂是在砂料中加入适量的水，使之成为砂水混合物，以减少砂料对铸件表面的冲击力，从而使铸件表面的砂绒面更加均匀。

铸件喷砂前，要拧开喷砂机砂粉罐的螺旋盖，按工艺要求放入石英砂，砂量不要超过刻度线。加砂后，旋紧封盖，接通电源。调节喷砂机气压表，要求在 0.4～0.6MPa 之间。调节水压在 0.1～0.5MPa 之间。戴上胶手套，一手握铸件，一手持喷砂枪，脚踏电源开关，用喷砂嘴对准铸件均匀地喷砂，如图 9-20 所示。目测距离，观察绒沙效果，直至符合要求为止。

图 9-20　喷砂

将喷砂完毕的铸件用开水清洗，用气枪（空压气体）将铸件上的水珠吹掉，然后用电吹风机吹干。

喷砂时应注意必须将气压、水压控制在规定的范围内，气压过高，容易增大砂窿，砂面会起皱纹。气压过低，砂面薄，光泽差，喷砂效果达不到要求。

七、打磨

按照要求对铸件的部分位置进行打磨，使其更加光亮、醒目、耀眼，使产品显得更加高贵。

打磨前要蘸酸，并用清水冲洗干净，检查铸件表面有无污渍，如有污渍，用牙刷蘸水洗刷（如洗刷不净，用蒸汽清洗机清洗）。用钢压刀将铸件拔光亮，再用玛瑙压刀重复钢压拔过的位置，使铸件表面光泽更强，富有灵气，如图 9-21 所示。打磨工作完成后，用

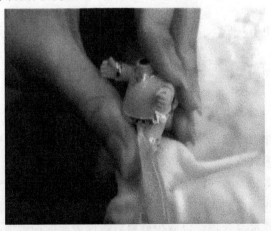

图 9-21　拔光亮

清水清洁工件表面，然后放在垫有软布的铝方盘内摆放平稳，不能重叠，用电吹风机吹干。

第五节 · 电解铸造的特点 ·

一、 电铸首饰的特点

与其他制作工艺相比，电解铸造技术制作首饰具有以下优点：

① 利用电解铸造技术可制作出重量很轻的空心首饰，便于佩戴，同时有利于制作体积大，重量相对较轻的工艺摆件，可以制作出用其他首饰制作方法［如失蜡（精密）铸造、机械冲压等］难以制作的首饰。如体积比较大的三维形式的螺旋状耳环，若用一般的失蜡（精密）铸造法制作，因其重量较大，根本无法佩戴使用。

② 电解铸造工艺可以较好地表现表面形态复杂、具有曲面造型的产品，可准确详细地复制出蜡模的表面状态，且表面光洁度好。

③ 电铸工艺生产的首饰，可以较大程度地减少贵金属的使用量，生产的首饰产品厚度均匀，又具有一定的强度。

④ 从消费者角度来看，由于电铸成形的首饰中间是空心的，体积大，重量轻，外表却看不出痕迹，可以更好地满足消费者的心理需求，同时可以降低购买的费用。

但是，电解铸造工艺也有其缺点和适用范围，由于电解铸造过程中电流密度分布不均匀，或者不同部位电化学沉积条件有所不同，造成电解铸造的厚度不同，或者工件的表面效果不合要求。因此，使用电解铸造工艺时，应尽量避免有尖锐的角度、小孔、窄槽形状的首饰造型，以得到最佳的首饰产品和表现效果。

二、 电铸首饰过程中经常出现的问题及解决方法

在电铸首饰过程中，经常出现的问题及解决方法，见表 9-1。

表 9-1 电铸首饰过程中易出现的问题及解决方法

问题	解决方法
电流停止流动或电流量减小	① 查找阴、阳极的连接部位 ② 检查电解槽的温度 ③ 检查整流装置是否工作正常
首饰表面局部没有金属附着	① 检查原蜡模表面是否洁净 ② 检查蜡模表面涂的银油是否均匀
部分金属层有脱落的现象	① 检查蜡模表面是否洁净 ② 金属附着层是否附着速度过快
金属附着过快	① 蜡模离阳极过近 ② 调整阳极金属位置或阴极的蜡模位置

第十章

贵金属首饰表面处理工艺

　　首饰的表面处理工艺是对首饰进行防止蚀变，起到美化装饰和延长使用寿命的一种技术处理，对提高首饰产品的表面效果、使用寿命及经济附加值等具有十分重要的意义。主要包括镀前表面处理和电镀。

　　首饰表面处理的主要目的，包括改变纹理、改变色彩、改变质感等。现代首饰表面处理的常用手段主要有：

　　① 丝光处理。利用硬质金属丝或硬质矿物粉末，对首饰金属表面进行定向打磨，形成深浅错落的平行凹痕。

　　② 喷砂。用硬质矿物粉末经加压形成冲击流，冲击首饰金属表面，形成致密的凹坑。

　　③ 手雕。用硬质刻刀或电动刻刀，雕出需要的表面处理效果。

　　④ 电化学染色。利用电化学浸蚀或电泳，使首饰表面金属变色或被染色。

　　⑤ 嵌入色彩。将釉质或玻璃质颜料，嵌入首饰金属表面，利用烘焙或激光进行固化。

　　⑥ 电镀。利用电化学沉积，在首饰表面形成贵金属镀层。

　　表面处理技术极大地丰富了首饰产品的装饰效果，拓宽了首饰设计的可用手段，使首饰产品呈现出更加生动多姿的风采，为消费者提供了更多的个性选择。

　　金属首饰件在电镀前，由于经过各种加工和处理，不可避免地会黏附一层油污和表面产生氧化层，而这些油污及氧化物将会影响镀层质量。为了保证能电镀出符合质量要求的镀层，必须把首饰表面的污垢和氧化物处理干净。镀前表面处理就是对基材进行电镀之前的准备工作，包括光亮处理，除油处理和浸蚀处理，等等。

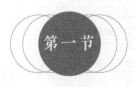

第一节　首饰电镀前的表面光亮处理工艺

　　电镀是一种电化学过程，是一种在水溶液中进行的氧化还原过程。首饰工件电镀前，必须进行表面的光亮处理，它是首饰生产过程中的一个非常重要的环节，表面光亮处理工艺的方法很多。根据珠宝首饰企业的生产实践，主要有以下几种表面光亮处理的工艺方法。

一、炸色抛光

炸色亦称出水或化学抛光。它是对执模后的金属首饰工件进行除污和增强光泽的一种工艺。通过炸色可以使金属首饰坯件在执模过程中无法处理的瑕疵除去，使金属首饰工件呈现金属本身的光泽，增加工件表面的亮度。

炸色之称是因为将工件放入装有化学溶液的容器中时，工件表面会产生一种剧烈的类似爆炸的化学反应，所以俗称炸色。

炸色工艺操作使用的主要工具，包括：电炉、玻璃或塑料容器、氰化钾、双氧水。

首先用约 300mL 水和约 6g 的氰化钾，放在玻璃杯中，加热使其溶解，然后，将氰化钾溶液倒入水或玻璃杯内，溶液的多少视金属首饰工件的多少而定，一般而言，以淹没金属首饰工件为准。随后，再向容器内慢慢倒入 5～10mL 双氧水，并不断搅拌，发生化学反应，直到显出金属原来光泽为止，最后用水清洗干净，切记此药水具有剧毒性，务必要小心使用与保管。炸色后，金属首饰工件仅呈现出它原有金属颜色，如欲进一步增加光亮与平滑，必须经机械抛光。

根据工件外观、成色不同，炸色的次数可选择 2～3 次。炸色后的废液要倒入指定的容器中，按规定做好回收工作。

禁止将双氧水与氰化钾废液存放在一起，以免造成事故。

二、机械抛光

首饰生产过程中，通常使用的机械抛光设备主要有：振动机、磁力抛光机、单筒转筒抛光机、转盘抛光机和拖拽抛光机等。

1. 机械抛光的优点

① 提高生产效率，使用现代抛光设备，可以批量处理首饰工件，减少了执模时间。

② 机械抛光使工件获得较高的表面光亮度，工件一致性好。

③ 机械抛光减少了金属的损耗。

④ 一些特殊结构的首饰工件，只有借助现代机械抛光技术，才能使某些部位得到有效清理。

2. 不同类型抛光机的特点及性能

不同类型抛光机性能和主要特点，见表 10-1。

表 10-1　不同类型抛光机性能和特点对比表

机器类型	抛光介质	研磨介质	优点	缺点	适宜的工件
振动机	木屑、瓷片、胡桃壳颗粒、玉米粉、钢球	陶瓷、塑料	便宜，大件，冲压件	处理时间长，压力小，有压痕，光滑效果差，干法处理时得不到理想效果	小链，机制链
磁力抛光机	针	无	表面光亮，处理时间短	不光滑，有压痕，钢针会刺戳表面，光亮度不够	金丝珠宝，珠宝内壁

机器类型	抛光介质	研磨介质	优点	缺点	适宜的工件
单筒转筒抛光机	木制立方体、木针、胡桃壳颗粒、玉米粉、钢球	陶瓷、塑料	便宜	处理时间长,处理不方便,表面有尘,表面挤压	各种首饰工件
离心转筒抛光机	木制立方体、木针、胡桃壳颗粒、玉米粉	陶瓷、塑料	处理强度大,时间短	有压痕,处理不方便,表面有尘,表面挤压	不太大的各种首饰工件
转盘抛光机	胡桃壳颗粒、瓷片、塑料	陶瓷、塑料	效率高,处理时间短,机器完成70%的工作量,工序少,首饰洁净,处理容易,表面质量高	只能处理不重的工件(最大20g),不能处理小链的宝石座	大多数首饰工件,工业产品,表壳
拖拽抛光机	胡桃壳颗粒	胡桃壳颗粒	可以抛光大而重的工件,没有冲击碰撞,处理时间短,处理容易,表面质量高	没有湿磨	可以固定在架子上的各种首饰工件

3. 机械抛光的处理方法

（1）湿法抛光

湿法抛光中，常使用陶瓷、塑料抛光介质或钢介质，另外在湿处理时，摩擦介质和工件被抛光液所包围，抛光液吸收了被磨掉的材料，工件表面保持干净，研磨介质保持尖锐。因此，湿处理的摩擦作用比干磨更突出。采用抛光液的主要目的是：

① 脱脂（如油腻的工件）。

② 防止腐蚀或氧化。

③ 光亮工件。

④ 去除热处理工件的鳞纹（如酸液）。

⑤ 工件与介质之间形成缓冲，防止介质割入工件过深。

但是，湿法抛光银合金、黄铜等这类工件时，有时会产生氧化。氧化使表面起污斑、变硬，用手工抛光时难修整，要注意控制抛光的时间。

（2）干法抛光

干法抛光是使工件光滑光亮的表面处理，工件表面比湿法抛光时更精细。

需要通过干法抛光获得光亮度高的抛光表面时，应将工件放在超声波液中清洁约 2～3min，以除去研磨时在表面留下的各种灰尘。常用胡桃壳颗粒介质，因为它粒度小，增加了与表面的接触，可以达到很光亮的抛光效果。注意由于抛光介质很小，使工件之间的缓冲作用更小，工件之间易互相碰撞，引起表面损坏。因此，干法抛光时，应适当减少一次处理的工件数量。如果抛光后表面不光滑，可以使用粗胡桃壳颗粒进行预抛光来改进，粗的胡桃壳颗粒使表面更光滑。对难抛光的合金（如银），可以在湿磨与干态抛光之间设置干法研磨中间工序，实践证明，可以获得很好的表面效果。如果工件是由压制或冲压方法制得的，用干法研磨，足以获得很好的表面效果。

4. 抛光介质对工件的影响

① 介质的形状。不同形状的介质，得到的抛光效果是不一样的。有两种典型的介质形状，一种是金字塔形的，一种是圆锥形的。圆锥形介质比金字塔形介质研磨得更精细，

特别适用于戒指内侧和孔洞。而金字塔形介质，有更强的研磨作用，适用于工件外形的研磨。常混合使用 50％ 的金字塔形和 50％ 的圆锥形介质。

② 介质的密度和黏结。介质的密度和黏结对摩擦的效果也会产生影响。密度越高时，相应地摩擦介质越重，摩擦效果越好；摩擦介质黏结越紧，摩擦效果越弱。黏结弱时，使磨圆了的摩擦介质更容易破碎，常引起自锋利效果，而黏结强时自锋利效果差很多，其使用寿命长，但打磨作用小，趋于引起橘皮表面。光滑的介质表面使工件粗糙小，适合用于精磨和抛光。

③ 介质的尺寸。要根据工件的结构来选择合适的介质尺寸，尺寸过大时，对工件的摩擦作用加剧，细小的部位很难抛光，工件的表面不光顺，抛光效果不好；介质尺寸过小时，抛光效率差，且工件间容易发生碰撞而损坏表面。要使抛光介质的尺寸形成合理的级配，才能有好的抛光效果。

④ 介质的材质。不同材质的抛光介质，产生的结果有很大差别，要根据工件的材质和表面状况，来确定合适的介质材料。主要包括钢介质、陶瓷摩擦介质、塑料摩擦介质和胡桃壳颗粒等。

三、电解抛光

电解抛光的目的，是在电镀前做到降低工件表面微细的粗糙度，除去工件上的油腻，最终达到清洁和光亮工件表面的效果。

在电解抛光过程中，阳极表面形成了具有高阻率的稠性黏膜，这层黏膜在表面的微观凸出部分的厚度较小，而在微观凹入处则厚度较大，因此电流分布是不均匀的，微观凸出部分电流密度高，溶解速度快。微观凹入部分电流密度较低，溶解速度慢。溶解下来的金属离子通过黏膜的扩散，从而达到平整和光亮的作用。另外，手触摸后使工件带有的油腻，可以与碱性物质反应，生成可溶性盐，从而达到清除油腻的目的。以上两种作用效果达到后，有利于电镀质量的稳定和提高。

四、打磨抛光

首饰表面粗糙，不够精致，在这种材料表面上也很难镀出结合牢固、防腐蚀性好的镀层，即使勉强镀上镀层，在很短的时间内首饰上镀层就将脱皮、鼓泡、出现麻点、花斑等不良现象。因此，电镀前必须对首饰工件进行打磨抛光。用打磨机、飞碟机、吊机等工具，通过机械摩擦的作用，对首饰工件表面进行抛光，除去工件表面的砂孔、锉痕等，使工件粗糙的表面变得光滑亮泽。同时打磨抛光亦是检查首饰工件表面有无疵点的手段之一，如有疵点可以及时进行有效的修补。

1. 打磨抛光工艺操作要点

① 拍飞碟。通过拍飞碟操作（图 10-1），清除工件表面各种痕迹，减少车磨抛光的工作量，提高后续工序的生产效率。

② 打磨。当拿到一件新的工件后，首先要仔细观察工件，看它的字印是否清晰，有无断爪、掉石、松石、烂石，石边有无崩、塌、陷，工件本身有无断裂。若有此类现象，应及时报告、登记或更换，正常情况按照：拉线→扫底→车内窿→车长毛扫→车中毛扫→车短毛扫→车拍辘→车黄布辘→车白布辘→光底（内窿）→光布辘的先后步骤分阶段操

图 10-1 戒指侧面拍飞碟

作。图 10-2 是车黄布辘的情况。

图 10-2 首饰车黄布辘

2. 打磨工件质量的基本要求

打磨后的首饰工件，应达到以下质量标准。

① 外观上看。外表干净、光亮，无浮蜡、无拉痕、划痕、砂纸痕，无水波纹，棱角分明，线条流畅，无塌边、凹边、变形现象。

② 戒指内窿和拉线、扫底的部位应光亮、洁净，无划痕，无砂纸点（痕），无损伤边、面的现象，所打字印应保持完整、清晰。

③ 镶石部位应无砂纸痕，无扁爪（钉）、尖爪（钉），石位边无崩、塌、陷，无变形、松石、烂石现象。

3. 除蜡与修理

① 除蜡。工件经过打磨后，表面和空隙位会附上打磨蜡和各种混合物。除蜡工序就是要将工件上的混合物除去，起到清洁工件的作用，通常采用超声波除蜡机进行除蜡，如图 10-3 所示。

图 10-3　利用超声波除蜡机进行除蜡

② 修理。工件经过打磨后，有的会显露出制造过程中的疵点，修理就是对工件的疵点、缺陷、损伤等方面进行弥补。通过修理，以便减少废品，增加产量，提高生产效率。

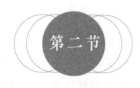 **第二节** · **首饰电镀前的镀前处理工艺** ·

经过表面光亮处理的首饰表面有蜡质或油质，在电镀前需做除油、清洗、活化等处理。

一、除油

工件表面的油污包括三类：矿物油、动物油和植物油。按其化学性质又可归为两大类，即皂化油和非皂化油。动物油和植物油属皂化油，这些油能与碱作用生成肥皂，所以称之为皂化油。而各种矿物油包括石蜡、凡士林，各种润滑油等，它们与碱不起皂化作用，称之为非皂化油。

1. 电解除油

电解除油是将材料挂在碱性电解液的阴极上，利用电解时电极的极化作用和产生的大量气泡将油污除去（图10-4）。电极的极化作用能降低溶液界面的表面张力，电极上所析出的氢气泡和氧气泡，对油膜有强烈的撕裂作用，对溶液有机械搅拌作用，从而促使油膜迅速地从材料表面上脱落转变为细小的油珠，加速、加强除油过程。此外，电解除油效率不仅远远超过化学除油，而且还能获得近乎彻底的除油效果。

图 10-4　电解除油

提高电流密度，可以相应提高除油速度和改善深孔除油质量。但电流密度与除油速度不是永远成正比例的，电流密度过高，槽电压增高，电能消耗太大，形成的大量碱雾不仅污染空气，而且还腐蚀材料。操作上常用的电流密度为 $5\sim10A/dm^2$。

提高温度可以降低溶液的电阻，从而提高电导率，降低槽电压，节约电能。但温度过高不仅消耗大量热能，还污染环境，恶化条件。通常采用 $60\sim80℃$ 的电解液。

2. 化学除油

化学除油的原理是利用碱性溶液对油脂的皂化作用，去除皂化性油脂；利用表面活化剂的乳化作用去除非皂化性油脂。这种过程通常在超声波条件下进行效果较好。在超声波产生的穿透和振动作用下，首饰表面产生大量的气泡。这些小气泡在生长和闭合时产生强大振荡力，使材料表面粘附的油脂、污垢迅速脱离，从而加速脱脂过程，使脱脂更彻底，对于处理形状复杂，有微孔、盲孔、窄缝以及脱脂要求高的材料更为有效。但超声波对某些宝石（如宝石有裂纹、包裹体、脆性及解理发育等）有破坏作用。对于这类宝石，通常可采用先清洗、再镶嵌的方法。

超声波除油时要注入适量的脱脂液（如除蜡水），选择适当的温度。因为温度和浓度过高都会阻碍超声波的传播，降低脱脂能力。为使材料的凹陷处及表面能得到良好的脱脂效果，最好使材料在槽内旋转，以便各部位都能受到超声波的辐射。

二、水洗

水洗是电镀工艺不可缺少的组成部分，水洗质量的好坏对于电镀工艺的稳定性和电镀产品的外观、耐蚀性等质量指标有重大的影响。这种影响来自两方面：一是水本身含有的杂质污染了溶液或材料表面；二是水洗不干净，使电镀用的各种溶液产生交叉污染或污染材料表面。

常用的水洗方法有：水流冲洗、漂洗、多级逆流清洗、蒸汽冲洗（图 10-5）等。

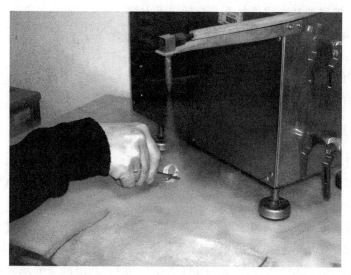

图 10-5　蒸汽冲洗

三、 弱浸蚀（活化）

材料经除油、水洗后，表面会生成一层薄氧化膜，它将影响镀层与基体金属的结合强度。因此，镀前要进行活化，通常用无机酸（如稀硫酸）浸蚀，使材料表面产生轻微腐蚀作用，露出金属的结晶组织，以保证镀层与基材之间的良好结合力。活化溶液的浓度一般都较稀，不会破坏材料表面的光洁度，时间通常在几秒至一分钟之间，经活化后的首饰工件必须用水洗干净，再进行电镀。

第三节　**电镀工艺**

贵金属首饰工件经加工成型后，其表面呈现的颜色即是本色。然而，有时需要改变其表面的颜色，以求达到特殊的效果。比如要求 18K 黄金首饰似足金那样金黄，而 18K 白色黄金首饰（K 白金）似铂金一样纯白，这就需要对金属首饰进行表面电镀处理。

电镀是一种较复杂的工艺。它既起到保护首饰金属表面的作用，又可使金属首饰表面更加美观。金属首饰电镀分本色电镀和异色电镀。本色电镀是指电镀颜色与首饰金属基材的颜色相同，首饰的金属基材与电镀的化学组成也基本一致。例如 18K 金首饰电镀 18K 金色，14K 金首饰电镀 14K 金色。异色电镀指电镀的颜色及成分与首饰金属基材的颜色和成分都不相同，例如 18K 金首饰电镀 24K 黄金色或电镀白色的铑色。

电镀是一种用电解方法沉积具有所需形态的镀层的过程。电镀的基本过程是将需要镀的工件浸在金属盐的溶液中作为阴极，采用钛网或其他金属材料作为阳极，接通直流电源后，在需镀的材料上就会沉积出金属镀层。

电镀工艺对镀层的基本质量要求，包括以下方面：

① 与基材金属结合牢固，附着力好。

② 镀层完整，结晶细致而紧密，孔隙率小。

③ 具有良好的物理、化学及力学性能。

④ 镀层符合标准规定的厚度，且镀层分布均匀。

一、电镀液的组成

电镀液的组成对电镀层的结构有着极为重要的影响。不同的镀层金属所使用的电镀液的组成可以是不同的，但都必须含有主盐。根据主盐性质的不同，可将电镀液分为简单盐电镀液和络合物电镀液两大类。

简单盐电镀液中主要金属离子以简单离子形式存在（如 Cu^{2+}、Ni^{2+}、Zn^{2+} 等），其溶液都是酸性的。在络合物电镀液中，因含有络合剂，主要金属离子以络离子形式存在（如 $[Cu(CN)_3]^{2-}$、$[Zn(CN)_4]^{2-}$、$[Ag(CN)_2]^-$ 等），其溶液多数是碱性的，也有酸性的。除主盐和络合剂外，电镀液中经常还加有导电盐、缓冲剂、阳极去极化剂及添加剂等，它们在电镀液中有着不同的作用。

1. 主盐

能够在阴极上沉积出所要求的镀层金属的盐。主盐的浓度高，溶液的导电性和电流效率一般都较高，可使用较大的电流密度，加快沉积速度。在光亮电镀时，镀层的光亮度和整平性较好。但是，主盐浓度升高会使阴极极化下降，镀层结晶较粗，镀液的分散能力下降，而且镀液的带出损失较大，成本较高，同时还增加了废水处理的负担。主盐浓度低，则采用的阴极电流密度较低，沉积速度较慢，但其分散能力和覆盖能力均较浓溶液好。

因此，主盐浓度要有一个适当的范围，并与溶液中其他成分的浓度维持在一个适当的比值。有时，由于使用要求不同，即使同一类型的镀液，其主盐含量范围也不同。对于电镀形状复杂的工件或用于预镀、冲击镀时，要求镀液有较高的分散能力，一般多采用主盐浓度较低的电镀液。而快速电镀的溶液，则要求主盐浓度高。

2. 导电盐

能提高溶液的电导率，而对放电金属离子不起络合作用的物质。这类物质包括：酸、碱和盐，由于它们的主要作用是用来提高溶液的导电性，所以习惯上通称为导电盐。

导电盐的含量升高，槽电压下降，镀液的深镀能力得到改善，在多数情况下，镀液的分散能力也有所提高。

导电盐的含量受到溶解度的限制，而且大量导电盐的存在还会降低其他盐类的溶解度。对于含有较多表面活性剂的溶液，过多的导电盐会降低它们的溶解度，使溶液在较低的温度下发生乳浊现象，严重的会影响镀液的性能。所以导电盐的含量也应适当。

3. 配合剂

在溶液中能与金属离子生成配合离子的物质称为配合剂。如氰化物镀液中的 NaCN

或 KCN。在配合物镀液中，最具重要意义的是配合剂与主盐的相对含量，通常用配合剂的游离量来表示，即除配合金属离子以外多余的配合剂。

配合剂的游离量增加，阴极极化增大，可使镀层结晶细致，镀液的分散能力和覆盖能力得到改善，但是，阴极电流效率下降，沉积速度减慢。配合剂的游离量过高时，大量析氢会造成镀层针孔，低电流密度区没有镀层，还会造成基体金属的氢脆。对于阳极来说，它将降低阳极极化，有利于阳极的正常溶解。配合剂的游离量低，镀层结晶变粗，镀液的分散能力和覆盖能力都较差。

4. 缓冲剂

缓冲剂用于稳定溶液的 pH 值，特别是阴极表面附近的 pH 值。缓冲剂一般用弱酸或弱酸的酸式盐。任何一种缓冲剂都只能在一定的范围内具有较好的缓冲作用，而且还必须要有足够的量才能起到稳定溶液 pH 值的作用。由于缓冲剂可以减缓阴极表面因析氢而造成的局部 pH 值的升高，并能将其控制在最佳值范围内，所以对提高阴极极化有一定作用，也有利于提高镀液的分散能力和镀层质量。过多的缓冲剂有可能降低电流效率或产生其他的副作用。

5. 稳定剂

用来防止镀液中主盐水解或金属离子的氧化，保持溶液的清澈稳定。

6. 阳极活化剂

在电镀过程中能够消除或降低阳极极化的物质，它可以促进阳极正常溶解，提高阳极电流密度。

7. 添加剂

指在镀液中含量很低，但对镀液和镀层性能却有着明显影响的物质。近年来添加剂的研究与发展速度很快，种类越来越多，而且越来越多地使用复合添加剂来代替单一添加剂。主要包括：光亮剂、整平剂、润湿剂、应力消除剂、镀层细化剂和无机添加剂等。

二、 影响电镀质量的工艺因素

1. 镀液的电流密度

在其他条件不变的情况下，提高阴极电流密度，可以使镀液的阴极极化作用增强，镀层结晶变得细致紧密。如果阴极电流密度过大，超过允许的上限（极限电流），常常会出现镀层烧焦的现象，即形成黑色的海绵状镀层。因为，这时阴极反应速度是由待镀金属配离子向阴极表面的扩散速度所控制，使得阴极附近金属离子严重缺乏，造成氢气析出，导致阴极附近 pH 值上升，产生一些金属氢氧化物或碱式盐，它们以胶体状态吸附在电极表面上，并夹杂在镀层中，形成黑色的海绵状沉积层。有时还会在阴极的尖端或凸出部位形成树枝状的结晶。电流密度过低时，阴极极化小，镀层结晶较粗，而且沉积速度慢。

由于依靠增大电流密度促使镀层结晶变细的作用不是很明显，掌握不好时，还易使形状复杂工件的突出部位或边缘被烧焦。通常提高电流密度的目的，就是为了加快沉积的速度，而不是为了使镀层结晶变细。一般情况下，增加主盐浓度、升高温度和搅拌电解液，可允许采用较高的电流密度。

2. 镀液的温度

在其他条件不变的情况下，提高镀液的温度会降低阴极极化，使镀层结晶变粗。其原因是镀液温度的升高，一方面加快了离子的扩散速度，导致浓度极化降低；另一方面，使离子的活性增强，电化学极化降低，阴极反应速度加快。从而使阴极极化降低，镀层结晶变粗。

但是，镀液温度的升高使离子的运动速度加快，从而可以弥补由于电流密度过大或主盐浓度偏低所造成的不良影响。温度升高还可以减少镀层的脆性，提高沉积速度。这时，电流密度的上限和电流效率，都可得到相应的提高，还可以增大盐类的溶解度和提高电解液的导电性，以及减少镀层的含氢量。

3. 镀液的搅拌

搅拌能够加速溶液的对流，使扩散层减薄，使阴极附近被消耗了的金属离子得以及时补充，从而降低了浓度极化。在其他条件不变的情况下，搅拌会使镀层结晶变粗。但是，搅拌可以提高允许电流密度的上限，可以在较高的电流密度和电流效率下，得到致密的镀层。生产中常用搅拌来提高电流密度，以提高沉积速度。

搅拌的方式有机械搅拌、压缩空气搅拌等。压缩空气搅拌只适用于那些不受空气中的氧和二氧化碳作用的酸性电解液，而氰化物镀液，同样不宜采用压缩空气搅拌。

三、 电镀黄金

金覆盖层的应用可以追溯到远古时代，人们采用机械方法将金箔覆在制品表面，或用鎏金工艺的方法，将金溶于汞中形成金汞齐，涂在制品表面，经过烘烤，使汞蒸发后得到金涂层。直到 1840 年英国人 Elkington 获得了氰化物电解液镀金的第一个专利，才开始了电化学镀金的历史。

黄金是一种金黄色的贵金属，其化学性质非常稳定，不溶于各种强酸，只溶于王水。用黄金来电镀各种首饰的表层具有极好的保护作用，其抗腐蚀性极佳，长期佩戴不易改变颜色。而且金黄的颜色华贵耀眼，镀在首饰表面十分美观。

在电镀液中加入不同的合金元素，如铜、镍、钴、银等，控制相应的浓度和工作条件，可以得到不同成色和不同色调的 K 金镀层。如 14K、16K、18K、23K、24K 等成色，以及金黄色、玫瑰红色、青金色、淡绿色等各种颜色。

所谓镀金就是根据首饰的电镀要求配制专用镀金液，在一定 pH 值和温度条件下，通过正负电极电流与电镀液的电化学反应，使镀金液的金离子逐渐转移到首饰的金属表面上的过程。市场上有配制好的各种型号镀金液出售。目前，国内外首饰制作厂家大都采用氰化物镀液和无氰镀液两大类镀金液。前者是有毒的溶液，使用时要分外小心。氰化物镀金液又分高氰和低氰。高氰镀金液中 pH 值在 9 以上的称为碱性氰化物镀金液（高温和低温），其 pH 值在 6～9 之间的称为中性及弱碱性氰化物镀金液。低氰酸性镀金液，其 pH 值在 3～6 之间，这种镀金液多为柠檬酸盐镀金液。由于环境保护的原因，现在已广泛采用低污染的无氰镀金液，这种镀金液是用亚硫酸盐制作的。

1. 氰化物镀金

氰化物镀液中含有过量的氰化物，具有较强的阴极极化作用，镀液的分散能力和深镀能力较好，电镀过程中金属离子的释放速度均匀，镀层的表面光滑度和黏结力良好。常见的氰化物镀金配方及工艺条件，见表10-2。

表 10-2　氰化物镀金配方及工艺条件

镀液组成及工艺条件	镀金配方 1	镀金配方 2	镀光亮金配方	镀厚金配方	镀硬金配方
氰化亚金钾 $KAu(CN)_2$/(g/L)	3～5	4～5	12	1～5	4
氰化钾（KCN 总量）/(g/L)	15～25	15～20	90		
氰化钾（KCN 游离）/(g/L)	3～6			8～10	16
碳酸钾 K_2CO_3/(g/L)		15		100	10
氢氧化钠 NaOH/(g/L)				1	
氰化银钾 $KAg(CN)_2$/(g/L)			0.3		
镍氰化钾 $K_2Ni(CN)_4$/(g/L)			15		
硫代硫酸钠 $Na_2S_2O_3 \cdot 5H_2O$/(g/L)			20		
钴氰化钾 $K_3CO(CN)_6$/(g/L)					12
温度/℃	60～70	室温或 60～70	21	55～60	70
pH 值		8～9			
阴极电流密度/(A/dm²)	0.2～0.3	0.05～1	0.5	2～4	2
阳极材料	金	金、铂	金	金	金

氰化亚金钾是镀液中的主盐，降低氰化亚金钾含量可使镀层结晶细致，但含量过低会导致镀层的颜色变浅，阴极电流效率下降，允许使用的阴极电流密度上限降低，镀层易烧焦。提高氰化亚金钾的含量，可提高允许的阴极电流密度上限，提高阴极电流效率，有利于镀层的光泽，含量过高易使镀层粗糙，色泽变暗。

氰化钾为配合剂，适量的游离氰化钾的存在，可使镀液稳定，镀层结晶细致，金阳极溶解正常。含量过高易使镀层颜色变浅，阴极电流效率下降，含量过低镀层易粗糙，金阳极溶解不正常，镀液稳定性下降。

碳酸钾是导电盐可以提高镀液的电导性，改善分散能力，在生产过程中，由于氰化钾的水解及吸收空气中的二氧化碳，会使镀液中的碳酸钾逐渐积累，含量过多时会使镀层粗糙。

镍盐和钴盐是添加剂，可明显地提高镀金层的硬度和耐磨性。

温度影响阴极电流密度范围，提高温度可增加电流密度范围，温度过高则使镀层粗糙，温度低则电流密度范围缩小。

pH 值过高、过低对镀层外观和硬度都有显著的影响。

氰化镀金溶液对杂质的敏感性较小，但是，镀液的污染对镀层的危害是非常大的，铁和铅是最有害的污染元素，含量仅为百万分之几的铁离子或铅离子就会给镀层带来严重的影响，被铅污染的镀液只能做回收处理。在低电流条件下，铜的污染使镀层变暗，抗蚀性能变差。

2. 亚硫酸盐镀金

亚硫酸盐镀金电解液是络合物电解液，金以 $KAu(SO_3)_2$ 的形式加入，配合剂可以是亚硫酸铵或亚硫酸钠。亚硫酸盐镀金电解液是非氰化物镀液，镀液无毒，分散能力和覆盖能力好。镀层洁净光亮细致，孔隙少，与铜、银、镍等基体金属结合力好。常见的亚硫酸镀金配方及工艺条件，见表10-3。

表 10-3　亚硫酸镀金配方及工艺条件

镀液组成及工艺条件	镀金配方 1	镀金配方 2	镀金配方 3	镀金配方 4
金盐 $AuCl_3$/(g/L)	5~25	25~35	10~15	8~15
亚硫酸铵 $(NH_4)_2SO_3$/(g/L)	150~250			
柠檬酸钾 $K_3C_6H_5O_7$/(g/L)	80~120		80~100	
亚硫酸钠 $Na_2SO_3 \cdot 7H_2O$/(g/L)		120~150	120~150	
无水亚硫酸钠 $Na_2SO_3 \cdot 7H_2O$/(g/L)				150~180
柠檬酸铵 $(NH_4)_3C_6H_5O_7$/(g/L)		70~90		
EDTA 二钠盐/(g/L)		50~70	40	2~5
硫酸钴 $CoSO_4 \cdot 7H_2O$/(g/L)		0.5~1.0	0.5~1.0	0.5~1.0
磷酸氢二钾 K_2HPO_4/(g/L)				20~35
硫酸铜 $CuSO_5 \cdot 5H_2O$/(g/L)				0.1~0.2
pH 值	8.9~9.5	6.5~7.5	8~10	9~9.5
温度/℃	45~65	室温	40~60	45~50
搅拌法	阴极移动	空气搅拌		阴极移动
阴极电流密度/(A/dm²)	0.1~0.8	0.2~0.3	0.3~0.8	0.1~0.4
阳极	金	金	金	金

在亚硫酸盐镀金液中，金与亚硫酸根和氨形成亚硫酸金氨双络合离子 $[Au(NH_3)(SO_3)_2]^-$，从而提高阴极极化，改善了镀液的分散能力和覆盖能力。亚硫酸根含量过高会使阴极电流效率降低。含量过低则镀层粗糙、无光泽。在电镀过程中，亚硫酸根会被氧化成硫酸根，因此需要经常补充。

柠檬酸钾和柠檬酸铵作为辅助配合剂并具有缓冲作用，可以改进镀金层与基体金属的结合力。

pH 值对镀液的稳定性有很大的影响，pH<6.5 时镀液易浑浊。因此需要经常用氨调节，使 pH 值保持在 8 以上，以保证镀液的稳定。

由于电解液的黏度较大，需要搅拌，通常采用移动阴极。阳极可采用纯金板作可溶性阳极，也可采用钛网镀铂作不溶性阳极。

3. 操作工艺要点

按技术操作条件指标要求配制电镀液，将配好的电镀液放入玻璃烧杯内。把电源正极连接在烧杯的钛网上，按工艺要求调节电压和温度，将阴极及连接的工件，放入烧杯内，再打开电源开关。电镀工作时间一到，即刻切断电源，将工件取出。

在生产过程中，要定期对玻璃烧杯内的电镀液及各项主要材料的指标进行监测，防止因各项指标不匹配，而造成产品质量问题。如氰化金钾含量不足时，镀层结晶较细致，但阴极效率下降，允许的阴极电流密度上限降低，镀层容易烧焦，有时镀层较浅。提高氰化金钾的含量，允许的电流密度上限上升，电流效率高，有利于镀层的光泽，但含量过高时，镀液冷却后有结晶物析出，镀层粗糙、色泽易变暗、发红、发花。氰化钾是氰化镀金液中的配合剂，游离的氰化钾能使镀液稳定，阳极正常溶解，能提高阴极极化，使镀层更细致，含量过低时，阳极溶解不良，镀层粗糙，镀层暗而深；含量过高时，镀液中金含量增加，镀层色泽浅，且易发脆。

4. 电镀黄金后镀层常见的问题及解决方法

在实际工作中，常见电镀黄金后，镀层易出现的问题、原因及解决方法见表 10-4。

表 10-4 电镀黄金后镀层常见问题及解决方法

镀层问题	可能原因	解决方法
镀层粗糙	① 含金量过高 ② 阴极电流密度过高 ③ 温度过高 ④ 碳酸盐含量过高	① 添加氰化钾 ② 降低阴极电流密度 ③ 降温 ④ 用 Ba(CN)₂ 除去碳酸根
镀层发红	① 金含量过高 ② 温度过高 ③ 阴极电流密度过低 ④ 铜杂质含量高 ⑤ pH 值过高	① 添加氰化钾 ② 降温 ③ 提高阴极电流密度 ④ 回收金,更换镀液(或用于镀微红金工件) ⑤ 用调酸液调整 pH 值
镀层色泽减淡	① 含金量太低 ② 阴极电流密度过低 ③ pH 值过低	① 添加氰化金钾 ② 提高阴极电流密度 ③ 用 KOH 调整
镀层呈褐色	① 氰化钾过低 ② 溶液中含钠	① 添加氰化钾 ② 回收金,更换镀液
镀层呈微绿色	① 溶液中含银	① 回收金,更换镀液 ② 镀微绿色镀层工件
镀层发朦	① 电流密度过高 ② 补充剂不够	① 调整电流密度 ② 添加补充剂

四、电镀白银

银是一种银白色,可塑、可锻的金属。在所有的金属中,银的电阻率最小,导电性最好,导热性也好。金属银具有较高的稳定性,能耐碱和一些有机酸的腐蚀,在洁净的空气中与氧不发生作用,但在有硫化物存在时,极易失去光泽并变色,使得接触电阻增大,焊接性能下降,光反射系数也急剧下降。因此,对镀银层必须进行防变色处理。

(一) 氰化物镀银

氰化物镀银电镀液主要是由银氰络盐和一定量的游离氰化物组成。该镀液的分散能力和深镀能力都较好,镀层呈银白色,结晶细致。加入适当的添加剂,可得到光亮镀层或硬银镀层。缺点是氰化物有剧毒,生产时需要有排风和废水处理设备。常见的氰化物镀银配方及工艺条件,见表 10-5。

表 10-5 氰化物镀银配方及工艺条件

镀液组成及工艺条件	镀银配方 1	镀光亮银配方	低氰镀银配方	镀厚银配方	快速镀银配方
氯化银 AgCl/(g/L)	35~40	55~656			41
氰化钾 KCN/(g/L)	65~80	70~75		80~135	60
氰化钾(KCN 游离)/(g/L)	35~40			45	75
氰化银 AgCN/(g/L)				65~135	
1,4 - 丁炔二醇(C₄H₆O₂)/(g/L)		0.5			
2 - 巯基苯并噻唑(C₇H₃NS₂)/(g/L)		0.5			
氰化银钾 KAg(CN)₂/(g/L)			55~80		
硫氰酸钾 KSCN/(g/L)			150~250		
氯化钾 KCl/(g/L)			25		
碳酸钾 K₂CO₃/(g/L)				15	60
氢氧化钾 KOH/(g/L)					11
温度/℃	10~35	15~35	10~50	20~30	30~45
阴极电流密度/(A/dm²)	0.1~0.5	1~2	0.5~1.5	1.5~5	2~11
搅拌法				阴极移动	阴极移动

1. 氰化镀银电解液中各成分的作用

① 银盐。银盐是镀银电解液中的主盐，它可以是氯化银、氰化银、氰化银钾（俗称银盐）。提高镀液中银盐的含量，可提高阴极电流密度，从而提高沉积速度。因此，快速镀银均采用较高浓度的银盐。降低银盐浓度，同时又保持相对较高含量的游离氰化钾时，则可以改善镀液的分散能力。

② 氰化钾。氰化钾是配合剂，氰化物镀银电解液中通常使用氰化钾作配合剂而不用氰化钠。这是因为钾盐的导电能力比钠盐好，允许使用较高的电流密度，阴极极化作用稍高，镀层均匀细致。另外，在电镀过程中氰化物会形成耐酸盐，并在溶液中积累，但钾盐的溶解度比钠盐大。电解液中氰化钾的含量除保证形成络离子 $[Ag(CN)_2]^-$ 所需要的量外，还应有一定的游离量，以保证络离子的稳定。提高游离氰化钾的含量可以使络离子更稳定，阴极极化增大，镀层结晶细致，镀液的分散能力和深镀能力都很好，阳极溶解正常。但过高的游离氰化钾含量将使阴极电流效率下降。

③ 碳酸钾。碳酸钾是强电解质，能够提高镀液的导电性，增大阴极极化，有助于提高电镀液的分散能力。碳酸钾只在新配镀液时加入，以后由于氰化钾的分解，它的浓度会逐渐增加，通常控制在 80g/L 以内，过高会引起镀层粗糙，并使阳极钝化。

④ 光亮剂。在典型的氰化镀银工艺中，1,4-丁炔二醇和 2-巯基苯并噻唑是光亮剂，它们能够吸附在阴极表面，增大阴极极化，使镀层结晶细致，并可使银镀层的结晶定向排列，呈现镜面光泽。光亮剂控制在 0.3～0.5g/L 为宜，含量过低，镀层不光亮，含量过高则镀层脆性增加。

2. 工艺条件对镀层质量的影响

① 温度。氰化物镀银通常在室温条件下操作。提高温度可以改善镀液的导电性，相应提高电流密度的上限，加快沉积速度，快速镀银多采用较高的镀液温度。但温度过高，银镀层粗糙，光亮度下降，还会加速氰化钾的分解，影响电镀液的稳定性。

② 阴极电流密度。电流密度与镀液中银离子的含量、氰化钾的游离量、温度和搅拌条件有关。在一定工艺范围内，提高阴极电流密度，可使镀层结晶紧密，提高沉积速度，过高的电流密度会使镀层粗糙。过低的电流密度将使镀层光亮度下降，沉积速度减慢。

③ 搅拌。搅拌能够降低浓差极化，能提高阴极电流密度上限，提高沉积速度，特别是光亮镀银和快速镀银都应采用移动阴极搅拌。

3. 氰化物镀银液的维护与控制

氰化物镀银电解液较容易维护，因为银的电位较正，少量电位较负的金属杂质很难在阴极析出，因此对银镀层的质量没有明显影响。镀银的两极电流效率比较接近，电解液较稳定。为了保证镀银层的质量，在生产中仍需注意对电解液进行维护与控制。

① 镀液中应保持一定量的碳酸钾，当其含量过高时，可加入硝酸钙或氢氧化钙，使其生成碳酸钙沉淀，经过滤除去。

② 阳极应使用纯度 99.9% 以上的银板，并加阳极套。为防止阳极钝化，应保持阳极与阴极的面积比为 (1～1.5):1。

③ 镀银溶液的搅拌宜采用移动阴极，对光亮镀银及快速镀银电解液应采用循环过滤，普通镀银电解液也必须定期过滤。

对非氰化物镀银工艺的研究，国内外都做了大量的工作，但一直未取得重大的突破，从综合性能上看，非氰化物镀银的电镀效果往往不是很理想。

（二）镀银层的防变色处理

银的最大问题是对硫极为敏感，在有硫化物（SO_2、H_2S）存在的环境中，银镀层表面很快会失去光泽，并生成黄褐色或黑色硫化物膜，影响首饰的外观。为了防止银镀层与硫化物发生反应，必须对其进行防变色处理。

常用的防银变色处理的方法有化学钝化，电化学钝化，电镀金、铑、钯等贵金属及浸有机膜。除光亮镀银层外，一般镀银层在做钝化处理前应进行浸亮处理，过程如下。

① 成膜。将镀银工件在室温下，浸渍在由铬酐（CrO_3）80～100g/L 和氯化钠（NaCl）12～15g/L 组成的溶液中 10～15s，银层表面微观凸起部位发生化学反应，生成由铬酸银、氯化银和重铬酸银组成的黄色疏松膜。

② 去膜。将已成膜的工件，放入浓氨水中浸 5～10s，将黄色膜溶解，呈现出细致有光泽的银镀层表面。

③ 浸酸。在 5%～10% 的盐酸溶液中浸 10～15s。

经过上述处理后的银镀层，即可进行化学钝化或电化学钝化处理。

1. 化学钝化

化学钝化可以分为铬酸盐钝化和有机化合物钝化。铬酸盐钝化的钝化膜由铬酸铬、铬酸银及重铬酸银等混合组成，膜层极薄，不影响银镀层本身的光泽，并有一定的抗变色能力。有机化合物钝化是在含硫、氮活性基团的直链或杂环化合物溶液中浸渍一定时间，银与有机物作用生成一层非常薄的银络合物膜，将银镀层与腐蚀介质隔离开，达到防止变色的目的。有机络合物膜的抗潮湿、抗硫性能优于铬酸盐钝化膜。钝化溶液组成及工艺条件，见表 10-6。

表 10-6　化学钝化溶液的组成及工艺条件

铬酸盐钝化		有机化合物钝化	
溶液组成及工艺条件	配方	溶液组成及工艺条件	配方
重铬酸钠（$Na_2Cr_2O_7$）/(g/L)	10～15	苯骈三氮唑（B. T. A）/(g/L)	3
硝酸（HNO_3）/(mL/L)	10～15	碘化钾（KI）/(g/L)	2
温度/℃	10～35	1-苯基 5-巯基四氮唑/(g/L)	0.5
时间/s	20～30	pH 值	5～6
		温度/℃	室温
		时间/min	2～5

2. 电化学钝化

在一定组成的含铬化合物的电解液中，镀银工件作阴极，不锈钢作阳极，进行电解处理。常用电化学钝化溶液组成及工艺条件，见表 10-7。

表 10-7　电化学钝化溶液组成及工艺条件

溶液组成及工艺条件	配方 1	配方 2	配方 3
铬酸钾（K_2CrO_4）/(g/L)	8～10		
重铬酸钾（$K_2Cr_2O_7$）/(g/L)		45～65	30～40

溶液组成及工艺条件	配方 1	配方 2	配方 3
碳酸钾(K_2CO_3)/(g/L)	6~8		
硝酸钾(KNO_3)/(g/L)		10~15	
氢氧化铝凝胶[$Al(OH)_3$]/(g/L)			0.5~1
pH 值	9~10	7~8	5~6
温度/℃	10~35	10~35	10~35
阴极电流密度/(A/dm^2)	0.5~1	2~3.5	0.1~0.3
时间/min	2~5	1~3	2~5

在通电过程中，在阴极上六价铬不完全还原为三价铬，并生成 $Cr(OH)_3$、$Cr(CrO_4)$ 和 $Al(OH)_3$ 一起吸附在阴极表面形成一层混合物薄膜，由于它们之间相互填补而提高了膜的稳定性。这种膜的抗变色能力优于化学钝化膜。

3. 电镀金、铑、钯等贵金属及其合金

贵金属金、铑、钯及其合金具有很高的化学稳定性，良好的防变色能力及良好的导电、钎焊、反光等性能。但其价格昂贵，电镀工艺复杂，一般仅用于要求高稳定性和高耐磨性的镀银工件中。

4. 浸涂有机保护膜

在浸亮后的银镀层表面浸涂一层透明有机薄膜，使银镀层与腐蚀介质隔离，防止银层变色。常用的有丙烯酸清漆和聚氨酯清漆，这类漆膜较厚，防变色能力较好。

五、 电镀铑

铑镀层呈银白色，表面光泽强，不受大气中硫化物腐蚀气体的影响，表现出抗腐蚀能力强的特点。铑镀层的硬度为银镀层的 10 倍。镀铑前，通常要先镀银、钯或镍作底层。镀铑时可用铑的硫酸盐、铑的磷酸盐或铑的氨基磺酸盐。铑的硫酸盐镀液易维护，电流效率高，沉积速度快，而磷酸盐镀铑层颜色洁白、光泽明亮，适合首饰加工，由于铑的硬度较高，脆性较大，镀层过厚易剥落。常见的镀铑液组成及工艺条件，见表 10-8。

表 10-8 常见的镀铑液组成及工艺条件

镀液组成及工艺条件	磷酸型配方	硫酸型配方 1	硫酸型配方 2
铑盐 $RhPO_4 \cdot 3H_2O$/(g/L)	1~4		
磷酸 H_3PO_4(86%)/(g/L)	40~80		
铑盐 $Rh_2(SO_4)_3 \cdot 3H_2O$/(g/L)		4~10	
铑盐 $Rh_2(SO_4)_3$/(g/L)			2~2.5
硫酸 H_2SO_4/(g/L)		25~28	13~16
硫酸铜 $CuSO_4 \cdot 5H_2O$/(g/L)			0.6
硫酸镁 $MgSO_4 \cdot 7H_2O$/(g/L)			10~15
硝酸铅 $Pb(NO_3)_2$/(g/L)			5
温度/℃	40~50	50~70	25~75
阴极电流密度/(A/dm^2)	0.2~2	0.5~2	0.4~0.6
阳极材料	铂丝网	铂丝网	铂丝网

1. 主要设备

磁力搅拌机（兼具加热功能）、超声波清洗机、蒸汽清洗机、整流器、玻璃烧杯、钛网等。

2. 操作工艺要点

按镀液工艺指标要求配制电镀液。把电源正极连接在烧杯中的钛网上，调节电压值为2.5～3.5V，电源负极连接在工件的水线上，将工件带电入缸工作。如图 10-6 所示。

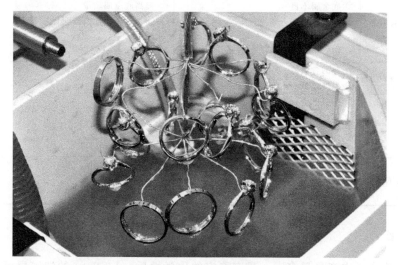

图 10-6　首饰电镀铑

随时观察电压是否稳定在规定的范围内，否则调节电压。在电镀工作过程中，主要是要控制电流，电流密度由工件的外表面积所决定，最好能将电流密度控制到最佳值附近。工件入缸后，需用手抓住电源负极线和水线的连接处，并小幅度上下移动或旋转。1min后取出工件（分色工件工作时间需 1～1.5min，非分色工件工作时间一般为 0.75～2.5min，具体视工件规格或特征而定）。将工件放入金水回收杯中浸片刻后，用水冲洗，再用加热至 80℃ 的纯水浸洗一次，再放入超声波清洗机中清洗片刻。打开水线，将清洗后的工件对准蒸汽清洗机喷嘴，脚踏开关用蒸汽对工件进行冲刷清洗。

在生产过程中，阳极钛网长宽应适宜。一般按阳极的面积为 2，阴极的面积约为 1 的比例。在电镀前要按技术要求（或定期化验）按时添加镀铑液，不同的电镀液，操作工艺步骤和条件会有所区别，若电镀液中铑含量过低，则镀层颜色发红、发暗且孔隙增加。

电镀时间不宜过长，太长时间会导致电镀层发暗、变灰。电流要控制在规定的范围内，电流过大，会导致镀层表面出现暗、灰现象。用水线挂工件时，不能太密，以防镀层厚薄不均匀，有些部位发黄。对于有凹位难以电镀的工件，采用间歇式电流，每隔十几秒关闭电源，并不断抖动工件，让镀液充分对流交换。工件镀层中有些部位发黄，主要是除蜡、除油不彻底所致；其次是砂窿太多，应该修理后再电镀，白金底材的工件电镀时间应短一点，以免镀层太厚出现脱层的现象。

3. 镀铑后镀层常见问题及解决方法

在实际工作中，常见电镀铑后，镀层易出现的问题、原因及解决方法见表 10-9。

表 10-9 镀铑后镀层常见问题、原因及解决方法

镀层问题	可能原因	解决方法
镀层白亮度不佳	① 阴极电流密度过大 ② 阳极电流密度过大 ③ 温度过低 ④ 挂具接触不良 ⑤ 氨基磺酸过高	① 降低电流密度 ② 增大阳极面积 ③ 升高温度 ④ 检查挂具或更换 ⑤ 活性炭处理后调整
镀层粗糙、细粒分布	① 阴极电流密度过低 ② 底金属不良 ③ 添加剂或配合剂少 ④ 温度过高 ⑤ 主盐浓度高	① 增大电流密度 ② 提高底金属质量 ③ 添加调整添加剂或配合剂 ④ 降温 ⑤ 稀释调整
镀层无光,出现白雾	① 铑的含量低 ② 温度过低	① 补充金水 ② 升高温度
镀层泛黄	① 阴极电流密度低 ② 铑含量低 ③ 镀层太薄 ④ 镀层清洗不彻底	① 提高电流密度 ② 补充金水 ③ 适当增厚 ④ 加强镀后清洗
镀层结合力不好	① 基体钝化 ② 前处理不良 ③ 镀液杂质多	① 加强活化措施 ② 加强前处理 ③ 回收铑液、配新液

六、 电镀钯

钯是铂族金属中产量最多者,具有稳定的化学性质。$1\sim2\mu m$ 的钯镀层可以有效地防止银灰色变色,钯镀层还经常作为铑镀层的底层,以达到保护和装饰的目的。钯镀层容易形成,但常会产生裂纹,其原因是在常用电沉积钯的电位范围内,氢往往产生共沉积,使钯镀层吸氢。在放置过程中,氢气缓慢释放出来,经过一系列的转变使镀层晶格常数发生变化,而形成镀层裂纹。常见的镀钯液组成及工艺条件,见表 10-10。

表 10-10 常见的镀钯液组成及工艺条件

镀液组成及工艺条件	配方
二氯四氨基钯 $Pd(NH_3)_4Cl_2/(g/L)$	$20\sim40$
氯化铵 $NH_4Cl/(g/L)$	$10\sim20$
氯水(25%)	$40\sim60$
游离氨水/(g/L)	$4\sim6$
pH 值	9
温度/℃	$15\sim30$
阴极电流密度/(A/dm^2)	$0.25\sim0.5$
阳极	钯板或铂板
阴极面积和阳极面积之比	1:2
阴极电流效率	90%

七、 电镀铂

铂金镀层和铑镀层有相似之处,但是镀铂工艺远没有像镀铑工艺那样被广泛应用。由于电镀铂工艺不完善,铂镀层的保护性能不佳。常见的镀铂液组成及工艺条件,见表 10-11。

表 10-11　常见的镀铂液组成及工艺条件

镀液组成及工艺条件	配方 1	配方 2	配方 3	配方 4	配方 5
亚硝酸二氨铂 $Pt(NH_3)_2(NO_2)_2/(g/L)$	18～30				
硝酸铵 $NH_4NO_3/(g/L)$	100				
亚硝酸钠 $NaNO_2/(g/L)$	10				
铂盐 $K_2PtCl_4/(g/L)$		12			
氢氧化钾 $KOH/(g/L)$		15			
铂盐 $H_2PtCl_4/(g/L)$			20		
盐酸 $HCl/(g/L)$			250		
铂盐 $(NH_4)_2PtCl_6/(g/L)$				24	
磷酸氢钠 $Na_2HPO_4 \cdot 12H_2O/(g/L)$				120	
铂盐 $H_2Pt(NO_2)_2SO_4/(g/L)$					5
硫酸 H_2SO_4					加至 pH=2
氨水(25%)	加到 pH>9				
pH 值				4.8	
温度/℃	90～100	75	65	60	40
阴极电流密度/(A/dm^2)	1～3	0.75	2.5	0.4～0.5	0.5
阳极材料	铂板				
阴极电流效率	10%～15%				

第四节　　镀后处理工艺

一、除油

电镀完毕，需将将工件上起覆盖作用的指甲油层通过化学溶剂的作用溶解除去，恢复工件的原貌。

将丙酮或天那水等有机溶剂放入不锈钢杯或玻璃烧杯内，把准备除胶、油的工件挂在电镀钩架上，放入有机溶剂中浸泡，约 1h 后取出，检查胶或油是否溶解，若仍有胶或油残留，则继续浸泡，如基本溶解，可将工件取出，盖好锅盖。将取出的工件再放入另一个杯中再浸泡，直到工件上的胶或油完全溶解为止。用清水冲洗工件，去掉工件上的丙酮，然后用电吹风机吹干工件。

用过的丙酮或天那水废液不可随意排放，需按相关规定统一管理。

二、笔镀

笔镀的作用是修补工件电镀后有缺陷的部位，或镀大型工件的盲孔、窄缝、深孔、局部有特殊要求的工件等。

笔镀设备比较简单，主要由直流电源、阳极镀笔和笔镀溶液三部分组成。阳极镀笔采用不溶性材料制成，石墨和铂铑合金是比较理想的阳极材料，阳极外面包有吸水性好的纤维材料（即笔刷）以便吸附镀液。笔镀镀液与槽镀不同，金属离子浓度高，不能采用简单的无机盐混合溶液，而是采用有机配合物的水溶液。笔镀的工艺形式是，直流电源负极接工件，镀笔与电源正极相连。在笔镀过程中，镀笔蘸上笔镀液，镀笔与饰品接触，将饰品转动使之与镀笔产生相对运动，溶液中金属离子在电场作用下产生放电还原，形成结晶沉积于饰品表面，构成所需镀层（图10-7）。由于阳极镀笔与阴极工件不断做相对运动，整个工件表面不同时发生金属离子的还原结晶，仅在镀笔与工件接触的瞬间放电还原，致使阴极区域不会出现金属离子贫乏现象。

图 10-7　笔镀

笔镀过程中，工件为阴极，不溶性导电材料为阳极，阳极外面包有吸水性好的纤维材料（即笔刷）以便吸附镀液。当阳极与工件表面接触并不断相对运动时，电流通过阳极与工件表面的纤维材料所吸附的镀液（金属），使金属沉积在零件表面而形成镀层，从而完成对工件的笔镀工作。

在笔镀操作时，要根据工件所需电金的部位，选择适合尺寸的笔芯（刷），选择或调配电金水。根据电金部位的大小取适宜量的电金水，适合一次用量即可，不宜太多。笔芯（刷）要保持干净，形状要适用，需要时笔芯可以用刀削成形。镀液要保持干净，防止灰尘及其他杂质混入，而影响电镀质量。

与普通槽镀相比，笔镀层晶粒比槽镀细，一般晶粒尺寸为 $0.01\sim0.03\mu m$，属超细晶粒，因此笔镀层硬度高，镀层与基体结合强度高，耐磨损性能良好，这是笔镀层的重要特性。另外，笔镀技术工艺灵活，操作方便。它能用于普通槽镀难以进行的镀覆场所，例如大型工件的盲孔、窄缝、深孔、局部有特殊要求的工件等，也可用于修补工件电镀后有缺陷的部位。

三、防变色处理

电镀后要用纯水或热纯水彻底清洗，以消除镀层表面的残余盐类，保持镀层的持久光泽。

薄金镀层和银镀层，在潮湿的、含有硫化物的大气中很容易变黄，严重时变黑。镀层的变色会恶化首饰外观质量。因此，镀薄金或镀银后应立即进行防变色处理，以封闭镀层的孔隙，使表面生成一层保护膜与外界隔绝，防止基体被腐蚀，延长镀层变色的时间。常见的防变色处理工艺有化学钝化、电化学钝化、浸有机保护剂等方式。

① 通过化学钝化或电化学钝化方法形成无机钝化膜。铬酸盐钝化是镀银层常用的一种化学钝化方法，它是在含有六价铬化合物的酸性或碱性溶液中进行，在镀层表面生成氧化银和铬酸银膜；电化学钝化是利用阴极还原原理，在镀层表面生成铬酸银、铬酸铬、碱式铬酸银、碱式铬酸铬等物质组成的膜层，这些膜层有较好的钝化效果，降低了合金表面自由能，可起到防变色的作用。

② 在银表面形成保护性配合物膜。如苯骈三氮唑、四氮唑和各种含硫化合物可在镀层上形成配合物膜，有的还加入一些水溶性聚合物做成膜剂。

第十一章

首饰的先进制造技术

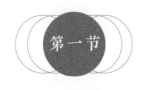 · **先进制造技术简介** ·

从 20 世纪 80 年代后期开始，快速灵活地响应市场需求已成为制造业发展的重要走向，与此同时，计算机、微电子、信息、自动化、新材料和现代化企业管理技术的发展取得了巨大成就。先进制造技术（advanced manufacturing technology）这一概念正是在这种背景下由美国首先提出的。先进制造技术是传统制造业不断地吸收机械、信息、材料及现代管理技术等方面最新的成果，并将其综合应用于产品开发与设计、制造、检测、管理及售后服务的制造全过程，实现优质、高效、低耗、清洁、敏捷制造，并取得理想技术经济效果的前沿制造技术的总称。从本质上可以说，先进制造技术是传统制造技术、信息技术、自动化技术和现代管理技术等的有机融合，它是制造技术的最新发展，其概念超越了传统的制造技术和工厂、车间的边界，使制造业产生了质的飞跃。

一、先进制造技术的发展阶段

先进技术的本质是"信息＋制造工艺技术＋物流技术＋现代管理技术"的集合。先进制造技术在近 30 年来，大体经历了 4 个发展阶段：

① 以数控机床、加工中心和工业机器人为代表的柔性制造单元阶段（CAM）。

② 以柔性制造单元加自动或半自动物流输送组合而成的柔性制造系统（FMS），仍以分布式生产过程控制为特点。

③ 信息、工艺、物流、计算机集成控制为特点的集成阶段（CIMS）。

④ 以设计智能化、单元加工过程智能化和系统整体管理智能化为特征的智能制造技

术和智能集成制造系统阶段。

智能制造是基于新一代信息技术，贯穿设计、生产、管理、服务等制造活动各个环节，具有信息深度自感知、智慧优化自决策、精准控制自执行等功能的先进制造过程、系统与模式的总称，被称为21世纪的先进制造技术。

先进制造技术的发展趋势可以概括为：数字化、知识化、模块化、微小化、绿色化。许多工业发达国家一直在不遗余力地研究开发先进的制造技术，以提高制造工业的发展水平和竞争能力，以便在激烈的全球竞争中占有一席之地。在发达国家，第一、第二阶段技术已经成熟并实现了产业化，第三阶段也正处于开发完善阶段，智能化集成制造技术正在探索实践中。

二、先进制造技术的要素和前沿

先进制造技术是包容了市场需求、创新设计、工艺技术、生产过程组织与监控、市场信息反馈在内的工程系统，它涉及多个要素和研发应用前沿。

1. 现代设计理论与方法

先进的设计是决定产品品质、环境相容性、经济性、适应需求的基础，设计的水平、质量和效率是决定产品自主开发能力和市场竞争能力的首要环节。现代设计理论与方法表现为功能结构和价格、安全性、环境相容性、工业造型等的综合优化设计；表现为设计过程、开发过程与生产过程的紧密结合趋势；表现为计算机辅助设计工具和包容丰富的数据库支持体系在内的CAD技术。出现了：

① 并行工程（CE）概念。即将产品的市场分析、设计、工艺设计、生产计划与加工、质量保证和检测等同步规划，实现产品设计开发过程的并行实施，缩短产品开发周期。

② 虚拟制造技术（virtual manufacturing）。以计算机三维虚拟现实和多媒体技术实现建模、仿真，虚拟产品造型、结构、功能及工艺过程，从而压缩甚至取消制作原型机的过程或原型机的制造系统，从而缩短从设计到制造的周期，降低投资和开发成本。

2. 先进制造工艺

先进制造工艺与设备是先进制造系统的装备与工艺基础，是实现优质、高效、低耗、清洁生产的基础，是保证产品质量和市场竞争的基础。因此，先进的制造工艺和设备是计算机集成制造技术的另一根支柱。

① 少无余量精密成型技术。金属超塑性的发现，金属精密铸锻冲压工艺的进步，已可实现不经切削加工或极少加工余量即可成型装配，这是实现高效清洁生产的关键技术。涉及合金材料、模具、成型工艺及设备等技术。

② 精密、超精密加工技术。大致可分为微米级（μm）精密加工、亚微米级（$0.01\mu m$）精密加工和纳米级（$0.001\mu m$）精密加工三个层次。

③ 新型材料的成型与加工技术。如高分子材料、复合材料、工程陶瓷、超硬材料的成型和加工。新型材料的采用，不仅改变了产品结构和性能，而且使工艺发生了革命，成本显著下降。

④ 构件或材料之间的连接技术。在复合材料式精密零件之间的粘接、精密焊接、铆

接等连接技术。

⑤ 表面新技术。表面的改性、修饰、涂层技术（外延、溅射、原子沉积、离子注入、光刻等）。

3. 自动控制技术

① 传感及控制技术。工业用传感器、反馈执行单元，无损、非接触在线检测技术。

② 测量及检验技术。数字化接触及非接触式精密尺寸、轮廓测量仪、检验软件。

③ 焊接、搬运、装配机器人。有视觉或传感功能的焊接装配机器人及快速、准确定位的气动、液动、电动搬运系统。

4. 环保技术

清洁生产，废弃物控制与回收。

5. 信息技术和综合自动化

在数据库技术，接口与通信、集成框架软件工程、人工智能专家系统和神经网络、决策支持系统、系统监督与诊断等基础信息技术的基础上，实现企业内外市场、技术、生产、经营的有机集成，实行统一控制与协调的 CIMS。并在此基础上引入智能技术，使 CIMS 具有自动监测、补偿、优化、保护等功能，进一步提高系统的质量、效率和可靠性，即智能制造系统（IMS）。智能制造系统不仅能够在实践中不断地充实知识库，具有自学习功能，还有搜集与理解环境信息和自身的信息，并进行分析判断和规划自身行为的能力。它具有以智能工厂为载体，以关键制造环节智能化为核心，以端到端数据流为基础，以网络互联为支撑等特征。

6. 管理技术

包括数据标准、工艺标准、质量标准、生产计划与控制、质量管理、市场分析、用户与员工培训等先进管理基础要素。

① 精益生产。以准时生产（JIT）、成组技术（GT）和全面质量管理（TQM）为支柱，并引入并行工程和整体优化概念。在空间上和时间上合理配置和利用生产要素，发挥以人为核心的整体制造系统效益。

② 敏捷制造技术。以柔性生产技术和动态组织结构为特点，以高素质协同良好的工作人员为核心，实行企业间网络集成，形成快速响应市场的社会化制造体系。

第二节　首饰行业的技术进展概况

过去首饰行业一度被视为劳动密集型的传统产业，重视个体操作，忽视工艺技术改进及设备投资，一件首饰从设计、起版、注蜡、熔金、倒模、剪水口、焊接、执模、抛光等各项工序到入库，几乎都是手工作业。机械化程度低，生产效率低，这样的生产方式必然会影响首饰企业的竞争力。随着全球经济的一体化进程加速和国际间竞争的日益加剧，以及首饰品越来越倾向于流行时尚、装饰功能，首饰生产的组织方式、制作技术、生产手段、管理模式等都在向现代化转变，不断从其他行业中引进先进生产技术和管理手段，不断开发新工艺、新技术、新材料。因此，现代的首饰制造业已经走出手工作坊式的生产模式，在高科技的影响下，首饰制作过程中的很多环节都在发生着变化，取得了快速的进展。

一、 首饰设计方面

电脑辅助首饰设计/制作（CAD/CAM）的运用给首饰设计及生产带来了一场革命。由于电脑设计建模准确，修改方便，存储方便，尤其是计算机的数据库及人机交互式的特点可以给设计者提供新的灵感，并在设计的过程中实现真正的即时三维立体化设计，首饰设计产品的任何细节都能展现在眼前，设计者可在任意角度和位置进行调整，在形态、色彩、肌理、比例、尺度等方面都可做适时的变动，设计软件的内置功能也允许用电子邮件经互联网快捷地传到客户手上，客户可从不同角度欣赏，这是传统设计手段无法完成的。特别是首饰CAM制作技术的发展，使得电脑设计可以通过CNC和RP技术实现快速起版，大大提高了生产率，因此在国际珠宝首饰领域得到广泛的研究和运用。而且由于电脑首饰设计可以得到真实的渲染效果，因而在制作首饰产品推介或品牌广告等宣传册时得到广泛使用。

目前，珠宝设计系统及快速原型技术使得珠宝首饰工业进入了全新的数据化时代，对传统首饰设计制作工艺产生深远的影响。

二、 首饰制版方面

快速原型制造技术的发展使得产品设计、制造的周期大大缩短，提高了产品设计、制造的一次成品率，降低了产品开发成本，从而给制造业带来了根本性的变化。快速原型技术引入首饰行业后，迎合了首饰市场的消费需求，得到了迅猛发展。现已广泛使用的首饰快速原型技术包括三维扫描技术、融积成型工艺、激光树脂成型工艺、激光选取烧结金属粉末成型工艺、数控机床及加工中心等。

三、 首饰材料方面

在传统金、银、铂金的基础上，开发了彩色K金合金、硬化的高纯度金、不电镀的K白金、抗变色的银合金等系列新材料，为贵金属首饰加工提供了很好的基础。与此同时，随着人们消费观念的转变，非贵金属首饰的需求也日益增加，先后将工业领域的不锈钢材料、钛合金、铝合金、锌合金、锗合金、稀土合金、钨合金等引入到首饰领域，大大丰富了首饰的材料范围。

四、 首饰生产工艺方面

① 在首饰成型工艺方面，失蜡铸造工艺依然是首饰成型的主要方法，采用了先进的自动控制技术、保护技术，提高了失蜡铸造工艺对产品结构的适应性、工艺过程的稳定性和产品的表面质量。开发了蜡镶铸造工艺、双金属铸造工艺。开发了机械加工工艺、数控加工工艺、粉末冶金工艺、冲压油压工艺、电铸工艺、激光焊接技术、蚀刻工艺等多种工

艺，大大改进了首饰生产的效率和对结构、款式、材料的适应性。

②首饰镶嵌工艺取得了突破，开发了微镶工艺、CNC机镶工艺。

③首饰表面处理工艺方面，开发了机械抛光技术、电解抛光技术、激光打标工艺、激光雕刻工艺、蚀刻蚀耗工艺、气相沉积工艺，大大丰富了首饰品的表面装饰效果。电镀工艺依然是首饰表面处理的主要工艺，在电镀工艺、材料、设备方面取得了较大进步。

五、 环保技术方面

开发了绿色环保型首饰合金及焊料、无氰电镀液、高效集尘回收技术、节能环保焙烧炉等。

六、 管理方面

通过信息技术和现代企业管理模式来革新生产方式，最初为工商业开发设计的大量新技术，以及工业企业的先进管理方法已经进入珠宝业，例如"精益生产""目标管理""流程再造""产品发展与生物圈""企业资源计划（EPR）""物质资源计划（MRP）""供给链管理""供给链后勤保障"等，有效提升了首饰企业的生产管理水平。近年来，随着"互联网＋""工业4.0"等先进理念的不断深化，部分珠宝企业开始朝着自动化工厂、数字化工厂、智能化工厂甚至智慧工厂进行转型，建立一整套完善的智慧管理体系，利用物联网技术和设备监控技术加强信息管理和服务，清楚掌握整体业务流程，提高生产过程的可控性，减少生产线上的人工干预，及时正确地采集生产线各种数据，以及合理的生产计划编排与生产进度管控，为管理者提供可靠的数据，及时调节生产节奏提高生产效率反思工厂运作中的瑕疵与不足。利用平台和数据的驱动，将资源有效整合在一起，避免信息不对称造成的资源浪费，为生产提供有力支撑。

第三节 · 首饰快速原型技术 ·

快速原型技术是20世纪90年代发展起来的一项高新技术。快速原型技术的发展使得产品设计、制造的周期大大缩短，提高了产品设计、制造的一次成品率，降低了产品开发成本，明显地提高了产品在市场上的竞争力和企业对市场的快速反应能力，从而给制造业带来了根本性的变化。这项具有革命性的新技术一经出现，也迎合了首饰市场的消费需求，得到了首饰加工行业的极大重视和关注，并很快就在这个行业中得到应用并迅速推广。

一、 快速原型技术原理

快速原型技术是在计算机辅助设计、计算机辅助制造、计算机数字控制、逆向工程技术、分层制造技术（SFF）、材料去除成型（MPR）或材料增加成型（MAP）技术、激光技术和新材料的基础上发展起来的一种新的制造技术。通俗地说，快速原型技术就是利用三维CAD的数据，通过快速成型机，将一层层的材料堆积成实体原型。它基于离散和堆积原理，将零件的CAD模型按一定方式离散，成为可加工的离散面、离散线和离散点，而后采用物理或化学手段，将这些离散的面、线段和点堆积，而形成零件的整体形状。具体的方法是，依据零件的三维CAD模型，经过格式转换后，对其进行分层切片，得到各层截面的二维轮廓形状。按照这些轮廓形状，用激光束选择性地固化一层层的液态光敏树脂，或切割一层层的纸或金属薄片，或烧结一层层的粉末材料，以及用喷射源选择性地喷射一层层的黏结剂或热熔性材料，形成各截面的平面轮廓形状，并逐步叠加成三维立体零件。快速成型技术不同于传统的"去除"加工方法，即用刀具切除毛坯上的多余材料而得到所需的零件形状，而是采用新的"增长"加工方法，即先用点和线制作一层薄片毛坯，然后用多层薄片毛坯逐步叠加成复杂形状的零件。快速成型的基本原理是将复杂的三维加工分解成简单二维加工的叠加，所以也称为"叠层制造"。

二、 快速原型技术的优点

在传统的产品样品开发过程中，设计人员首先要将用户对产品的要求在大脑中形成三维形象，然后转化为二维的工程图纸，而二维的图纸又需在稍后由加工者转化为三维的样件或模型。在需要对产品进行修改时，必须重新经过这个三维与二维的多次转换过程。所以传统的产品样件设计开发过程采用的是一步接一步的方式，往往要花费很长的时间，延长了产品的开发周期。快速成型技术融入了并行工程概念，解决了在工程设计中制约对产品进行快速直观分析论证的难题，使设计的产品在无需任何中间工程图纸和中间环节的情况下，直接生成三维实体模型，因而它具有以下明显的优点：

① 原型的复制性、互换性高，大大缩短新产品研制周期，加快产品推向市场的时间。

② 加工周期短，成本低，成本与产品复杂程度无关，成倍降低新产品的研发成本。

③ 高度技术集成，可实现设计制造一体化，提高新产品投产的一次成功率。

④ 制造原型所用的材料不限，各种金属和非金属材料均可使用，并支持同步（并行）工程的实施。

⑤ 制造工艺与制造原型的几何形状无关，在加工复杂曲面时更显优越，支持技术创新、改进产品外观设计。

首饰制造业（也包括其他制造行业）在失蜡（精密）铸造环节中，长期使用手工起版的方法制作原模，其耗工、耗时且不说，技术过硬的起版师傅更是千金难寻。这是由于手工绘制的首饰设计图纸往往不会、也不可能在所有部位标注精确尺寸，很多部位（尤其是关键部位的尺寸和比例）往往是起版师傅在深入揣摩和感受设计图样的基础上，结合个人的体验和经验进行实际版样的制作，因此必然存在某些主观误差。而采用快速成型技术制造原版，由于设计图样本质属于由三维轮廓数据构成的数据阵列，原版成型后必须、也必然符合三维设计图样的原来面貌，所以快速成型的精度更高，对原设计的意图也更加忠实。如果单纯从技术角度看，快速成型技术无疑比手工起版更可靠、更精确，也更加节省人工。

三、 快速原型技术的工艺类型

自美国3D公司1988年推出第一台商用SLA快速成型机以来，到现在已经有十几种不同的成型系统，其中比较典型的有 LOM、TDP、SLA、SLS、FDM、CNC 数控加工技术等。

1. 激光层压成型（LOM 法）

LOM 法是根据零件分层几何信息切割薄材（如纸张、金属箔材），将所获得的层片依次粘接成三维实体。一般采用一定功率的 CO_2 激光器进行切割，首先铺上一层薄材，然后激光器在计算机的控制下切出本层轮廓，并把非零件部分按一定形状切成碎片以便去除。本层完成后，再铺上一层薄材，用热辊碾压，以固化黏结剂，使新铺上的一层粘在已形成的形体上，再切割。该技术由于每层所需的激光裁切时间很短，从而大大提高了模型的成型速度，适合大尺寸模型的制造，主要用于快速制造新产品样件、模型或铸造用木模。目前，LOM 法的成型精度还不足以制造符合精美表面要求的首饰原模，只有在切割和粘接精度上进一步完善和提高后，才能在首饰快速成型制造上真正发挥作用。

2. 粉末材料选择性粘接成型（TDP 法）

TDP 法是最"古老"的快速成型方法，起初用于制造异型汽车零件。它由一套布粉——喷射粘接伺服系统驱动，在计算机控制下，进行布粉——粘接、再布粉——再粘接，最后吸除剩余粉末，得到原模。所铺布的粉末可以是塑料、蜡、陶瓷、金属或它们复合物的粉体、覆膜砂、硬质树脂粉末等，黏结剂可以是有机的，也可以是无机的。由于其最终成型精度取决于粉末粒度和均匀度、布粉均匀度、黏结剂喷射液滴大小的均匀度和喷射点分布的均匀度等因素，所以其原模成型精度往往波动比较大，较难对其最终精度进行有效控制，难以满足快速成型工艺越来越高的质量要求，所以目前已经不能占据快速成型技术的主流地位。

3. 激光固化成型（SLA 法）

SLA 法以光敏树脂为原料，在计算机控制下，紫外激光按零件各分层截面数据对液态光敏树脂表面逐点扫描，使被扫描区域的树脂薄层产生光聚合反应而固化，形成零件的一个薄层。一层固化完毕后，工作台下降，在原先固化好的树脂表面，再敷上一层新的液态树脂，以便进行下一层扫描固化。新固化的一层牢固地黏合在前一层上，如此重复直到整个零部件原型制作完毕。

SLA 法的特点是精度高、表面质量好、原材料利用率将近 100%，能成型形状特别复杂（如空心零件）、特别精细（如首饰品、工艺品等）的零件。该方法与其他快速成型方法相比，技术较为成熟，成模速度较快，成型精度相对较高，如果能够大幅度降低其设备成本，将可能成为首饰原模快速成型较理想的选择。

4. 选择性激光烧结成型（SLS 法）

此项技术与 SLA 很相似，也是用激光束来扫描各层材料，但 SLS 的激光器为 CO_2 激光器，成型材料为粉末物质，可以是塑料、蜡、陶瓷、金属或它们复合物的粉体、覆膜砂等。制作时，粉末被预热到稍低于其熔点温度，然后控制激光束来加热粉末，使其达到烧结温度，从而使之固化并与上一层粘接到一起。用此法可以直接制作精铸蜡模、实型铸造用消失模、用陶瓷制作铸造型壳和型芯、用覆膜砂制作铸型以及铸造用母模等。

SLS 方法的优点是不需要支持，因为粉末是经过压实的，缺点是机器比较昂贵，制作的零件表面粗糙，后处理比较麻烦，成型件的致密程度较差，成型总时间与 SLA 接近。

5. 融积成型（FDM 法）

融积成型方法是采用融化堆砌的方法，在计算机的控制下加热喷头，将半熔融状的模型材料，根据截面轮廓信息做 X-Y 平面运动和高度 Z 方向运动，丝材（如塑料丝、石蜡质丝等）由供丝机构送至喷头，在喷头中加热、熔化，然后选择性地涂覆在工作台上，快速冷却后形成一层截面轮廓，层层叠加最终成为快速原型。用此法可以制作精密铸造用蜡模、母模等。FDM 技术制作的模型，从材料的性能以及外观看，都非常接近实际，所以在制造概念模型和验证产品功能方面有独特的优势，其运用范围越来越广泛。

四、 首饰行业常用的快速原型技术

在首饰行业中，应用最广的快速原型技术主要有：基于 SLA 法的光固化树脂成型技术、基于 FDM 法的喷蜡固化成型技术。近年来基于 SLS 法的激光选区金属粉末烧结成型技术也逐渐得到推广应用。

1. 喷蜡固化成型技术

喷蜡固化成型技术是采用融化堆砌的方法，将半熔融状的蜡模型材料，用一定的运动规律去充填模型截面。该技术的关键在于成型材料的熔化堆砌，喷嘴在计算机的控制下做零件堆砌所需的运动，成型材料由喷嘴以半融熔状态挤压出来。通过正确地控制成型材料的熔化温度和成型的工作环境温度，使从喷嘴中挤压出来的半熔融状态的成型材料，在离开喷嘴的瞬间开始凝固，即当喷嘴离开成型位置后，成型位置处留下的是已经凝固的成型材料。经过喷嘴以一定的厚度，填充出一个个截面的薄层，然后在高度方向堆砌出成型零件的三维实体，其成型原理如图 11-1 所示。

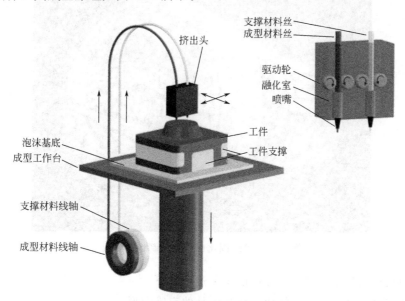

图 11-1　喷蜡固化成型原理图

喷蜡固化成型工艺的优势：采用 100％全蜡材料建造模型，可直接用于珠宝首饰失蜡铸造工艺；采用立体喷蜡打印技术，打印模式有高精度和超高精度两种可选，最高精度可

达 $6\mu m$；建造产品表面光滑，适用于精密铸造加工；支撑蜡材料去除容易方便，无需手工操作；工作平台大，且产品可堆叠放置，可长时间无人值班运行；直接导入 STL、SLC 格式文件就可进行建造加工；结构紧凑，操作简便，整洁美观，适合办公室环境操作。

珠宝首饰行业的喷蜡固化成型技术，较有代表性的是美国 Solidscape 公司开发的 S300 系列喷蜡机（图 11-2），它使用了平滑曲率打印技术，结合精密的按需滴定喷射和细致的铣削，获得了很高的精度和分辨率，打印的蜡版具有平滑的表面光洁度，如图 11-3 所示。

图 11-2　Solidscape 公司开发的喷蜡成型机

图 11-3　喷蜡固化成型技术制作的蜡版

喷蜡固化成型技术制作首饰原版的工艺过程如下。

① 运用首饰 CAD 设计软件建立首饰产品的三维图形。

② 将图形文件转换为快速成型软件可以处理的 STL 文件格式。

③ 快速成型数据处理软件对模型进行分层处理（切出各个等高面上的截面形状）。

④ 对各个截面进行处理，找出需要支撑的部位、形状并形成支撑。

⑤ 以适当的参数对各截面进行填充，使之在喷蜡机的喷嘴运动下形成有一定厚度的薄层。

⑥ 将处理好的喷蜡机设备驱动数据传递给喷蜡机，快速成型加工出模型。

⑦ 对蜡版进行除去支撑、修整表面等后处理。

2. 光固化树脂成型技术

光固化树脂成型技术以光敏树脂为原料，光照射到液态的光敏树脂上，光敏树脂就会固化，从而成型。光固化树脂成型技术具有以下优点：

① 系统工作稳定。系统一旦开始工作，构建零件的全过程完全自动运行，无需专人看管，直到整个工艺过程结束。

② 尺寸精度较高，可确保工件的尺寸精度在 0.1mm 以内。

③ 表面质量较好，工件的最上层表面很光滑，侧面可能有台阶不平及不同层面间的曲面不平。

④ 原材料利用率将近 100%。

⑤ 系统分辨率较高，能构建形状特别复杂、特别精细的工件。

根据采用的光源，光固化树脂成型有激光固化成型和 DLP 光照成型两大类，在珠宝行业中以后者应用最为广泛。DLP 是以数码影像投射光作为动力，它使用高分辨率的数字光处理器投影仪，把有轮廓的光，投影到光敏树脂表面，使表面特定区域内的一层树脂固化，当一层加工结束后，就会生成物体的一个截面。然后平台移动一层，固化层上掩盖另一层液态树脂，再进行第二层投影，第二固化层牢固地粘接在前一固化层上，这样一层层叠加形成三维工件原型。其工作原理如图 11-4 所示。

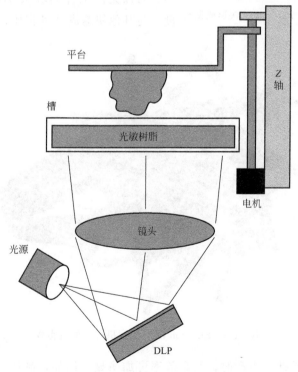

图 11-4　DLP 光固化树脂成型原理图

DLP 与激光固化成型技术相似，都是利用光敏树脂在光照射下会快速凝固的特性。

不同的是，DLP 技术使用高分辨率的数字光处理器投影仪来投射紫外光，每次投射可成型一个截面。因此其成型速度比激光固化成型快很多。

珠宝首饰行业中，采用 DLP 光照成型技术比较有代表性的是德国 Envision TEC 公司开发的 Envision Tec Perfactory 快速成型机，如图 11-5 所示。该机型采用 DLP 数字影像投影技术，投影系统采用的是最先进的 DMD 晶片，DMD 晶片含有 130 万个规则排列相互交错的微型显微镜，每个显微镜的大小仅相当于头发丝的 1/5，每个显微镜会根据影像由个别微电机控制移动角度，发射光线，把影像投射出来，系统根据三维模型的截面轮廓信息，将其转化为一副 bitmap 图片，通过 DMD 晶片投射到树脂上，从而使其固化成型。在成型的过程中可以选择使用不同的树脂材料，红色树脂硬度较高，适合于压模，黄色树脂熔点相对低，适合于直接倒模，如图 11-6 所示。

DLP 树脂快速成型具有如下优点：

① 成型速度快，效率高。它利用投射原理成型，所以无论工件周界大小都不会改变成型速度，与其他快速成型机相比，这种机型所需的工

图 11-5 Envision Tec Perfactory 快速成型机

图 11-6 Envision DLP 成型机打印的树脂版

作时间最短，特别是批量生产时，其高效率更加明显。例如，制作 10 件女装戒指原型，只需要 3h 就能生产出来。

② 模型精度高，表面光洁度好。成型精度达到 0.02mm。

③ 使用成本低，它不是利用激光去固化成型，而是使用很便宜的灯泡照射。整个系统也没有喷射部分，所以避免了其他成型系统喷头常出现堵塞或激光管损坏的问题，减少了维护的成本，并节省了大量的时间。

④ 机身小巧，环境配备要求低，适合一般办公室环境使用，无毒，用电量低。

3. 激光选区金属粉末烧结成型技术

激光选区金属粉末烧结成型技术利用激光对金属粉末材料进行选择性烧结，整个工艺装置由粉末缸和成型缸组成，工作时粉末缸活塞（送粉活塞）上升，由铺粉辊将粉末在成型缸活塞（工作活塞）上均匀铺上一层，计算机根据原型的切片模型控制激光束的二维扫描轨迹，有选择地烧结固体粉末材料以形成零件的一个层面。粉末完成一层后，工作活塞下降一个层厚，铺粉系统铺上新粉，控制激光束再扫描烧结新层。如此循环往复，层层叠加，直到三维零件成型。最后，将未烧结的粉末回收到粉末缸中，并取出成型件。其原理如图 11-7 所示。

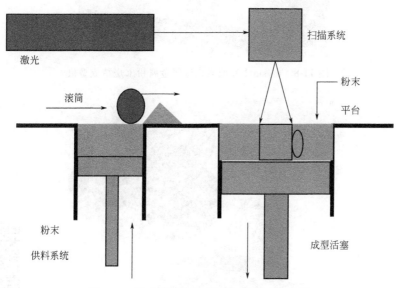

图 11-7　激光选区金属粉末烧结成型原理图

目前，在珠宝行业中较有代表性的激光选区金属粉末烧结成型技术开发和应用品牌，有意大利 Sisma 公司开发的 mysint 系列（图 11-8）和德国 EOS 公司开发的 M 系列激光烧结系统，它们具有如下优点：

① 以金属粉末为材料，可以直接烧结出金属原版或产品坯件，省去常规的蜡型、包埋以及铸造等繁琐的步骤，生产流程短，提升生产效率，同时减少了后续加工过程中产品外观变形和尺寸误差，具有更多的可控性。

② 可实现比强度高、薄壁轻质、柔性连接、结构复杂的产品成型（图 11-9），有助于设计自由化和个性化定制。

③ 采用光纤激光并配备了 LPM 系统，以更加精细的激光聚焦粉末为材料，可以直接烧结出金属原版或产品坯件，省去常规的蜡型、包埋以及铸造等繁琐的步骤及很高的激光强度，并可监控整个烧结过程中的激光状态，提高了原版的尺寸精度和表面质量。

④ 集成的保护气体管理系统保障了长时间连续烧结部件的高品质，兼容氮气及氩气

图 11-8　mysint100 型激光选区金属粉末烧结成型机

图 11-9　激光选区金属粉末烧结成型的首饰原版

两种保护气体，使其可适用于多种金属材料。

⑤ 系统内置的流程处理软件提供了多种金属粉末材料及对应的参数设置，可以为不同的材料及应用进行烧结过程的优化，产品质量的可重复性和稳定性好。

⑥ 设备添加粉末后全程通过计算机控制激光分层熔铸，熔铸结束后可将未使用的粉末回收，筛滤后反复使用，绿色环保避免浪费。

⑦ 可兼容几乎所有常见的开放式扫描设备，采用相关设计软件生成开放式的 STL 格式文件即可用于后期加工，通过设备配套的排版软件自动转化为机器识别的程序文件，最终产品的表面质量及加工速度可根据实际需求开放调整。同一批次的产品可通过添加标识，在工件直接打印生成用于物流识别的相应字符。

第四节　首饰数控加工技术

数控技术已有 40 多年历史，它是数控机床的核心技术，数控机床是工业实现自动化生产的基础，数控机床及数控机床组成的柔性化制造系统是改造传统机械加工装备产业，构建数字化企业的重要基础。

在现代首饰生产中，随着对首饰的结构款式、外观质量、交货期、价格等方面的要求越来越高，对首饰加工技术也提出了更高要求，不仅应保证高的制造精度和表面质量，而且要追求加工表面的美观，以及生产效率和成本。随着对高速加工技术研究的不断深入，尤其将加工机床、数控系统、刀具系统、CAD/CAM 软件等相关技术相互融合并不断发展的推动下，数控高速加工技术应用于珠宝首饰的加工与制造是必然的发展趋势。

一、首饰行业应用的典型数控设备

数控机床通常由控制系统、伺服系统、检测系统、机械传动系统及其他辅助系统组成。控制系统用于数控机床的运算、管理和控制，通过输入介质得到数据，对这些数据进行解释和运算并对机床产生作用；伺服系统根据控制系统的指令驱动机床，使刀具和零件执行数控代码规定的运动，伺服系统的作用是把来自数控装置的脉冲信号转换成机床移动部件的运动；检测系统则是用来检测机床执行件（工作台、转台、滑板等）的位移和速度变化量，并将检测结果反馈到输入端，与输入指令进行比较，根据其差别调整机床运动；机床传动系统是进给伺服驱动元件至机床执行件之间的机械进给传动装置；辅助系统种类繁多，如固定循环（能进行各种多次重复加工）、自动换刀（可交换指定刀具）、传动间隙补偿（补偿机械传动系统产生的间隙误差）等。

针对车削、铣削、磨削、钻削和刨削等金属切削加工工艺及电加工、激光加工等特种加工工艺的需求，开发了各种门类的数控加工机床。数控机床种类繁多，应用在首饰行业中的典型数控设备有如下几种。

1. 数控车床（含有铣削功能的车削中心）

数控车床及车削中心是一种高精度、高效率的自动化机床。具有广泛的工艺性能，可加工直线圆柱、斜线圆柱、圆弧和各种螺纹。具有直线插补、圆弧插补各种补偿功能，并在复杂零件的批量生产中发挥良好的经济效果。

2. 数控铣床（含铣削中心）

数控铣床、仿形铣床的出现，提高了铣床的加工精度和自动化程度，使复杂型面加工自动化成为可能。特别是数控技术的应用扩大了铣床的加工范围，提高了铣床的自动化程度。数控铣床配备自动换刀装置，发展成以铣为主集钻、镗、铰、攻螺纹等多功能、多工序于一台机床上自动完成加工过程的加工中心。它擅长加工各种异型构造面（主要指非框架结构），要求高速的数控系统，主轴转速在 3000～30000r/min 左右，利用 3～7 轴的相对空间运动和切削铣刀的进给深度变化，对毛坯进行内掏式的铣削加工。用于首饰成型的 CNC 雕铣机，同样可以识别各种 CAD 软件的数据格式，不过首饰的铣削成型、雕刻加工因其刀具的特殊性，存在相当细小的角度和进度控制。当然，常见的 Solidwork、Teehgem、ArtCam、JCAD3 或 Jewel CAD 等都可较方便地识别。

3. 数控磨床（含磨削中心）

主要用于首饰模具的制作，包括数控外圆磨床、数控平面磨床、数控内圆磨床等。随着首饰表面质量要求的进一步提高，采用数控精密磨床制作首饰模具可进行镜面磨削。

4. 数控电火花线切割机床

它既是数控机床，又是特种加工机床，不是依靠机械通过刀具切削工件，而是以电、热能量形式来加工，在特种加工中是比较成熟的工艺。分快走丝线切割和慢走丝线切割两种。采用先进的数控技术，驱动机床按照加工前根据工件几何形状参数预先编制好的数控加工程序自动完成加工，不需要制作模样板也无需绘制放大图。

5. 数控电火花成型机床（含电加工中心）

数控系统与电火花成型机床的结合，实现了电极和工件的自动定位、加工条件的自动转换、电极的自动交换、工作台的自动进给、平动头的多方向伺服控制等。显著提高了加工速度、加工精度和加工稳定性，扩大了应用范围。不仅用于加工各种形状复杂和精密细小的工件，而且向能加工汽车车身、大型冲压模的超大型方向发展。

这些数控设备既可以用来加工首饰，如首饰外形车削、首饰镶石雕刻，曲面、球面、弧面雕刻等，又可以用于首版制作及首饰模具加工。

对于 CNC 加工中心，加工方法可分为：三轴联动加工、三轴半加工、四轴联动加工、四轴半加工、假五轴加工、五轴联动加工。

① 三轴联动加工件为平面的或弧度小的，这种方式简单。

② 三轴半加工工件有一定曲面弧度，如以圆钻腰棱面为基准玄高取 0.03mm 为宜，这种也比较简单。

③ 四轴联动加工主要工件为单一平面弧度且较大，能做到宝石与工件法向的方向一致。

④ 四轴半加工主要工件，有一定的弧度且有一固定角度，能做到宝石与工件法向方向一致。

⑤ 假五轴加工为工件有两个或两个以上的较为平滑且较小的弧度，这种方式加工出的工件可做到宝石与工件法向一致，但宝石周围的孔深度差在 ±0.05mm，是一种比较经济的加工方式。

⑥ 五轴联动加工最为有效，对机械的要求高，机械单轴混合的公差应在 ±0.01mm，这种加工方式属于目前层次最高且能做到宝石与工件曲面法向方向完全一致，公差在 ±0.01mm，极其完美。

因此，在进行 CNC 加工前，要根据不同的工件及客户要求选择相应的加工方法。

二、 数控程序编制的内容和步骤

在数控加工过程中，数控程序编制是一个关键的操作，编程的质量直接关系到加工质量、机床和刀具的寿命，必须高度重视。数控编程也要考虑几何设计和工艺安排，在使用 CAM 系统进行高速加工数控编程时，除刀具和加工参数根据具体情况选择外，加工方法的选择和采用的编程策略就成为了关键。一名出色的使用 CAD/CAM 工作站的编程工程师应该同时也是一名合格的设计与工艺师，他应对零件的几何结构有一个正确的理解，具备理想工序安排以及合理刀具轨迹设计的知识。

编程的内容和步骤如下：

1. 分析零件图样和制订工艺方案

分析零件图样和制订工艺方案包括：对零件图样进行分析，明确加工的内容和要求；确定加工方案；选择适合的数控机床；选择或设计刀具和夹具；确定合理的走刀路线及选择合理的切削用量等。这一工作要求编程人员能够对零件图样的技术特性、几何形状、尺寸及工艺要求进行分析，并结合数控机床使用的基础知识，如数控机床的规格、性能、数控系统的功能等，确定加工方法和加工路线。

2. 数学处理

在确定了工艺方案后，就需要根据零件的几何尺寸、加工路线等，计算刀具中心运动轨迹，以获得刀位数据。数控系统一般均具有直线插补与圆弧插补功能，对于加工由圆弧和直线组成的较简单的平面零件，只需要计算出零件轮廓上相邻几何元素交点或切点的坐标值，得出各几何元素的起点、终点、圆弧的圆心坐标值等，就能满足编程要求。当零件的几何形状与控制系统的插补功能不一致时，就需要进行较复杂的数值计算，一般需要使用计算机辅助计算，否则难以完成。

3. 编写零件加工程序

在完成上述工艺处理及数值计算工作后，即可编写零件加工程序。程序编制人员使用数控系统的程序指令，按照规定的程序格式，逐段编写加工程序。程序编制人员应对数控机床的功能、程序指令及代码十分熟悉，才能编写出正确的加工程序。

4. 程序检验

将编写好的加工程序输入数控系统，就可控制数控机床的加工工作。一般在正式加工之前，要对程序进行检验。通常可采用机床空运转的方式，来检查机床动作和运动轨迹的正确性，以检验程序。在具有图形模拟显示功能的数控机床上，可通过显示走刀轨迹或模拟刀具对工件的切削过程和程序进行检查。对于形状复杂和要求高的零件，也可采用铝件、塑料或石蜡等易切材料进行试切来检验程序。通过检查试件，不仅可确认程序是否正确，还可知道加工精度是否符合要求。若能采用与被加工零件材料相同的材料进行试切，则更能反映实际加工效果，当发现加工的零件不符合加工技术要求时，可修改程序或采取尺寸补偿等措施。

三、 高速数控 CNC 镶石加工技术

高速数控 CNC 镶石加工技术作为一项新兴的镶石生产技术，是集高效、优质、低耗于一身的先进制造技术，最初出现于钟表业，并以其突出的优势迅速引进首饰行业的镶石生产中。相对于传统的镶嵌技术，高速数控 CNC 镶石的表面光洁度、精确度、均匀性等一系列外观效果都有了很大的提高，且加工效率大大提高，从而缩短了产品的制造周期，

提高了产品的市场竞争力。同时，高速加工的小量快进使切削力减少了，切屑的高速排出减少了工件的切削力和热应力变形，提高了刚性差和薄壁工件切削加工的可能性。由于切削力的降低，转速的提高使切削系统的工作频率远离机床的低阶固有频率，而工件的表面粗糙度对低阶频率最为敏感，由此降低了表面粗糙度。

（一）刀具的选择

与普通机床加工方法相比，数控加工对刀具提出了更高的要求，不仅需要刚性好、精度高，而且要求尺寸稳定，耐用度高，断屑和排屑性能好，同时要求安装调整方便，这样才能满足数控机床高效率的要求。刀具是高速切削加工中最活跃重要的因素之一。

1. 刀柄

由于高速切削加工时离心力和振动的影响，要求刀具具有很高的几何精度、装夹重复定位精度以及很高的刚度和高速动平衡的安全可靠性。由于高速切削加工时有较大的离心力和振动等特点，传统的锥度刀柄系统在进行高速切削时表现出明显的刚性不足、重复定位精度不高、轴向尺寸不稳定等缺陷，主轴的膨胀引起刀具及夹紧机构质心的偏离，影响刀具的动平衡性能。目前应用较多的是 HSK 高速刀柄和国外现今流行的热胀冷缩紧固式刀柄。

2. 刀具材料

刀具在高速加工过程中要承受高温、高压、摩擦、冲击和振动等载荷，高速切削刀具应具有良好的机械性能和热稳定性，即具有良好的抗冲击、耐磨损和抗热疲劳的特性。高速切削加工的刀具技术发展速度很快，应用较多的如金刚石（PCD）、立方氮化硼（CBN）、陶瓷刀具、涂层硬质合金、碳（氮）化钛硬质合金 TIC（N）等。精密加工首饰贵金属材料、有色金属材料时，可选用聚晶金刚石 PCD 或 CVD 金刚石涂层刀具。

3. 刀具的结构

刀具从结构上可分为整体式、镶嵌式、减振式、内冷式和特殊型式五类。

4. 刀具种类

数控加工刀具可分为常规刀具和模块化刀具两大类。模块化刀具是发展方向，发展模块化刀具的主要优点：减少换刀停机时间，提高生产加工时间；加快换刀及安装，提高小批量生产的经济性；提高刀具的标准化和合理化的程度；提高刀具的管理及柔性加工的水平；扩大刀具的利用率，充分发挥刀具的性能；有效地消除刀具测量工作的中断现象，可采用线外预调。事实上，由于模块刀具的发展，数控刀具已形成了三大系统，即车削刀具系统、钻削刀具系统和镗铣刀具系统。

① 车削用刀具。数控车削常用的车刀一般分尖形车刀、圆弧形车刀以及成形车刀三类。其中，尖形车刀是以直线形切削刃为特征的车刀。这类车刀的刀尖由直线形的主副切削刃构成，如 90°内外圆车刀、左右端面车刀、切槽（切断）车刀及刀尖倒棱很小的各种外圆和内孔车刀。圆弧形车刀是以一圆度或线轮廓度误差很小的圆弧形切削刃为特征的车刀。该车刀圆弧刃每一点都是圆弧形车刀的刀尖，因此，刀位点不在圆弧上，而在该圆弧的圆心上。可以用于车削内外表面，特别适合于车削各种光滑连接（凹形）的成形面。成形车刀也称样板车刀，其加工零件的轮廓形状完全由车刀刀刃的形状和尺寸决定。常见的

成形车刀有小半径圆弧车刀、非矩形车槽刀和螺纹刀等。在数控加工中，应尽量少用或不用成形车刀。

② 钻削用刀具。分小孔、短孔、深孔、攻螺纹、铰孔等加工场合用的刀具，包括镶刃钻头、硬质合金或高速钢钻头、焊接钻头、小螺旋角（12°螺旋角）麻花钻或标准35°螺旋角麻花钻头等多种类别，其连接方式有直柄、直柄螺钉紧定、锥柄、螺纹连接、模块式连接等。

③ 镗铣用刀具。镗削刀具从结构上可分为整体式镗刀柄、模块式镗刀柄和镗头类。从加工工艺要求上可分为粗镗刀和精镗刀。铣削刀具分面铣、立铣、三面刃铣等类别，面铣刀的圆周表面和端面上都有切削刃，端部切削刃为副切削刃；立铣刀的圆柱表面和端面上都有切削刃，它们可同时进行切削，也可单独进行切削。模具铣刀由立铣刀发展而成，可分为圆锥形立铣刀、圆柱形球头立铣刀和圆锥形球头立铣刀三种，其柄部有直柄、削平型直柄和莫氏锥柄。它的结构特点是球头或端面上布满切削刃，圆周刃与球头刃圆弧连接，可以做径向和轴向进给，结构有整体式和机夹式等。其中，立铣刀是数控机床上用得最多的一种铣刀，铣削平面零件内外轮廓及铣削平面常用平底立铣刀，对于一些立体型面和变斜角轮廓外形的加工，常用球形铣刀、环形铣刀、鼓形铣刀、锥形铣刀和盘铣刀。

5. 刀具的选择方法

刀具形状的最佳化可充分发挥刀具材料的性能。选择与加工材料特点相适应的前角、后角、切入角等刀具几何形状和对刃尖进行适当处理，对提高切削精度和延长刀具寿命有很大的影响。选择刀具可以从以下几方面考虑：

① 根据被加工型面形状选择刀具类型。对于凹形表面，在半精加工和精加工时，应选择球头刀，以得到好的表面质量，但在粗加工时宜选择平端立铣刀或圆角立铣刀，这是因为球头刀切削条件较差；对凸形表面，粗加工时一般选择平端立铣刀或圆角立铣刀，但在精加工时宜选择圆角立铣刀，这是因为圆角铣刀的几何条件比平端立铣刀好；对带脱模斜度的侧面，宜选用锥度铣刀，虽然采用平端立铣刀通过插值也可以加工斜面，但会使加工路径变长而影响加工效率，同时会加大刀具的磨损而影响加工的精度。

② 根据从大到小的原则选择刀具。在首饰加工中一般包含多个类型的曲面，因此在加工时一般不能选择一把刀具完成整个零件的加工。无论是粗加工还是精加工，应尽可能选择大直径的刀具，因为刀具直径越小，加工路径越长，造成加工效率降低，同时刀具的磨损会造成加工质量的明显差异。

③ 根据型面曲率的大小选择刀具。在精加工时，所用最小刀具的半径应小于或等于被加工零件上的内轮廓圆角半径，尤其是在拐角加工时，应选用半径小于拐角处圆角半径的刀具并以圆弧插补的方式进行加工，这样可以避免采用直线插补而出现过切现象。在粗加工时，考虑到尽可能采用大直径刀具的原则，一般选择的刀具半径较大，这时需要考虑的是粗加工后所留余量是否会给半精加工或精加工刀具造成过大的切削负荷，因为较大直径的刀具在零件轮廓拐角处会留下更多的余量，这往往是精加工过程中出现切削力的急剧变化而使刀具损坏或裁刀的直接原因。

④ 粗加工时尽可能选择圆角铣刀。一方面圆角铣刀在切削中可以在刀刃与工件接触的0°~90°范围内给出比较连续的切削力变化，这不仅对加工质量有利，而且会使刀具寿命大大延长；另一方面，在粗加工时选用圆角铣刀，与球头刀相比具有良好的切削条件，

与平端立铣刀相比可以留下较为均匀的精加工余量，这对后续加工是十分有利的。

对所选择的刀具，在使用前都需对刀具尺寸进行严格的测量以获得精确数据，并由操作者将这些数据输入数据系统，经程序调用而完成加工过程，才能加工出合格的工件。

（二）高速加工工艺及策略

高速加工包括以去除余量为目的的粗加工、残留粗加工，以及以获取高质量的加工表面及细微结构为目的的半精加工、精加工和镜面加工等。

1. 粗加工

粗加工的主要目标是追求单位时间内的材料去除率，并为半精加工准备工件的几何轮廓。由于镶钻及首饰加工涉及的工艺为高质量的精细加工技术，在此不作进一步论述。

2. 半精加工

半精加工的主要目标是使工件轮廓形状平整，表面精加工余量均匀，它将影响精加工时刀具切削层面积的变化及刀具载荷的变化，从而影响切削过程的稳定性及精加工表面质量。在首饰加工中就是直接体现产品质量上。

粗加工是基于体积模型，精加工则是基于面模型。以前开发的 CAD/CAM 系统对零件的几何描述是不连续的，由于没有描述粗加工后、精加工前加工模型的中间信息，故粗加工表面的剩余加工余量分布及最大剩余加工余量均是未知的。因此应对半精加工策略进行优化以保证半精加工后工件表面具有均匀的剩余加工余量。优化过程包括：粗加工后轮廓的计算、最大剩余加工余量的计算、最大允许加工余量的确定、对剩余加工余量大于最大允许加工余量的型面分区（如凹槽、拐角等过渡半径小于粗加工刀具半径的区域）以及半精加工时刀心轨迹的计算等。

现有的模具高速加工 CAD/CAM 软件大都具备剩余加工余量分析功能，并能根据剩余加工余量的大小及分布情况采用合理的半精加工策略。如 Master CAM 软件提供了束状铣削（pencil milling）和剩余铣削（rest milling）等方法来清除粗加工后剩余加工余量较大的角落以保证后续工序均匀的加工余量。

3. 精加工

高速精加工策略取决于刀具与工件的接触点，而刀具与工件的接触点随着加工表面的曲面斜率和刀具有效半径的变化而变化。对于由多个曲面组合而成的复杂曲面加工，应尽可能在一个工序中进行连续加工，而不是对各个曲面分别进行加工，以减少抬刀、下刀的次数。然而，由于加工中表面斜率的变化，如果只定义加工的侧吃刀量，就可能造成在斜率不同的表面上实际步距不均匀，从而影响加工质量。

一般情况下，精加工曲面的曲率半径应大于刀具半径的 1.5 倍，以避免进给方向的突然转变。在高速精加工中，在每次切入、切出工件时，进给方向的改变应尽量采用圆弧或曲线转接，避免采用直线转接，以保持切削过程的平稳性。

高速精加工策略包括三维偏置、等高精加工和最佳等高精加工、螺旋等高精加工等策略。这些策略可保证切削过程光顺、稳定，确保能快速切除工件上的材料，得到高精度、光滑的切削表面。精加工的基本要求是要获得很高的精度、光滑的零件表面质量，轻松实现精细区域的加工，如小的圆角、沟槽等。对许多形状来说，精加工最有效的策略是使用三维螺旋策略。使用这种策略可避免使用平行策略和偏置精加工策略中会出现的频繁的方向改变，从而提高加工速度，减少刀具磨损。这个策略可以在很少抬刀的情况下生成连续光滑的刀具路径。这种加工技术综合了螺旋加工和等高加工策略的优点，刀具负荷更稳定，提刀次数更少，可缩短加工时间，减小刀具损坏概率。它还可以改善加工表面质量，最大限度地减小精加工后手工打磨的需要。在许多场合需要将陡峭区域的等高精加工和平坦区域三维等距精加工方法结合起来使用。

（三）走刀方式和切削方式的确定

走刀方式是指加工过程中刀具轨迹的分布形式。切削方式是指加工时刀具相对工件的运动方式。在数控加工中，切削方式和走刀方式的选择直接影响着工件的加工质量和加工效率。其选择原则是根据被加工零件表面的几何特征，在保证加工精度的前提下，使切削时间尽可能短，切削过程中刀具受力平稳。

1. 走刀方式

常用的走刀方式包括单向走刀、往复走刀和环切走刀三种形式。

① 单向走刀方式在加工中切削方式保持不变，这样可以保证顺铣或逆铣的一致性，但由于增加了提刀和空走刀，切削效率较低。粗加工中，由于切削量较大，一般选用单向走刀，以保证刀具受力均匀和切削过程的稳定性。

② 往复走刀方式，在加工过程中不提刀进行连续切削，加工效率较高，但逆铣和顺铣交替进行，加工质量较差。一般在粗加工时由于切削量大不宜采用往复走刀，而在半精加工和表面质量要求不高的精加工时可选用往复走刀。

③ 环切走刀方式，其刀具路径由一组封闭的环形曲线组成，加工过程中不提刀，采用顺铣或逆铣切削方式，是型腔加工常用的一种走刀方式。

2. 铣削方式

铣削方式的选择直接影响到加工表面质量、刀具耐用度和加工过程的平稳性。在采用圆周铣削时，根据加工余量的大小和表面质量的要求，要合理选用顺铣和逆铣。一般地，粗加工过程中余量较大，应选用逆铣加工方式，以减小机床的振动；精加工时，为达到精度和表面粗糙度的要求，应选择顺铣加工方式。在采用端面铣削时，应根据所加工材料的不同，选用不同的铣削方式，一般地，在加工高硬度的材料时应选用对称铣削；在加工普通碳钢和高强度低合金钢时，应选用不对称逆铣，可以延长刀具的使用寿命，得到较好的工件表面质量；在加工高塑性材料时应选用不对称顺铣，以提高刀具的耐用度。

（四）刀具的切入与切出

在首饰数控铣削中，由于首饰工件的复杂性，往往需要多次更换不同的刀具才能完成对零件的加工。在粗加工时，每次加工后残留余量形成的几何形状是在变化的，在下次进刀时如果切入方式选择不当，很容易造成裁刀事故。在精加工时，切入和切出时切削条件的变化往往会造成加工表面质量的差异。因此，合理选择刀具切入、切出方式具有非常重要的意义。一般的 CAM 软件提供的切入切出方式有刀具垂直切入切出工件（Plunge）、刀具以斜线切入工件（Ramp）、刀具以螺旋轨迹下降切入工件（Spiral）、刀具通过预加工工艺孔切入工件（Entry Hole）以及圆弧切入切出工件（Arc-Tangent）。

其中刀具垂直切入切出工件是最简单、最常用的方式，适用于可以从工件外部切入的凸模类工件的粗加工和精加工以及工件侧壁的精加工；刀具以斜线或螺旋线切入工件常用于较软材料的粗加工；通过预加工工艺孔切入工件是凹模粗加工常用的下刀方式；圆弧切入切出工件由于可以消除接刀痕而常用于曲面的精加工。需要说明的是在粗加工型腔时，如果采用单向走刀（Zig）方式，一般 CAD/CAM 系统提供的切入方式是一个加工操作开始时的切入方式，并不定义加工过程中每次的切入方式，这个问题有时是造成刀具或工件损坏的主要原因，解决这一问题的一种方法是采用环切走刀方式或双向走刀方式，另一种方法是减小加工的步距，使背吃刀量小于铣刀半径。

（五）高速切削数控编程

高速铣削加工对数控编程系统的要求越来越高，价格昂贵的高速加工设备对软件提出了更高的安全性和有效性要求。高速切削有着比传统切削特殊的工艺要求，除了要有高速切削机床和高速切削刀具外，具有合适的 CAM 编程软件也是至关重要的。数控加工的数控指令包含了所有的工艺过程，一个优秀的高速加工 CAM 编程系统应具有很高的计算速度、较强的插补功能、全程自动过切检查及处理能力、自动刀柄与夹具干涉检查、进给率优化处理功能、待加工轨迹监控功能、刀具轨迹编辑优化功能和加工残余分析功能等。高速切削编程首先要注意加工方法的安全性和有效性；其次，要尽一切可能保证刀具轨迹光滑平稳，这会直接影响加工质量和机床主轴等零件的寿命；最后，要尽量使刀具载荷均匀，这会直接影响刀具的寿命。

1. CAM 系统应具有很高的计算编程速度

高速加工中采用非常小的进给量与切深，其 NC 程序比传统数控加工程序要大得多，因而要求软件计算速度要快，以节省刀具轨迹编辑和优化编程的时间。

2. 全程自动防过切处理能力及自动刀柄干涉检查能力

高速加工以传统加工近 10 倍的切削速度进行加工，一旦发生过切对机床、产品和刀具将产生灾难性的后果，所以要求其 CAM 系统必须具有全程自动防过切处理的能力及自动刀柄与夹具干涉检查、绕避功能。系统能够自动提示最短夹持刀具长度，并自动进行刀具干涉检查。

3. 丰富的高速切削刀具轨迹策略

高速加工对加工工艺走刀方式比传统方式有着特殊要求，为了能够确保最大的切削效率，又保证在高速切削时加工的安全性，CAM 系统应能根据加工瞬时余量的大小自动对进给率进行优化处理，能自动进行刀具轨迹编辑优化、加工残余分析并对待加工轨迹监控，以确保高速加工刀具受力状态的平稳性，提高刀具的使用寿命。

采用高速加工设备之后，对编程人员的需求量将会增加，因高速加工工艺要求严格，过切保护更加重要，故需花更多的时间对 NC 指令进行仿真检验。一般情况下，高速加工编程时间比一般加工编程时间要长得多。

（六）高速数控 CNC 镶石标准

① CNC 锣爪、钻孔应沿实际工件曲面弧度的法线方向，不可出现加工后孔周槽与工件表面有深浅不一致的情况。

② CNC 加工根据不同客户要求而定，可分圆爪、方爪或其他。圆爪的圆心应该在实际石径外偏移 0.05mm 的圆弧之上，根据石的大小来设计爪的大小，表 11-1 列出了部分石径与圆爪、方爪大小的对应关系，以此类推。

表 11-1　CNC 爪镶中圆爪大小与石径的对应关系　　　单位：mm

石径	圆爪直径	方爪尺寸
1.0	0.28～0.3	0.35～0.4
1.1	0.29～0.31	0.36～0.41
1.2	0.3～0.32	0.37～0.42
1.3	0.31～0.33	0.38～0.43
1.4	0.32～0.34	0.39～0.44
1.5	0.33～0.35	0.4～0.45
1.6	0.34～0.36	0.41～0.46
1.7	0.35～0.37	0.42～0.47

③ CNC 钻孔深度以石径的 0.68 倍为准，当钻石的直径或厚度不标准时，应以实际测量值来确定钻孔的深度。另外，客户有特殊要求的，如客户要求比一般情况更突出宝石效果的，钻孔深度得小于 0.68 倍，铣刀深度适当加深。

④ CNC 加工用刀具，铣刀应磨角度在 6°～10°之间，钻刀角度 35°～40°之间。

⑤ CNC 加工出来的工件底纹方向应尽量与工件外形弧度平行，底纹间隔应在 0.04～0.06mm 之间，且底纹越光滑越好，特殊要求因情况而定。

⑥ CNC 加工后的金边大小基本一致，公差应小于 0.03mm。金边应光滑，不应出现接痕、狗牙等。

第五节　首饰激光加工技术

"激光"一词是"LASER"的意译。LASER 原是 light amplification by stimulated emission of radiation 取字头组合而成的专门名词。世界上第一台激光器诞生于 1960 年，我国于 1961 年研制出第一台激光器，60 多年来，激光技术与应用得到了迅猛发展。激光技术是涉及光、机、电、材料及检测等多门学科的综合技术。激光加工是激光应用的首要领域，激光加工技术是利用激光束与物质相互作用的特性对材料（包括金属与非金属）进行切割、焊接、表面处理、打孔、微加工以及作为光源识别物体等的一门技术。

激光技术早已被应用于宝石尤其是钻石的加工领域，20 世纪 90 年代，激光技术开始在首饰制造领域被实际应用。欧洲、美国和日本不约而同地推出了一系列首饰激光加工设备，能够对首饰进行激光雕刻、焊接和切割。加上激光固化成型、激光电镀技术的应用，激光技术实际上已经全面进入宝石加工和首饰制造领域。

一、 激光简介

1. 激光的主要特性

激光有四大特性：高亮度、高方向性、高单色性和高相干性。

① 激光的高亮度。固体激光器的亮度更可高达 $1011W/cm^2Sr$。不仅如此，具有高亮度的激光束经透镜聚焦后，能在焦点附近产生数千摄氏度乃至上万摄氏度的高温，这就使其能加工几乎所有的材料。

② 激光的高方向性。激光的高方向性使其能在有效地传递较长距离的同时，还能保证聚焦得到极高的功率密度，这两点都是激光加工的重要条件。

③ 激光的高单色性。由于激光的单色性极高，从而保证了光束能精确地聚焦到焦点上，得到很高的功率密度。

④ 激光的高相干性。相干性主要描述光波各个部分的相位关系。

正是由于激光具有如上所述的奇异特性，因此在工业加工中得到了广泛的应用。

2. 激光器的基本组成

激光器是产生激光输出的实际装置，它使工作物质激活，产生受激发放大作用，并维持受激辐射，在腔内形成持续的振荡。最初由自发辐射产生的微弱光经过选择性受激放大，沿光轴的光得到优先强化，光强不断积累增大，当超过腔内损耗阈值时，部分振荡光能耦合输出便成为激光。任何激光器都由工作物质、激励系统和光学谐振器三个基本部分组成。

工业应用的激光系统根据功率大小可以分成 4 个主要类别，根据激发方式又可细分为连续波激光和脉冲激光。激光的效率取决于目标材料的吸取、反射和反应性能。连续波激光主要用于打印记、雕刻和焊接等，材料吸收激光能量的部位会发热、熔化、表面汽化或产生氧化等化学变化，因此在通常的可见光中发生干涉或颜色改变。根据 CAD/CAM 原理使聚焦点在 $X-Y$ 坐标系中精确移动，可以做出印记图样。脉冲激光主要用于焊接、表面改性和切割等，具有较高的脉冲能量，但是脉冲频率有限制，工业激光多数是 4 级，需要安全防护，首饰加工业用的大部分激光是 1 级，具有内置安全装置。

目前，使用的激光器主要有钇铝榴石（YAG）激光器和二氧化碳（CO_2）激光器等。

二、 激光在首饰制造业中的应用

自从激光加工技术引入首饰加工业以来，得到了越来越广泛的应用，它以其高速度、高精度和方便性而广受欢迎，逐渐成为首饰加工企业不可或缺的重要设备。

（一） 激光焊接

1. 激光焊接的优点

激光焊接是激光技术在首饰加工企业中应用最广的一个方面，与传统的火焰加焊料焊接相比，激光焊接具有以下的优点：

① 激光焊接的高速度。首饰加工企业采用激光技术的最大因素，就是激光焊接的高

速度，激光束脉冲频率多高，它作用在金属上就有多少次。激光刚出现时，脉冲频率一般是 2Hz，即每秒操作 2 次。现在激光焊接机的脉冲频率一般可以达到 20～25Hz，高脉冲的机器更适合工业应用。有一些型号的激光焊接机的脉冲频率甚至可以高达 70Hz，不过这对于一般的操作者来说太快了，因而有些公司生产的激光焊接机从方便操作考虑，将脉冲频率限制在最高 30Hz，但这仍比早几年前出现的机型要快得多。

当然脉冲速度并不等同于生产速度。实际上，尽管激光焊接可以比火焰焊接更快，但是它一次只能焊接一个工件。操作者焊接工件时，一般是手持或用夹具夹持，一次一个，而且大多数激光焊接机的工作室都不是很大，一次不能处理大量的工件，因而生产时间有些增加。但是激光焊接时由于清理工作减少而节省的时间，足以补偿焊接生产的时间。激光焊接可以在惰性气体保护下进行，不会在产品上留下火斑，因而工件焊接时无需加助熔剂，焊接后不需进行酸浸处理。因此总体而言，激光焊接的生产效率还是很高的。

② 保证了焊接工件的质量。利用激光焊接可以改善首饰产品的质量，降低废品率。采用火焰焊接时，因为发生退火软化，使工件在抛光时容易出现凹痕而使废品率增高，采用激光焊接后，因为提高了硬度，凹痕少了很多，从而降低了废品率。如电铸含金 58%，含银 42% 的 14K 合金首饰，采用火焰焊接时，银产生退火，使饰品整体的硬度从 145HV 降低大约一半，如果从齐腰的高度跌落到地面，它都会摔出凹痕。而采用激光焊接时，由于热量集中，可以采用低功率、高速度的激发，工件不会发生退火，从而使工件的强度更高，而且由于没有产生过热，使焊接部件间的配合也很好。再如，使用火焰焊接时，有时即使采用夹子将其固定，某些焊点也会有因受热而张开的可能，但是采用激光焊接时，即使邻近的焊点也不会受影响。

③ 可以开发新的生产工艺。由于这项新技术的应用，人们都在改变传统的首饰设计制作思维方式。借助激光技术，可以设计制作一些特殊的结构款式，而在过去，由于受到传统的火焰焊接，钎焊或炉内加热粘接方法的限制，这些结构款式是难以完成的。激光集中在某个点加热的另一个好处是，相对大量熔化的方法而言，激光焊接可以在很窄的焊接区域进行，更容易将不同类的合金连接在一起，因此两个组件间的颜色或组织可以突变，不会互相混合，但普通的加热炉焊接时颜色会混合到一起。激光焊接的狭窄工作区使焊接在湿润性、连接健全性和热影响区的晶粒尺寸，都区别于传统的焊接技术。

④ 激光焊接时不会改变首饰的成色。激光焊接时，激光可以使被焊工件局部熔化而直接焊合，不用填充金属料。因此，激光焊接首饰工件不会改变首饰的成色。

⑤ 便于首饰工件的修理。激光的使用，可以使首饰工件的修理工作变得很简单，例如修复临近宝石的金属本体和清除铸件的孔洞等，可以在理想的条件下焊接距离复杂、热敏感部件近至 0.2mm 的部位，例如铰链、钩、扣件、镶口、大部分宝石，甚至是珍珠和有机材料等。

⑥ 不会造成环境污染。激光焊接不会造成环境污染问题，由于在焊接过程中，不需利用焊料和熔剂，不需使用化学溶剂对焊接工件进行清洗，因此没有废物处理的问题。

⑦ 激光焊接可以节省金属材料。采用火焰焊接时，为适应焊接过程时的损失，一般要求金属厚度为 0.2mm。而使用激光焊接时，可以减薄到 0.1mm，因而饰品的重量可以减轻 35%～40%，这对于电铸工艺产品而言，就显得极为重要。使用激光不仅能节省贵金属材料，也可以节省焊料的费用，而且有多重焊接时，不必使用不同类型的焊料。

2. 激光焊接的过程

激光焊接由三个典型的阶段组成。首先是中心焊接，它将工件连接到一起；第二个阶段是填充，使用合金线作为焊料，来填充初始焊接留下的空隙；最后一个阶段是使表面光顺，对焊接点进行激光击打，直到批光和清理工作量最小。

激光脉冲击打在金属表面上，形成三个显著的轰击区，表现为三个同心圆，最外面的圆是受热的金属，比较热，但是没有显著变化。中间的圆是液化的金属，此时材料本身成为焊料的一部分而进行自焊合，它可以移动，也可以塑成需要的形状。在三个圆的中心，激光束的能量最集中，金属被气化，即损失了。在填充和光顺阶段，容易实现更高的脉冲频率。高频率机型的真正好处，是可以更好地控制金属加热的速度。

采用自动脉冲时，为操作提供了很大的方便，因为它可以使金属珠滚动，或形成凹坑及使金属保持液态，因而可以用浅脉冲使金属塑形。有时填充阶段可以跳过，有些用户仅采用中心焊接和光顺两个步骤。如果工件设计的配合很好，则没有必要填充任何额外的材料。

3. 首饰激光焊接机

首饰加工企业用的激光焊接机相对而言功率较低，设计成安全性高、紧凑、方便移动的结构，操作者可以舒适地坐在机器旁操作，如图 11-10 所示。

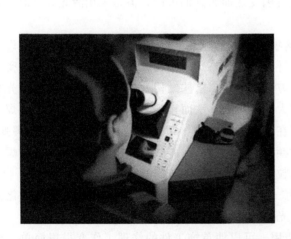

图 11-10 首饰加工业用激光焊接机

早期的单脉冲式激光焊接机，操作者必须自己确定激发的能量，如果激发量刚好足够完成工作，则最好；如果不够，就还需要再次激发；如果过量，则会在工件上留下孔洞。使用新型激光焊接机，损坏工件的概率大大减少。采用低热光功率装置，可以获得很好的焊接结果。功率名义上可以足够低，这样激发单个脉冲不会对金属产生任何影响。但是如果采用低功率装置，以高频率激发脉冲，则金属实际上还是会缓慢加热起来，这样可以让操作者有更多的控制自由度，这点是非常重要的，特别是对薄金属制成的工件。例如某些电铸首饰，只有 0.1mm 厚，就考虑利用激光将配件连接到电铸件上，而不会完全烧穿它，采用低功率、高速度的激光装置，就可以达到这个要求，而且结构很稳定。

典型的首饰用激光焊接机可以快速、可靠和准确地焊接大部分金属和合金，但效率在很大程度上取决于目标材料的性能。进行组件的连接或对铸件进行修复，可以在可视控制下通过一个或多个激光脉冲完成。通常一个脉冲持续1～20ms。采用立体显微镜和十字交叉线可以准确地对焊接部位进行定位，工件的前后左右位置可以在立体显微镜视场内做轻微调整。

一台好的首饰激光焊接机的其中一个特征，是光束聚焦的有效深度。激光发生器出口处的多元透镜形成了光束的工作区，用于打标记的激光机需要的聚焦深度小，而对激光焊接机来说，如果工作区的光束是呈圆柱形的，则更容易使用，因为焦点直径不会改变几个毫米，随着目标离出口透镜的距离加大，焦点的深度增加。可以通过调节单个激光脉冲的强度、脉冲长度和脉冲频率来控制总体的焊接能量，脉冲与脉冲之间能量的稳定也很重要，这样可稳定地保持针对某个操作的优化设置，预测出适合的焊接参数。

整个操作过程的速度在很大程度上取决于每个脉冲定位工件所花的时间。工作环境通常是大气气氛，但将空气或惰性气体注入工作区可以起一些冷却作用，另外惰性气体还可以提高合金的焊接质量。许多机型装有抽气装置，可以将工作室内产生的气体抽掉，一些激光焊接机，采用有两个操作压力的脚踏开关来同时控制激光脉冲和气流。单个脉冲由踏板受压时间的长短决定，这样可以腾出操作者的双手，便于定位和把持工件。每个脉冲只是激光发生器发出的总能量的一小部分，因此，外部循环水可以有效进行冷却。

4. 合金材料对激光焊接效果的影响

激光焊接对不同的合金有不同的效果，控制参数相同，每次焊接脉冲传递的热量相同，但是每个脉冲的熔化效果取决于表面吸收热能的比例，而不是反射的比例，具体的影响因素包括以下几个方面：从室温到熔点的热量；熔点（液相线）；熔化潜热；热导率。

一些常用首饰材料的典型激光焊接参数如表11-2所示。

表11-2　一些首饰材料的典型激光焊接参数

合金成分	脉冲电压/V	脉冲长度/ms	结果
Pt 合金	200～300	1.5～10	焊接很好
99.99Au	300～400	10～20	焊接区域发暗，需高的功率
18KY	250～300	2.5～10	焊接很好
18KW	250～280	1.7～5.0	焊接很好
925 银/835 银	300～400	7.0～20	焊接区域发暗，需高功率
钛	200～300	2.0～4.0	建议用惰性气氛
不锈钢	200～300	2.0～15	建议用惰性气氛

对其他的首饰合金材料，表11-2中的参数设置可能需要做些调整，不同材料具有不同的热导性能、熔化温度和结晶潜热，这些性能集中在一起，对有效焊接所需的能量会产生显著影响，只有表面吸收了足够的热量，而不是反射出去时，才能进行焊接。因此表面的颜色和反射性也很重要。但高的反射性和高的导热性组合在一起时，如银和高成色K金，将有助于对目标点打标记和发黑，进而有效增加表面的吸收分数。

5. 激光焊接铂金合金

铂金合金首饰铸件的质量要求较高，有些表面缺陷在初始阶段可以修复，但是小针孔有时要在抛光时才暴露出来，运用激光焊接机，可以减少报废重铸的成本。

铂金以其极高的熔点，使焊接和切割等都比较困难。采用激光焊接，高强度的激光脉冲使材料在一个很小的目标区域表面产生的温度超过铂的熔点，从而使铂金熔化而焊合。如果能限制工件的热量传递，则可以保持大部分首饰合金的热处理态或冷加工态的硬度，这对铂金首饰合金来说尤其重要。

大部分铂金的熔点都很高，但其热导率都比较低，见表 11-3，因此激光在每个脉冲能传递足够的能量，使一个很小的聚焦区熔化，而只有一个很小的热影响区。除钯（熔点 1555℃）外，其他的铂族首饰合金对激光焊接机参数设置的反应方式都差不多。相比之下，金、银合金的熔点比铂金低得多，但它们的导热性能却比铂高 5～7 倍。

表 11-3　铂金合金的熔点和热导率

合金	热导率/[W/(cm·K)]	熔点/℃	合金	热导率/[W/(cm·K)]	熔点/℃
999Pt	0.245	1773	Pd	0.240	1555
990Pt	0.245	1773	5%Pd	0.247	1765
5%Cu	0.288	1745	10%Pd	0.247	1755
5%Co	0.223	1765	15%Pd	0.247	1750
3%Co/7%Pd	0.229	1740	5%Rh	0.250	1820
5%Co/10%Pd	0.220	1730	5%Ru	0.255	1795
5%Ir	0.245	1795	5%W	0.267	1845
10%Ir	0.242	1800	纯 Au	1.2	1063
15%Ir	0.241	1800	纯 Ag	1.702	962
20%Ir	0.237	1830			

对铂金首饰而言，激光束可以很接近敏感的宝石，一般不必在焊接修理前先将宝石取下来，且大部分组件可以在焊接前基本抛光好，或者可以先将组件点焊，再调整到合适位置，最后用激光焊接提高焊接部位的光洁度。几乎所有铂金合金都属于这一类容易处理的合金，但对不同种类的合金，有必要对激光设置做些小的调整，以获得最佳效果。

6. 激光焊接的安全性

激光产品的放射性须遵守 IEC 安全标准，这里面包括了设备类别、技术规范和使用指南等，其目的是通过指示激光放射安全工作等级，及根据其危害程度对激光进行分类，运用标签、符号和指示等方式，为用户提供安全信息及采取相应的防范措施，保护操作者免受波长 200nm～1mm 的激光辐射，并对在激光放射覆盖范围内有关的人员提出警告。

IEC 标准定义了 4 个常用的激光安全类别，但实际上所有首饰用激光焊接机都是第一类，本身是安全的，或通过工程设计可以保证安全。一般在机器内部已设置了必要的安全设施，可以充分保证操作者和附近人员的安全。典型的安全装置和措施包括：

① 操作时只有操作者的双手能进入工作室内，并打开两个互锁开关。互锁开关的位置有利于安全稳定地把持工件，手臂安全地阻止了任何辐射线从工作区放射出来。

② 用显微镜确定最佳的工作位置，这个视野可以自动限制控制区的位置。

③ 采用特殊的屏障，在触发激光脉冲的瞬间暂时关闭视场，可以保护眼睛免受直接的激光放射（以及一些二次放射）。由于这个过程进行得很快，操作者一般注意不到视场的消失。

④ 激光束使大多数材料产生二次放射，包括红外光和紫外光，通过激光保护窗口可以观察到，二次放射不会伤害眼睛，但是如果眼睛直接看可见的二次放射会引起头痛等不

适症状。

⑤ 为观察操作过程，激光保护窗口完全是透明的。

⑥ 除直接的安全外，由于首饰用激光焊接机的座位可以调节，使身体能直立放松，也有助于防止背疼和颈疼。

当然，操作者的双手没有得到保护，可能在注意力不集中时，会将手伸入脉冲激光束下而受到灼伤。在首饰用激光焊接机的功率下，一两个脉冲作用在手指上，会有短时的不适感，多次脉冲作用在同一个点时可能会引起烧伤，要注意不能感染。只有在非常不利的情况下二次散射才会达到足够高的强度而烧伤皮肤。正常情况下皮肤暴露在波长 1064nm 的低级散射中，在生理上是安全的，红外激光放射跟普通的热辐射一样。

具有较高热导率的材料经受重复激光脉冲作用时，容易使工件升温而烫伤手指。注意在操作过程中，不能在工作区内佩戴首饰（戒指、手表、手镯），因为激光束会照射它们使之产生热量传递到手指上，而在激光室内是很难将一个快速加热的戒指迅速脱下来的。另外，首饰工件会反射散射光甚至使之聚焦，从而引起皮肤灼伤。

（二）首饰制造业中的其他激光技术

1. 激光打印记和打孔

有些首饰工件要求非常精细的花纹或字印，运用传统的铸造、冲压等工艺是满足不了要求的，激光技术则可以实现。其中采用光纤输出激光，再经高速扫描振镜系统实现打标是比较先进的激光打标技术，具有电光转换效率高、输出光束质量好、聚焦光斑小、打标效果精细、可靠性高、材料适应范围广等优点。首饰用光纤激光打标机的激光源平均输出功率为数十瓦，光斑可小至 0.05mm，定位精度可达 0.4μm，可打上微米级的微细印记，这些印记可以沿一个单一的路径高速实现，如图 11-11 所示。

激光打孔指激光经聚焦后作为高强度热源对材料进行加热，使激光作用区内材料融化或气化继而蒸发，而形成孔洞的激光加工过程。激光打孔技术具有精度高、通用性强、效率高、成本低和综合技术经济效益显著等优点，已成为现代制造领域的关键技术之一。在激光出现之前，只能用硬度较大的物质在硬度较小的物质上打孔。这样要在硬度最大的钻石上打孔，就成了极其困难的事。而激光打孔技术出现后，这一类的操作变得既快又安全。

激光打孔时，激光束在空间和时间上高度集中，利用透镜聚焦，可以将光斑直径缩小 $10^5 \sim 10^{15}\,W/cm^2$ 的激光功率密度，如此高的功率密度几乎可对任何材料进行激光打孔。通过高性能直线电机驱动实现高速度高精度定位，定位精度可达 ±0.005mm，重复精度可达 ±0.0025mm，钻孔精度可达 ±0.0254mm。

2. 激光雕刻技术

激光雕刻加工就是将高能量的激光束，投射到材料表面，利用激光产生的热效应，在材料表面产生清晰图案的激光加工过程，它是激光加工方式中的一种。

一般说来，激光雕刻按加工效果一般分为如下三种：

① 激光雕刻线条加工，即利用激光束，在材料表面产生清晰的线条效果的加工方法。

② 激光雕刻填充加工，即利用激光束，将某一特定区域内的材料表层全部气化，形

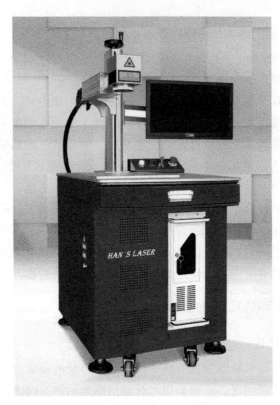

图 11-11　光纤激光打印机

成凹陷效果的加工方法。

③ 激光雕刻镂空加工，即利用激光束，将某一特定区域内的材料全部气化，形成镂空效果的加工方法。

雕刻可看作是打印记技术的直线延伸，在合适的聚焦条件下，某些激光源可以达到直径为 25μm 的激光点，因此可以进行非常准确的雕刻操作，可以雕刻出很小的图像，这样首饰产品可以顺利实现个性化。雕刻可以在平面或曲面上进行，深度可达数毫米。随着激光技术的进步，激光雕刻机的功能也更强了，可以雕刻更多种类的金属，包括银。银具有极高的导热性，它传导热量的能力比激光击打提供热量的能力还强，因而需要更多的能量使击打点熔化，老式的低功率激光雕刻机不能产生所需的热量来熔化雕刻银，新型的激光雕刻机功率达到数百瓦，可以轻易解决这个问题。

3. 激光切割技术

激光切割是利用聚焦的高功率密度激光束照射工件，使被照射的材料迅速熔化、气化、烧蚀或达到燃点，同时借助与光束同轴的高速气流吹除熔融物质，从而将工件割开。

激光切割属于热切割方法之一，也可看作是打印记技术的直线延伸，在某种意义上也是激光雕刻技术的延伸，只是它雕刻的深度比加工工件的厚度更大。其中一个较早的应用是用 Q 转换 Nd∶YAG 激光源进行的，可以切割很薄的金片，甚至几百分之一毫米，然后几十个薄片组装在一起以方便处理，这种材料一般用于纯金框和雕塑上。采用功率更高的激光器，也可以切割数毫米厚的贵金属板材，以及更厚的其他金属板材，如图 11-12 所示。

图 11-12　激光切割金属板材

与其他热切割方法相比，激光切割技术具有如下特点：

① 切割质量好。由于激光光斑小、能量密度高、切割速度快，因此激光切割能够获得较好的切割质量，切口细窄，切缝两边平行并且与表面垂直，切割零件的尺寸精度可达±0.05mm。切割表面光洁美观，表面粗糙度只有几十微米，甚至激光切割可以作为最后一道工序，无需机械加工，零部件可直接使用。材料经过激光切割后，热影响区宽度很小，切缝附近材料的性能也几乎不受影响，并且工件变形小，切割精度高，切缝的几何形状好，切缝横截面形状呈现较为规则的长方形。

② 切割效率高。由于激光的传输特性，激光切割机上一般配有多台数控工作台，整个切割过程可以全部实现数控。操作时，只需改变数控程序，就可适用不同形状零件的切割，既可进行二维切割，又可实现三维切割。

③ 切割速度快。在激光切割时不需要装夹固定，既可节省工装夹具，又可节省上、下料的辅助时间。

④ 非接触式切割。激光切割时割炬与工件无接触，不存在工具的磨损。加工不同形状的零件，不需要更换"刀具"，只需改变激光器的输出参数。激光切割过程噪声低，振动小，无污染。

⑤ 切割材料的种类多。可分别切割金属、非金属、金属基和非金属基复合材料、皮革、木材及纤维等多种材料。但是对于不同的材料，由于自身的热物理性能及对激光的吸收率不同，表现出不同的激光切割适应性。

4. 激光快速原型技术

快速原型技术中应用激光技术进行加工的方法有多种，其中激光固化成型（SLA法）、激光层压成型（LOM法）、选择性激光烧结（SLS）三种技术都应用了激光技术。它们集成了激光技术、CAD/CAM技术和材料技术的最新成果，根据零件的 CAD 模型，用激光束使材料固化或熔化成型，不需要模具和刀具，即可快速精确地制造出形状复杂的零件。

第十二章

首饰制作中的贵金属回收

　　贵金属具有独特的物理化学性能，广泛地应用于现代高科技及国民经济的各个领域。然而贵金属的世界储量有限，且分布极不均匀。由于具有很高的经济价值，在贵金属首饰加工制作过程中，残留下的贵金属废料中的贵金属含量，远高于其矿石中的品位，且组成成分相对单一，处理也较为简便，回收成本较低。因此，在首饰加工制作行业，必须时刻注意贵金属的回收问题，降低首饰制作过程中的贵金属损耗。对于首饰加工企业来说，这是降低企业生产成本，提高经济效益的最直接、最有效的手段。

　　首饰制作过程中的损耗，包括在首饰生产的全过程中，如熔模铸造、执模、镶石、抛光、电镀等工序中都会出现贵金属的损耗。因此，每道工序、每个环节都存在着贵金属的回收问题。如首饰加工过程中产生的废屑、边角废料、研磨粉和粉尘，在电镀过程中产生的废电镀液等。这类废料中，主要含有金、银、铂、钯等贵金属，贵金属的含量较高，杂质元素较少，是回收贵金属的上等原料，其主要形态有金属固体、粉末和溶液。

　　回收贵金属时首先应对废料进行分类、取样和分析，这项工作在回收过程中是非常重要的，操作者熟练掌握这项技术，可以减少回收工序，降低回收的成本和减少贵金属回收过程中的损耗。废料的分类不仅要区分液体和固体，还要分析出废料的组成，这样才能更好地实施相应的回收方法。

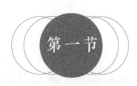 **第一节　　贵金属废料处理过程中的基本化学反应**

　　贵金属废料经预处理后，通常采用火法冶金和湿法冶金方法进行回收。由于湿法冶金适应性强，金属回收率高，因而一般的回收厂都选用湿法冶金。

　　首饰制作行业主要使用的贵金属元素，在湿法冶金中的基本化学反应简述如下：

一、金

1. 溶解

① 金废料用王水溶解，形成氯金酸：

$$2Au + 2HNO_3 + 6HCl \longrightarrow 4H_2O + 2NO\uparrow + 2AuCl_3$$

$$AuCl_3 + HCl \longrightarrow HAuCl_4$$

② 在氧化剂存在下，用氰化物溶解金：

$$2Au + 4KCN + H_2O_2 \longrightarrow 2KAu(CN)_2 + 2KOH$$

2. 还原

溶液中的 $HAuCl_4$ 可通过下述反应还原为金属金：

① 用 SO_2 还原：

$$2HAuCl_4 + 3SO_2 + 6H_2O \longrightarrow 3H_2SO_4 + 8HCl + 2Au\downarrow$$

② 用 H_2O_2 还原：

$$2HAuCl_4 + 6NaCl + 3H_2O_2 \longrightarrow 6H_2O + 3O_2\uparrow + 2HCl + 5NaCl + 2Au\downarrow$$

③ 用 $FeSO_4$ 或草酸还原：

$$2HAuCl_4 + 3FeSO_4 \longrightarrow Fe_2(SO_4)_3 + FeCl_3 + HCl + Au\downarrow$$

$$2HAuCl_4 + 3H_2C_2O_4 \longrightarrow 8HCl + 6CO_2\uparrow + 2Au\downarrow$$

④ 用锌粉还原：

$$2HAuCl_4 + 3Zn \longrightarrow 3ZnCl_3 + 2HCl + 2Au\downarrow$$

$$2KAu(CN)_2 + Zn \longrightarrow K_2Zn(CN)_4 + 2Au\downarrow$$

⑤ 用 Au 板作阳极，石墨作阴极，电解还原金：

$$Au^{3+} + 3e \longrightarrow Au\downarrow$$

二、银

1. 溶解

① 用硝酸溶解：

$$3Ag + 4HNO_3 \longrightarrow 3AgNO_3 + 2H_2O + NO\uparrow$$

② 用热硫酸溶解：

$$2Ag + 2H_2SO_4 \longrightarrow 2H_2O\uparrow + SO_2\uparrow + Ag_2SO_4$$

③ 用氰化物溶解：

$$2Ag+4KCN+H_2O_2 \longrightarrow 2KAg(CN)_2+KOH$$

2. 还原

溶液中 $AgNO_3$ 可用下列方法还原银。

① 用锌、铜或铝粉还原：

$$2AgNO_3+Cu \longrightarrow Cu(NO_3)_2+2Ag\downarrow$$

② 用甲醛还原：

$$4AgNO_3+HCHO+NaOH \longrightarrow 4NaNO_3+3H_2O+CO_2+4Ag\downarrow$$

③ 电解还原：

$$Ag^++e \longrightarrow Ag\downarrow$$

④ 首先转换成 $AgCl$，然后在锌粉或碳酸钠存在下，用火法还原：

$$Ag^++Cl^- \longrightarrow AgCl$$

$$2AgCl+Zn \longrightarrow ZnCl_2+Ag\downarrow$$

氰化液中的银，可用锌粉还原：

$$2KAg(CN)_2+Zn \longrightarrow K_2Zn(CN)_4+2Ag\downarrow$$

用上述方法得到的银，纯度均可达 99.99%。

三、铂

1. 溶解

① 用王水溶解，形成六氯铂酸：

$$3Pt+18HCl+4HNO_3 \longrightarrow 3H_2PtCl_6+4NO\uparrow+8H_2O$$

② 用水溶液氯化法溶解：

$$Pt+2Cl_2+2HCl(或 NaCl) = H_2PtCl_6(或 Na_2PtCl_6)$$

2. 还原

溶液中的 H_2PtCl_6 可用下列方法还原铂。

① 用锌粉或铜粉还原：

$$H_2PtCl_6+2Zn \longrightarrow 2ZnCl_3+H_2\uparrow+Pt\downarrow$$

② 加热下用甲酸还原：

$$H_2PtCl_6+2HCOOH \longrightarrow 6HCl+2CO_2\uparrow+Pt\downarrow$$

③ 用碱性甲醛还原：

$$H_2PtCl_6+HCHO+6NaOH \longrightarrow 6NaCl+5H_2O+CO_2\uparrow+Pt\downarrow$$

将 H_2PtCl_6 转换成（NH_4）$_2PtCl_6$，然后煅烧得金属铂。

$$H_2PtCl_6 + 2NH_4Cl \longrightarrow (NH_4)_2PtCl_6 \downarrow + 2HCl$$

$$(NH_4)_2PtCl_6 \longrightarrow 2NH_4Cl \uparrow + 2Cl_2 \uparrow + Pt \downarrow$$

四、钯

1. 溶解

① 用王水、盐酸、热硝酸溶解钯：

$$Pd + 3HCl + HNO_3 \longrightarrow PdCl_2 + NOCl + 2H_2O$$

$$PdCl_2 + 2HCl \longrightarrow H_2PdCl_4$$

$$3Pd + 18HCl + 4HNO_3 \longrightarrow 3H_2PdCl_6 + 4NO \uparrow + 8H_2O$$

② 用水溶液氯化法溶解：

$$Pd + 2Cl_2 + 2HCl（或 NaCl）=\!=\!= H_2PdCl_6（或 Na_2PdCl_6）$$

2. 还原

溶液中的 H_2PdCl_6 可用下列方法还原得到金属钯。

① 用铜粉或锌粉还原（此反应也适用于溶液中的硝酸钯和硫酸钯）：

$$H_2PdCl_6 + 2Zn \longrightarrow 2ZnCl_3 + H_2 \uparrow + Pd \downarrow$$

② 加热下用甲酸还原：

$$H_2PdCl_6 + 2HCOOH \longrightarrow 6HCl + 2CO_2 \uparrow + Pd \downarrow$$

③ 用甲醛还原：

$$H_2PdCl_6 + HCHO + 6NaOH \longrightarrow 6NaCl + 5H_2O + CO_2 \uparrow + Pd \downarrow$$

将氯钯酸或氯钯酸盐用氯化铵转换为铵盐后，在还原性气氛中煅烧得金属钯。

五、铑

1. 溶解

铑的溶解十分困难，常用的方法有：

① 首先将铑与硫酸氢钾共熔，产生水溶性硫酸铑：

$$4Rh + 12KHSO_4 + 3O_2 \longrightarrow 6K_2SO_4 + 6H_2O + 2Rh_2(SO_4)_3$$

然后用过量 10 倍的锌或铅，将 $Rh_2(SO_4)_3$ 合金化，再加入盐酸或硝酸，硝酸所得残渣易溶于王水，形成黄色的氯铑酸 H_3RhCl_6。

② 将铑与氯化钠混合，用氯气氯化，形成可溶性氯铑酸钠 Na_3RhCl_6。

2. 还原

① 用锌粉还原氯铑酸或硫酸铑：

$$2H_3RhCl_6+6Zn \longrightarrow 6ZnCl_2+3H_2\uparrow+2Rh\downarrow$$

② 在草酸铵存在下，用甲酸还原：

$$2H_3RhCl_6+3HCOOHn \longrightarrow 12HCl+3CO_2\uparrow+2Rh\downarrow$$

第二节　黄金的回收

金是一种贵金属，它具有良好的力学性能、抗蚀性能和很高的化学稳定性，所以它的用途十分广泛。一般来说直接从矿石中生产金要经过许多工序，而从含金的废液、废料中再生回收金，却工艺简单，操作容易，且成本低，能变废为宝，变害为利，所以加强从工业废渣中回收金的工作具有十分重要的意义。在首饰加工企业，按含金废液、废料的生成特点，基本上可以分成以下几类：

① 废液类。包括：镀金槽废液、镀金件冲洗水、王水腐蚀液等。

② 合金类。包括：金银铜合金、金银钯和金铂合金等。

③ 贴金类。包括：金匾、金字、神像、泥底金寿屏、戏衣金丝等。

④ 粉尘类。包括：抛光粉尘、废屑、废料，首饰生产车间的垃圾，炼金炉的拆块等。

一、从含金废料中回收黄金

在首饰加工过程中，所使用的金，包括足金和各种类型的金合金，不同种类的金合金回收有不同的方法。回收之前应对废料进行分类，以减少回收工序和回收过程中金的损耗。首饰制作中常用的金合金主要有金银铜合金、金银钯合金、金铂合金等，以及首饰制作过程中锯、锉、磨下金合金碎屑和粉末，这些碎屑和粉末中往往夹杂着在锯、锉、磨过程，所使用工具上掉下的铁屑或铁粉。此外，还有首饰抛光粉尘中的金合金回收。

由于首饰制作过程中，用料相对比较单一，回收的方法也比较简单，可以选用几种固定而有效的回收方法，这样操作起来不仅简便，而且快速，节约成本，还可提高金的回收率。从合金废料中回收金的工艺主要包括溶解、金属分离富集、富集液的净化和金属的提取。

回收前选择单一类型的合金的废料，挑选出粗大的杂质，最好对废料焚烧一次以除去其中的易燃物质和油污。注意废料的粒度要细小而均匀，粗大的块体需要进行粉碎，这样可以大大地提高溶解的速度，提高回收的效率。

1. 从金银铜合金废料中回收金和银

K金首饰大多数都是由金银铜或其他金属熔炼而成，如常见的18K金，其含金量是75%，银含量在0～25%范围内变化，铜含量也是在0～25%范围内变化。这类合金废料的回收是将合金废料溶于王水中，金则生成氯金酸（$HAuCl_4$）进入溶液中，银则形成氯化银沉淀，在这个过程中，不会出现银包裹金而阻碍金溶解的现象。在溶解过程中，使金、银分别进入溶液或沉淀，过滤后就可达到金、银的分离。溶液过滤后经还原，可沉淀金和银，将其烘干，熔炼铸锭。

2. 从金银钯合金废料中回收金、银和钯

以钯作为主要漂白元素的 K 白金首饰，通常是由金、银、钯及其他金属元素构成的合金制作的，将回收的废料颗粒磨细，先用王水将其溶解，形成氯化银沉淀，同时在溶液中形成氯金酸（$HAuCl_4$）和氯钯酸（H_2PdCl_6）。将氯化银过滤出来，经还原可得到金属银，对含氯金酸和氯钯酸的滤液，经加温赶硝，然后加入硫酸亚铁还原金，得到海绵状金。回收金后，再调节溶液的 pH 值，再经过还原可得到金属钯。

3. 从金铂合金废料中回收金和铂

将回收的含金和铂的废料颗粒磨细，先用王水将其溶解，加温煮沸溶液使其浓缩，同时赶硝。然后稀释溶液过滤，将溶液中的氯金酸滤出，加入硫酸亚铁还原金，得到海绵状金，洗涤过滤后将金烘干，即可熔炼铸成金锭。再向溶液中加入氯化铵，使其中的六氯铂酸与氯化铵反应，形成六氯铂铵 $[(NH_4)_2PtCl_6]$ 沉淀，将沉淀物煅烧即可得到粗海绵状金属铂。

4. 从含金抛光粉尘及粉尘垃圾中回收金

首饰加工制作过程中，其执模和抛光工序中，由于要对首饰工件进行打磨，会产生较多的粉尘，这些粉尘中的含金量是相当高的，任何首饰加工企业都非常重视回收首饰打磨过程中所产生的粉尘，在企业中，执模和抛光的粉尘都有专门的抽尘装置回收。通常含贵金属的磨打粉尘，都采用火法灰吹进行处理，处理之前要对废料进行配料，配制组成和比例是含贵金属的粉尘：氧化铅：碳酸钠：硝石＝100：150：30：20，并且配入适量的面粉和硼砂。面粉起还原剂的作用，使氧化铅还原生成铅滴吸收粉尘中的贵金属。硼砂则为低熔点酸性熔剂，用于改善粉尘的性质，降低残渣的密度和黏度，这样有利于含贵金属的铅与炉渣分离。将含贵金属的铅放进氧化炉内灰吹，铅氧化挥发或生成氧化铅被灰皿吸收，贵金属合金珠则得以分离出来，再采用其他方法，将金与其他贵金属分离回收。

除此之外，生产车间内含有粉尘的垃圾，也是需要定期回收处理的，先经过筛选、焚烧，除去纤维毛刷等杂物，再用上述方法，回收其中的贵金属。

对于含贵金属的粉尘处理还可以采用湿法进行，先将粉尘放进炉中焚烧，除去纤维等杂物，再用王水溶解粉尘。在溶解含贵金属的溶液中先加入硫酸亚铁或二氧化硫还原金，再用氯化铵沉淀分离铂，经煅烧可得到海绵状的金属铂。

二、从含金废液中回收黄金

首饰加工制作过程中，产生的含金废液，主要有两种：一是镀金后的废电镀液；二是炸金后的废液。首饰企业尽管采用多种措施延长电镀液的使用寿命，但最终镀金液都将报废。因此，在首饰行业必须要考虑从废液中回收黄金的问题。这两种废液中含金量较高，一般酸性电镀废液中的含金量为 $4\sim12g/L$，碱性电镀废液中的含金量为 $20g/L$。但是，上述废液中均含有大量的氰化物，具有毒性。回收黄金后必须对废液进行去毒处理，绝不能回收黄金后就直接将废液排放。

（一）从废液中回收黄金

从废液中回收黄金采用的方法，主要有：电解法、置换法、吸附法、离子交换法和溶剂萃取法等。

1. 电解法

这是一种在电解槽镀液中接通直流电，使液体中的金离子迁移到阴极，并在阴极上沉积析出的方法。可以分为开槽和密闭的电解法两种。

① 开槽电解法。以不锈钢作电极，将废电镀液的温度保持在 70～90℃，直流槽电压控制在 5～6V 进行电解，时间在 5～10h，电流密度为 1.5～3A/dm²。操作时，要定时取样进行分析，溶液中的金浓度下降到规定限度后，应及时结束电解，再换新的废电镀液继续电解。当阴极上的金沉积到一定厚度后，刷取下来，熔炼铸锭。

② 闭槽电解法。利用该法操作时，先将含金溶液在设备内循环 10min，调整硅整流器，在电压 2.5V 时进行电解，直至废液中含金量降低到规定要求后，再换新的含金废液继续电解，直至阴极上沉积一定厚度的金时为止。打开提金装置，取出阴极刷洗出金泥，烘干、熔铸成锭。

2. 置换法

① 铝置换。铝在各置换金属中电负性最大。在碱性介质中，它与氰化金发生反应：$Al+4OH^-+3Au(CN)_2^- \longrightarrow AlO_2^-+2H_2O+3Au\downarrow+6CN^-$。

具体操作过程，将废镀液移入玻璃容器中，用 5% NaOH 调节 pH 值为 11～12，加热至 60～80℃，投入经清洗干净的铝箔或铝屑。溶液颜色由深绿逐渐变黄。反应 4～6h，静置过夜。取上层清液 5mL，加入 2% $SnCl_2$，当溶液中金离子质量浓度低至 1mg/L 时，溶液仍呈粉红色，由此可推断上清液是否仍需做第二次回收。

倾去上清液，沉渣用热盐酸（加热至 60℃）洗涤→冷水洗→稀硝酸清洗→冷流水洗→烘干→称量，即可得到粗金。

② 锌置换。锌置换法广泛用于从各种废电镀液、剥离液中回收贵金属。置换过程中放出氢气并提高溶液的碱度。锌的加入量需为溶液中金量的两倍，以保证金的完全沉淀，并防止已沉淀出的金重新被氰化物溶解。转换时加入醋酸铅作催化剂，可以加快置换的速度。如果溶液中存在氧化剂，会影响金的回收率。可预先加入还原剂，或者延长加热的时间，减弱溶液的氧化性，这种方法的回收率可以达到 99%。

具体操作过程，镀金废液移入玻璃容器中，置通风柜内，加入浓盐酸，然后投入预先用醋酸铅（100g/L）处理过（约 1～2min）的锌片（每升废镀液中加入 10g 锌屑），静置两昼夜。其主要反应：$3Zn+2AuCl_3 \longrightarrow 2Au+3ZnCl_2$。

取上层清液插入经清洗干净亮白色未覆铅的锌片，若表面不变暗，则说明废液中的金离子已沉淀完全。过滤，沉渣用热盐酸（60℃）洗涤→冷流水洗→热稀硝酸洗→冷流水洗→烘干→称量，即得粗金。

3. 吸附法

吸附法具有操作简单，吸附剂可反复利用等特点，它甚至可以从海水、地下水等极稀溶液中回收金属。吸附剂有天然吸附剂（如硅胶、硅藻土、黏土等）、活性炭和合成无机吸附剂三大类。而活性炭是常用的吸附剂，通常通过各种预处理，或引入对贵金属具有络合能力的配合剂，提高活性炭的选择性和吸附容量。利用活性炭对金氰络合物的较强吸附力将金进行物理吸附，然后在加温加压下用 10％的 NaCN 与 1％NaOH 的混合液解吸，再用去离子水将金离子从活性炭上洗刷下来。活性炭的孔隙度对活性炭的活性影响甚大，活性强的炭对金吸附的能力也强。

20 世纪 80 年代初发明了制造活性炭方法，并用于从溶液中回收金。这种炭布可制成带状，使吸附、解吸、淋洗、再生等工序连续进行。用电解法解吸金时，在电流密度为 100A/dm² 情况下，可在从炭布上解吸金的同时将金沉积在钛阴极上。当电流密度为 1000A/dm² 时，通电 5min 即可从炭布上解吸金并形成极细的金粉。这种炭布的吸附能力和容量也大于颗粒活性炭。

4. 离子交换法

根据树脂可交换基团的性质，分成阳离子交换树脂及阴离子交换树脂两大类。芳环上载有磺酸盐官能团的为阳离子交换剂，载有烷基胺的为阴离子交换剂。通用的有机离子交换剂用苯乙烯与二乙烯基苯（DVB）交联试剂的共聚反应制得。当 DVB 与螯合配位基反应，可制得螯合离子交换剂。为了从溶液中回收贵金属，必须根据溶液中贵金属离子的存在形式，选择树脂。

黄金是所有金属中最先使用离子交换剂回收的金属。在氯化介质中，金以 $M[AuCl_4]$ 的形式稳定存在，易被阴离子交换剂强烈地吸附。从氯化液中回收金，可用阴离子交换剂，也可用阳离子交换剂。

5. 溶剂萃取法

溶剂萃取因其效率高、返料少、操作简便、适应性强、生产周期短、金属回收率高，可用于金的提取，还可用于金的精炼。金溶剂萃取技术的研究工作取得了较大的进展，并以酸性氯化物介质中的萃金研究居多。金的萃取剂甚多，如二丁卡必醇、二异辛基硫醚、仲辛醇、乙醚、甲基异丁基酮、磷酸三丁酯、酰胺 N503、石油亚砜及石油硫醚等均是金的良好萃取剂。

（二）从炸金氰化物废液中回收黄金

从炸金氰化物废液中回收黄金，与从镀液中回收的方法基本相同，但必须在良好的通风条件下进行，具体回收操作方法包括以下几种：

① 按废料的数量，在搪瓷容器中，先加入 150～200mL/L 的浓硫酸。再加入在水浴中浓缩过的废液，并用浓硫酸把 pH 值调节到 2。在搅拌条件下，加入双氧水 2mL/L，加温煮沸就生成棕黑色沉淀物，待其完全沉淀并结成块，沉淀后上层留下黄色或浅绿色清液，将清液过滤后，用蒸馏水洗涤沉淀物，然后再用纯浓硫酸把沉淀物浸没并煮沸，过滤形成棕黑色浓硫酸。反复多次直至煮沸后的浓硫酸清澈透明，将沉淀物洗涤、烘干，即可得到黄色海绵金。

② 将废液在水浴中浓缩至黏稠状，再用蒸馏水稀释，在搅拌条件下加入硫酸亚铁，液体中的金呈黑色粉状物沉淀。形成的沉淀物用蒸馏水洗涤数次，并将沉淀物溶于王水，加热赶走二氧化氮，得到氯金酸。另一种方法是将沉淀物用盐酸和硝酸先后煮一下，并用

蒸馏水洗涤数次，在 700～800℃ 条件下焙烧半小时即可。

③ 用盐酸将废液的 pH 值调至 1 左右，同时加温到 70～80℃。在搅拌的条件下加入锌粉，直到溶液变成半透明黄白色，此时会有大量金粉沉淀，操作过程中的 pH 值要保持在 1 左右不变，这种置换过程可以重复进行，直到无沉淀为止。

（三）从镀件退金或溶金液中回收黄金

大批量的首饰电镀过程，出现了电镀质量问题，往往需要进行退金处理，以便重新电镀。退金处理通常采用王水来腐蚀首饰表面，退金后王水中黄金的回收，主要有以下几种方法：

① 硫酸亚铁还原法。硫酸亚铁还原能力较弱，它只对贵金属还原，而对其他金属难起作用。利用硫酸亚铁的这一特性，处理含贱金属较多的含金废液，其还原产生金的含量可达 98% 以上。硫酸亚铁的还原作用缓慢，对废液中的金不易完全还原，操作时常用锌粉对废液做最后的处理，以达到完全回收废液中的余金。

② 亚硫酸钠还原法。亚硫酸钠与酸作用容易产生二氧化硫气体，二氧化硫具有还原性。这实际就是用二氧化硫还原剂或者直接用二氧化硫，就可以将金氯络离子还原出金属金。还原前要加热煮沸废王水，使其中游离的硝酸或硝酸根除去，这样可以防止还原的金属被王水重新溶解，同时有利于产出大颗粒的黄色海绵金。

③ 亚硫酸氢钠法。用含量 25%～60% 的 NaOH 或 KOH 和碳酸盐溶液，将废王水的 pH 值调到 2～4，并加热至 50℃，把这一温度保持一段时间后，就可以加入亚硫酸氢钠以沉淀金。为了加速金的沉淀应加入硬脂酸丁酯作凝固剂。

第三节　铂、钯和铑的回收

一、铂金的回收

铂金首饰以其色泽纯洁、性质稳定等优点越来越受到人们的喜爱。铂金首饰的生产和制作过程中，也会产生铂金碎屑、含铂金的粉末以及铂金电镀后的残液。由于铂金材料十分昂贵，回收提纯铂金废料和废液，也是首饰生产过程中的一项很重要的工作。如何处理这些废料，从中提纯铂、钯，对于避免资源浪费，加快资金周转，提高经济效益具有十分重要的意义。

铂金的回收方法主要包括对固态废料和含铂废液的回收。

从含铂废液中回收铂的工艺方法有许多种，如还原法、萃取法、离子交换法和活性炭吸附法等。目前最常用的是锌置换法。就是先将含铂废镀液的 pH 值调节到 3 左右，加入锌粉或锌片置换废液中的金和铂等，过滤废液将残渣滤出，用王水把残渣溶解，用 $FeSO_4$ 还原金，再在溶液中加入 NH_4Cl 以沉淀铂，然后再回收铂。

在首饰生产过程中，回收铂金合金的废物碎屑是最常见的工作。针对制作铂金首饰过程中，产生的磨屑和粉尘，在实践中，采用王水溶解造液，NH_4Cl 沉淀 Pt，提 Pt 后溶液用 Zn 粉富集，硝酸溶解提纯钯。具体包括以下步骤：

1. 浸出

铂、钯均可溶于王水，且首饰制作过程产生的磨屑中的铂大部分为细小粉末，因此溶解较快。王水溶解发生下列化学反应。

$$HNO_3 + 3HCl \longrightarrow Cl_2 + NOCl + 2H_2O$$

$$Pt + 4NOCl \longrightarrow PtCl_4 + 4NO$$

$$Pt + 2Cl_2 \longrightarrow PtCl_4$$

$$PtCl_4 + 2HCl \longrightarrow H_2PtCl_6$$

将固体废料放入烧杯中，按王水:固体废料为 1:5 加入王水，电炉加热至微沸，反应 2h 后将上清液倒出，浸渣补加少量王水继续反应 1h，使物料充分溶解。反应完毕后，固液分离。

2. 赶硝

铂溶解液不应含有亚硝酸，因为它易与铂族金属生成亚硝基络合物，既影响铂的回收率，又影响铂的纯度，因此必须赶尽硝根。溶解液中分批加入 1:1HCl 赶硝，每次都要蒸溶液至浓稠状，再次加入 1:1HCl，直到不冒黄烟为止。

3. 氯化铵沉铂

氯化铵是一种较好的具有选择性的沉淀剂，溶液中少量贱金属杂质不与氯化铵作用，仍以氯化物形式存在于溶液之中。而氯化铵易与铂族金属氯络离子作用，生成相应的铵盐。溶液中铂呈四价。氯化铵与铂形成不溶性的氯铂酸铵沉淀。反应如下：

$$H_2PtCl_6 + 2NH_4Cl \longrightarrow (NH_4)_2PtCl_6 \downarrow + 2HCl$$

将赶硝后溶液稀释至 Pt100g/L 左右，加入超过理论量 1.2 倍的饱和氯化铵溶液。加入的速度要慢，并轻轻搅拌，直到溶液不再生成黄色沉淀为止，使铂离子完全沉淀。静置 12h 以上，经沉淀过滤，沉淀用常温氯化铵溶液（浓度约为 5~10g/L）洗涤数次，滤液与洗液合并提钯，沉淀经烘干后，进行煅烧，得到海绵铂。煅烧反应如下：

$$3(NH_4)_2PtCl_6 \longrightarrow 3Pt + 16HCl + 2NH_4Cl + 2N_2$$

随着工艺技术水平和消费水平的不断提高，通常会在黄金或 K 白金首饰表面电镀铂金以改变首饰的颜色。但有时由于种种原因，出现电镀铂金不均或有其他质量问题，需要重新电镀，就需要脱铂并进行回收。通常的工艺方法是，先加热处理镀件，利用基体金属与铂金的热膨胀系数的差异，使镀铂层发生胀裂，将镀铂废件放在 750~950℃ 中氧化条件下加热 30min 左右。在此温度范围内铂金不会氧化，而金属基体表面则会氧化，用 5% NaOH 碱溶液溶解金属基体表面的氧化物，这样铂金镀层就可以完全与金属基体脱离。再经过振荡铂金层就可脱落，沉入碱性溶液中。在 780~950℃ 温度下，将含铂金的沉淀物加热氧化，以升华基体金属，再用碱性溶液煮沸含铂残渣，进一步除去贱金属，然后洗涤残留物，再用王水将其溶解、过滤、赶硝，用水稀释余液，并将 pH 值调节至 5~6，过滤后进一步除渣，用 NH_4Cl 沉淀铂，可以得到 $(NH_4)_2PtCl_6$，通过煅烧就能得到纯海绵铂。

二、钯和铑的回收

铂金首饰制作和电镀中不仅仅只有铂，常还包括钯和铑等贵金属材料，在实际生产过程中，都应注意回收。

对于含钯的碎屑，可用王水溶解造液，王水溶解发生下列化学反应：

$$HNO_3 + 3HCl \longrightarrow Cl_2 + NOCl + 2H_2O$$

$$Pd + Cl_2 \longrightarrow PdCl_2$$

$$PdCl_2 + 2HCl \longrightarrow H_2PdCl_4$$

然后赶硝，再与氯化铵反应，形成可溶性的氯亚钯酸铵，反应式如下：

$$H_2PdCl_4 + 2NH_4Cl \longrightarrow (NH_4)_2PdCl_4 + 2HCl$$

再用锌粉置换钯，使钯得到富集。锌粉置换渣用稀硝酸溶解，少量贱金属同时进入溶液，反应如下：

$$3Pd + 8HNO_3 \longrightarrow 3Pd(NO_3)_2 + 2NO\uparrow + 4H_2O$$

溶解后应用盐酸赶硝，使钯的硝酸盐转成氯化物然后提纯。

氯亚钯酸可与氨络合，在 pH 值为 8～9 时生成浅黄色二氯四氨络亚钯溶液，反应如下：

$$H_2PdCl_4 + 6NH_4OH \longrightarrow Pd(NH_3)_4Cl_2 + 6H_2O + 2NH_4Cl$$

铁等杂质形成相应的氢氧化物或碱式盐沉淀，形成络合渣与钯分离。氨水络合作业的条件为：钯含量约 80g/L，边搅拌，边缓慢加入浓氨水，调节 pH 值至 8～9，络合后静置 8～12h，过滤，用 5％ 的 NH_4OH 溶液洗涤至洗液无色。滤液加 1∶1 盐酸酸化生成二氯二氨络亚钯淡黄色絮状沉淀：

$$Pd(NH_3)_4Cl_2 + 2HCl =\!\!=\!\!= Pd(NH_3)_2Cl_2 \downarrow + 2NH_4Cl$$

静置 8h，再过滤，用 5％ 的 HCl 溶液洗涤 3～5 次，沉淀物用水合肼还原，即可得海绵钯。

电镀钯后的废液先加入硫代尿素沉淀，过滤后将滤渣用王水溶解，煮沸赶硝后稀释，再加入 NH_4Cl 沉淀出 $(NH_4)_2PtCl_6$，然后进行煅烧，再用 H_2 还原即可得到钯。

在首饰制作过程中，铑常用于首饰的电镀，铑合金在现代工业中用途比较广泛。镀液中的铑可用 NH_4NO_2 沉淀，从而得到 $(NH_4)_2Rh(NO_2)_6$ 沉淀物。过滤后，加入 H_2 还原，煅烧后就可以得到粗铑。如果是从铑合金残渣中回收铑，就需要加入氧化铅和必要的熔剂进行熔炼，可以得到贵铅，再用硝酸将其中的金、铂、钯和铅溶解在溶液中，难溶的铑仍残留在余下的溶渣中。再用 $KHSO_4$ 水溶解铑，让铑进入溶液中，用磷酸三丁酯精制铑。利用这种方法可以得到纯度较高的铑粉。

一、 从废银合金中回收银

在首饰制作过程中，含银废合金的种类较多，回收银的工艺应根据合金的成分、性质而有所选择。

1. 从银金合金废料中回收银

银金合金在首饰制作中使用较多，合金中银高出金很多时可以直接用电解法来回收银，金则富集于阳极泥中。但当银金比例低于 3∶1 时，造液时银易于钝化，不能被硝酸溶解，需要配入一定量的银熔融，使其银金比例达到或超过 3∶1。也就是采用熔融配银让银金比大于 3∶1，然后将碎化的合金用硝酸溶解，生成 $AgNO_3$ 溶液后，再加入 NaCl 沉淀银，沉淀物为 AgCl，用锌或铁置换形成银粉，熔炼后就可得到粗银。沉淀出 AgCl 后，使其干燥再加入 Na_2CO_3 一起熔炼，也可得到粗银。AgCl 加 Na_2CO_3 熔炼金属银时可加入适当的硼砂和碎玻璃，这样可降低炉渣中的银量。熔炼温度不能过高，时间也不能太长。为减少 AgCl 的挥发损失，产出的粗银可铸成阳极板作电解提银用，电解银的品位可以达到 98%。

2. 从银铜、 银铜锌、 银镉合金中回收银

银铜和银铜锌合金，在首饰制作过程中，常用作焊料，前者的银含量最高可达 95%，一般都在 72% 左右。银铜锌合金中银含量在 50% 左右。所有这些银合金材料的银含量超过 80%，就可直接铸成阳极进行电解，电解银的含量可达到 99.98%。银含量稍低的银铜合金（银含量为 72%）也可以直接电解，产出的金属银品位略低，也可达到 99.95%。银铜或其他银含量较低的合金，可先用稀硝酸浸出，用盐酸或食盐沉银，再用水合肼还原就可回收银。

3. 从银铜复合金属中回收银

银铜、银黄铜、银青铜等为银的复合金属，在工业中广泛使用。在首饰的制作过程中也常采用这类金属材料。但这类金属材料的银含量比较低，一般仅在 2%～12% 之间。回收银时还要考虑回收其他金属。目前，回收这类低银合金时常采用硝酸法。具体步骤如下：

① 用硝酸浸出银，使其以硝酸银形式进入溶液中。

② 在浸出银的溶液中加入 HCl，Ag 则以 AgCl 形式沉淀析出，反应十分完全，而铜则留在溶液中，这样即可分离银和铜。

③ 将 AgCl 从溶液中滤出，用水冲洗干净。

④ 将沉淀的 AgCl 用水搅动成浆后加入 NH_4OH，使 pH 值大于 9，然后加入 2 倍浓度在 40% 或 80% 的水合肼（$N_2H_4 \cdot H_2O$）直接还原，就能获得高纯度灰白色的海绵银，

银的还原率可达到 99.9％。

二、 从废银镀液中回收银

银电镀液多含剧毒的氰化物，回收时要注意操作安全。这种镀液中含银量多在 10～12g/L，总氰量在 80～100g/L。处理含氰的废镀液时不能在酸性环境中操作，以避免逸出氰化氢。处理后的废液也不能直接排放，一定要将废液中的氰浓度降低到规定标准之下才可排出。从电镀废液中回收银有多种方法，其中常用的有氯化银沉淀法、锌粉置换法、活性炭吸附法和电解法等。

常用的氯化银沉淀法的工艺，具体原理如下：

1. 回收

① 废液中：$\qquad Ag(CN)_2 + 2HCl \longrightarrow AgCl\downarrow + 2HCN\uparrow$

电镀银废液回收槽中含银量较高，另外还含有大量的氰化物，回收时应将回收槽中的回收液移至暗室，在通风良好的抽风柜中，用去离子水稀释，在不断搅拌下用 5％～10％的稀盐酸处理，直至不再产生白色沉淀。将此溶液移至暗室中静置 24h 以上，滤去上层清液，用热去离子水清洗沉淀物 2～3 次即得粗制的 AgCl。

② 废镀件上：$\qquad Ag + 2HNO_3 \longrightarrow AgNO_3 + NO_2\uparrow + H_2O$

$$2Ag + 2H_2SO_4 \longrightarrow Ag_2SO_4\downarrow + SO_2\uparrow + 2H_2O$$

$$AgNO_3 + NaCl \longrightarrow AgCl\downarrow + NaNO_3$$

$$Ag_2SO_4 + 2NaCl \longrightarrow 2AgCl\downarrow + Na_2SO_4$$

将洗净晾干后的不合格镀件、废件、挂具，分别浸入不同溶液中，在操作时应防止零件、挂具基体被腐蚀，直至银层全部除净，洗净残液、吹干，重新电镀或使用。

将上述退除液移至暗室中用去离子水稀释，并在灯光照明下边搅拌边加入 5％～10％的热盐水，直至不产生白色沉淀物为止，静置 24h 以上，滤去上层清液后，用热去离子水洗涤沉淀物 2～3 次，即得粗制 AgCl。

将上述粗制的氯化银在暗室内装入烧杯中（1/3 杯），加入 10％的热盐酸，在电炉中煮沸静置 2h（去除金属杂质），滤去上层清液，反复 2～3 次，到溶液不见绿色为止，然后用去离子水洗涤溶液中的 Cl^- 2～3 次，便可得到纯度较高的 AgCl，在暗室中烘干包装封存。

2. 再利用

$$2AgCl + Zn \longrightarrow 2Ag + ZnCl_2$$

$$Ag + 2HNO_3 \longrightarrow AgNO_3 + NO_2\uparrow + H_2O$$

$$AgNO_3 + NaCl \longrightarrow AgCl\downarrow + NaNO_3$$

$$AgNO_3 + NaCN \longrightarrow AgCN\downarrow + NaNO_3$$

将上述氯化银移入烧杯（1/3 杯），加少许去离子水，滴 3～5 滴浓度约为 10％的稀硫酸，调节 pH 值到 5～6，搅拌均匀，再酸化 3～5h。

在酸化的氯化银中均匀加入过量锌粒进行置换反应。反应放出的大量热使混合物温度升高，反应需充分，直至全部氯化银反应完毕。

倒去烧杯中上层清液（主要是 $ZnCl$，可回收利用），将制得的银砂倒入塑料盆中，用镊子拣出大颗粒的残余锌粒后，用去离子水洗涤 2~3 次，去尽 Cl^-，再加入 20％的稀硫酸（以刚好浸没固体物质为准），浸泡 3~4h 直至气泡产生为止，倒去上层清液，用去离子水洗涤 SO_4^{2-} 2~3 次，即可得到纯度较高的干银砂。如不需其他处理，可在高温下熔融，制得银锭。回收后的废液，必须另行处理，达到相关标准后才可排放。

废银镀液的电解回收，可在开口槽中进行，可用不锈钢作阴极和石墨作阳极，温度室温、搅拌采用循环泵循环、阴极电流密度的取值以阴极上没有氢气泡析出为准。但随着银含量的降低，阴极电流密度也应减小。当浓度很低时，可在回收液中添加少量食盐电解，从而产生氯气来破氰，减少污水处理量。阴极上沉积的海绵状的金属连同槽底积存的金属一起收集为粗银，用于银的提纯。

银的提纯，把粗银放入 5000mL 烧杯中，然后把烧杯放在置于通风橱中的电炉上加入硝酸加热至粗银全部溶解。为防止机械杂质的介入，可对此时的硝酸银溶液过滤，在母液中加入盐酸并过滤，将白色沉淀 AgCl 洗涤至 pH 值为 7 左右止。把 AgCl 置于回收液中溶解后电解，若 AgCl 量大，回收液中的氰根不足以溶解 AgCl，可适当加些 NaCN，再进行电解，得纯银与粗银。

在操作过程中，由于有氰化物、硝酸等的介入，故必须认真按有关工艺规定操作，确保安全。

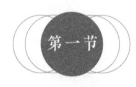

第十三章

贵金属首饰的变色、保养与清洗

贵金属首饰在长时间的使用和佩戴过程中，有的往往会发生变脏、变色的现象。因此，有必要探讨首饰变色的原因及其清洗的方法。

第一节 · 贵金属首饰的变色 ·

一、 金首饰的变色

（一） 足金首饰的变色

1. 足金首饰表面变白

足金化学性质稳定，佩戴和使用足金首饰表面一般不会出现变化，但在某些特殊环境下，足金首饰表面会出现泛白的现象，如图 13-1 所示。

究其原因，是由于足金首饰接触到了水银，使金与汞发生化学反应，生成白色金汞化合物所致，其反应式为：

$$x\,Au + y\,Hg = Au_x Hg_y$$

关于 Au-Hg 系列产物，根据帕波斯特（Pabst）等人研究，该系列合成物有五个产物：Au_5Hg、Au_3Hg、Au_2Hg、Au_2Hg_3、Au_2Hg_5 等，随 Hg 含量增加，其晶体结构也发生有规律变化：含 Hg 量 0～17％时为等轴晶系，称为 α-相；含 Hg 量 25％～45％时为六方晶系，称为 β-相；含 Hg 量＞50％时，又是等轴晶系，称为 γ-相。

金饰品的泛白与环境的汞浓度密切相关，可作为环境质量的某种指示。此外，生活中常用的温度计、气压表、蒸气灯，均含有汞，多数女士使用的化妆品（含有增白作用的

图 13-1　黄金首饰表面变白

汞）、药物、杀菌剂等也会含汞。稍不注意当抹有化妆品的肌肤与黄金首饰接触，金首饰吸收了其中的微量汞元素，随着时间的推移，就会形成金汞齐，从而使黄金首饰表面颜色变白、变脆。检测时，可用能谱仪探测到汞元素。

　　由于黄金的硬度很低，黄金首饰表面变白还有一个原因，就是当黄金首饰与铂金、K白金或银等白色首饰一起佩戴时，由于首饰之间的摩擦，可能将白色首饰的金属抹在黄金首饰上，这种颜色变化只是在能摩擦的部位才出现，而且只是在表层，呈擦痕状。

2. 足金首饰表面出现红锈斑

　　尽管黄金具有非常稳定的化学性质，在大气中一般不会产生氧化变色，但是有时在一些产品中会出现棕红色的锈斑，如图 13-2 所示。依据国家标准 GB 11887—2012《首饰　贵金属纯度的规定及命名方法》，千足金首饰的最低金含量为 999‰。如果首饰的成色达不到标准，其所含杂质元素越多，首饰在佩戴、保管过程中就越容易受环境影响，导致首饰出现红锈斑。

　　但是，对市场上出现红锈斑的黄金首饰进行成色检测，一般情况下其整体含金量都满足标准要求。导致锈斑问题的主要原因，通常是生产过程控制不严格。例如，在电铸生产过程中，工艺参数设置不合理，电铸件局部存在针孔；在冲压生产中环境脏乱、灰尘多，或者采用同一台设备压制黄金与其他材质时，由于纯金特别软，外来杂质容易被压入纯金表面；在铸造千足金首饰时，存在缩孔、砂眼等铸造缺陷。这些孔洞缺陷及杂质点在浸酸、清洗过程中处理不彻底，使得首饰或摆件在佩戴、陈设过程中受环境的影响发生腐蚀，就会产生腐蚀斑点。

3. 足金首饰表面变黑

　　黄金首饰长时间使用会出现颜色变暗，这是一种常见的现象。主要是黄金首饰长时间与人体接触后，黄金首饰中微量的银和铜等元素，在人体分泌的汗液等物质的促进下，发生了氧化反应，导致表面的颜色变暗。但是也有一部分首饰，销售后短时间内就发生明显

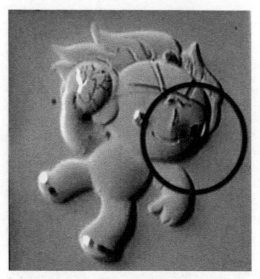

图 13-2 电铸千足金摆件表面出现的锈斑

的发黑现象，且发黑现象常发生在首饰各部分的连接处，这种发黑现象有时在销售后几周内就发生，且比较明显，很容易使消费者对首饰的成色产生怀疑。

根据对首饰变黑处进行微区成分分析研究，可以发现，连接处的成分明显低于首饰的主体贵金属纯度，特别是银的含量明显偏高，而银会与氧或者硫等物质反应，生成黑色的氧化银或硫化银。因此，首饰连接处发黑主要是银含量偏高造成的。项链、手链等首饰由于工艺的需要，有时候要用到焊药，焊药的作用是将首饰的各个部分连接在一起。由于国家标准只对首饰的整体贵金属纯度有明确的规定，而对焊药没有相应要求。不同厂家从各种因素考虑，所用的焊药成分各不相同，部分商家为了降低成本和减少工艺难度，使用明显低于主体贵金属纯度的焊药，高银含量的焊药就会导致首饰连接处发黑。

4. 足金首饰的其他腐蚀变色

纯金首饰溶于王水，除了王水外，金首饰还会与卤化物、氰化物、硫化物、氨、碱、蛋白质等发生反应。

（1）王水及卤化物对金饰品的腐蚀

王水溶金与卤化物溶金原理一样，可合为一类。金首饰遇到王水会被很快腐蚀，其化学反应式为：

$$Au + HNO_3 + 3HCl == [AuCl_3] + NO + 2H_2O$$

$$2Au + 3HNO_3 + 9HCl == 2[AuCl_3] + 3NOCl + 6H_2O$$

$$Au + HNO_3 + 4HCl == H[AuCl_4] + NO + 2H_2O$$

$$AuCl_3 + HCl == H[AuCl_4]$$

金还能被氯、氯水、溴、溴水腐蚀：

$$2Au + 3Cl_2 == 2[AuCl_3]$$

$$2Au+3Br_2 === 2[AuBr_3]$$

金还可被医用碘酒及碘、碘化钾溶蚀：

$$2Au+I_2 === 2AuI$$

$$2Au+I_2+2KI === 2K[AuI_2]$$

金与卤化物和王水反应机理是金在酸性条件下，与氯作用生成氯化金络合物，而溶解必须具备三个条件：酸性条件；溶液中具有过量的 Cl^-、Br^-、I^- 配合剂；有强的氧化剂存在，如 MnO_2、Fe^{3+}、Cu^{2+}、As^{5+}、Sb^{5+}、O_2 等。

（2）氰化物对金饰品的腐蚀

金银很容易与氰化物反应生成氰化金络合物而溶解，其反应式为：

$$4Au+8NaCN+O_2+2H_2O === 4Na[Au(CN)_2]+4NaOH$$

氰化物溶金必须在碱性条件下才能进行，金溶于氰化物须有氧（或其他类似氧化剂）参与。金饰品中银、铜亦可溶于氰化物，其机理与金溶解相同。

（3）硫化物、硫氢化物对金饰品的腐蚀

在室温条件下湿硫化氢（H_2S），只对银、铜作用而对金无作用。

$$4Ag+2H_2S+O_2 === 2Ag_2S\downarrow （黑色）+2H_2O$$

$$4Cu+2H_2S+O_2 === 2Cu_2S\downarrow （黑色）+2H_2O$$

硫化物、硫氢化物只有在碱性条件下才稳定，当有氧参与，它们腐蚀金的化学反应式为：

$$4Au+8Na_2S+O_2+10H_2O === 4Na[Au(HS)_2]+12NaOH$$

$$4Au+4Na_2S+O_2+2H_2O === 4Na[AuS]+4NaOH$$

$$4Au+8NaHS+O_2+2H_2O === 4Na[Au(HS)_2]+4NaOH$$

（4）氨对金饰品的腐蚀

氨能与金、银、铜形成相当稳定的配合物，在氧参与下，氨能溶解金饰品：

$$4Au+8NH_3+O_2+2H_2O === 4[Au(NH_3)_2]OH$$

$$4Ag+8NH_3+O_2+2H_2O === 4[Ag(NH_3)_2]OH$$

$$4Cu+8NH_3+O_2+2H_2O === 4[Cu(NH_3)_2]OH$$

$$2Cu+8NH_3+O_2+2H_2O === 2[Cu(NH_3)_4](OH)_2$$

氨在工业、农业、医药及生活领域中均有广泛的用途，生产量很大，某些地热水中也含有氨，一些生物降解也会产生氨，它是大气中经常遇到的组分，由于它对金、银、铜的溶解而使金饰品失去光泽或降低光泽度。

（5）硫代硫酸盐对金饰品的腐蚀

硫代硫酸盐能与金、银、铜形成相当稳定的配合物，在氧参与下的中、碱性介质中，硫代硫酸盐能溶解金饰品：

$$4Au+8Na_2S_2O_3+O_2+2H_2O \Longrightarrow 4Na_3[Au(S_2O_3)_2]+4NaOH$$

$$4Ag+8Na_2S_2O_3+O_2+2H_2O \Longrightarrow 4Na_3[Ag(S_2O_3)_2]+4NaOH$$

$$4Cu+8Na_2S_2O_3+O_2+2H_2O \Longrightarrow 4Na_3[Cu(S_2O_3)_2]+4NaOH$$

因此，在生产和使用硫代硫酸盐的行业，要避免金饰品与它接触。

（6）蛋白质对金饰品的腐蚀

蛋白质在降解过程中能产生种类众多的氨基酸，在水中氧的参与下这些氨基酸能溶解金，乙氨酸溶金的反应式为：

$$4Au+8NH_2CH_2COOH+O_2+4NaOH \Longrightarrow 4Na[Au(NH_2CH_2COO)_2]+6H_2O$$

因此，在清洗餐具时，最好将手上的金饰品取下，这有利于长期保持金饰品的光洁度。

（7）碱对金饰品的腐蚀

在强碱性有氧参与的条件下，金可呈金酸盐配合物溶解金饰品：

$$4Au+3O_2+4NaOH \Longrightarrow 4Na[AuO_2]+2H_2O$$

$$4Au+3O_2+12NaOH \Longrightarrow 4Na_3[AuO_3]+6H_2O$$

因此，在碱性洗涤剂洗涤衣物时，应避免金饰品与洗涤液接触。

此外，首饰变色的另一原因是空气中灰尘和生活中油污等有机物质黏附的结果。这种变色没有化学反应发生，但它却是首饰变色、变脏，经常遇到的最直接的因素。

（二）K金首饰表面变色

K金首饰，长久佩戴后，部分首饰表面会失去光泽，出现诸如黑点、红点、白雾或颜色深浅不一等变色现象。造成K金首饰表面变色的原因主要有以下方面：

1. 与外界物质发生化学反应导致首饰腐蚀变色

K金是金与其他合金元素化合形成的金合金材料，最常使用的合金元素为铜、银、锌，白色K金还经常含有漂白元素镍，这些合金元素的化学稳定性比黄金差，首饰容易与化学物质产生反应，如汗液、化妆品（香水、防晒霜等）、化学药品等，长期使用中，也很容易与空气中的微量酸、碱、硫化物、卤化物起反应，从而使K金首饰变黄或变黑，引起首饰变色。其中，以铜为主要合金元素的玫瑰金首饰，其表面更是因为铜含量高，容易发生氧化、硫化腐蚀而变黯淡，如：

$$2Cu+CO_2+O_2+H_2O \Longrightarrow Cu(OH)_2CuCO_3（铜绿）$$

人体汗液是引起首饰腐蚀变色的主要环境因素，汗液中含有一些氯代物、乳酸、尿素等成分，它们能与铜、银等合金元素发生反应，产生深黑色的化学物质，从而使首饰发黑，还会掉落在皮肤上留下很明显的污渍。不同的人体质不同，汗液的腐蚀性也有一定差别，因此在佩戴同样的首饰时出现变色的时间和程度往往会有些不同。某些廉价的化妆品和染发剂中常含有铅元素，当金首饰遇到带有这样的化学物质就容易发黑。对于医护工作者和化学研究室工作人员，如果在日常工作的环境中佩戴K金首饰，容易因为周围环境的化学物质而发生变色。

K金首饰制作过程中，常需借助钎焊来组装部件、修补缺陷，为便于走焊到位，需要配制熔点低于基材、润湿性好、流平性好的焊料，其银含量通常要高一些。焊料与基材的成分差异，使得二者的化学、电化学性能不一致，焊接区将优先腐蚀导致变色。

2. 镀层磨损引起表面颜色反差

K金首饰表面经常进行电镀处理，特别是市场上常见的白色K金首饰，是黄金与银、锌、镍等金属，按一定比例熔炼后所得到的合金，其颜色虽然近似于白色，但或多或少都会带有一些黄色调。因此，在首饰制作过程中，通常都会在其表面镀上一层铑等金属。如果佩戴时间长了，且不注意保养，就会使镀层局部磨损，而呈现其本身的颜色，导致首饰表面颜色出现反差。

二、银首饰变黑

由于银的化学稳定性比金、铂差，因此白银与许多化学物质都会起反应而变黑，包括与剧毒品砒霜（As_2O_3）、卤化物（碘化物、溴化物、氯化物）和硫化物（包括硫化物和亚硫酸盐）。银与硫化氢的化学反应如下：

$$4Ag+2H_2S+O_2 \Longrightarrow 2Ag_2S+2H_2O$$

生活中这些物质常出现在我们周围，如空气中、厨房中就有 H_2S，食品中的皮蛋、腐乳、腌酸菜就含有亚硫酸盐，化妆品中的硫化物添加剂、硫磺香皂等洗涤用品、温泉和香水，它们与银首饰接触后，都会使银首饰表面生成黑色的硫化物。

此外，银首饰还易与臭氧发生化学反应，臭氧与银直接作用能生成灰黑色的氧化银。因此，一些空气负离子发生器、消毒柜（臭氧灭菌）周围均不宜放置银首饰。

要避免银首饰变黑，就不能与上述物质接触，一旦出现变黑现象，需要重新抛光或用专门的洗银液清洗。

三、铂金首饰表面变色现象

铂的化学性质非常稳定，一般情况下，不易变色。国家标准《首饰 贵金属纯度的规定及命名方法》（GB 11887—2012）除了对不同成色铂合金的最低含铂量，以及对人体健康有害的元素做了明确要求外，其他的金属元素没有做要求。

除了首饰生产制作过程中的质量问题外，铂金首饰表面变色的原因，可能存在以下几种情况：

① 铂金首饰掺杂的其他元素，这些杂质的存在可能会使它们的主体上出现红色、白色、紫色、黑色斑点状色区，这种颜色变化的面积会很小。

② 铂金首饰与黄金首饰一起佩戴，或在日常生活中与其他金属制品磕碰时，使铂金首饰表面，出现变黄的现象。由于两种首饰的材料不同，因此其首饰的硬度是有差异的，两者在使用过程中的摩擦，将黄金首饰摩擦到铂金首饰的表面。仔细观察首饰表面，这种颜色变化只出现在摩擦的部位，而且只是在表层，呈擦痕状，重新擦拭抛光后即可复原。

③ 铂金本身不会出现汞齐现象，但是如果铂金首饰中，掺杂有其他元素，却可以出现汞齐现象。汞可以与除铁以外的所有比它低序号的金属形成汞齐。若不注意与铂金首饰

接触，就会形成汞齐出现灰白色斑块。

④ 铂金首饰中含有其他元素。在含硫的环境下长时间放置，硫可能与其内部杂质元素发生反应而出现变色斑块。

第二节　贵金属首饰的保养与清洗

一、 贵金属首饰的佩戴注意事项

人们喜欢佩戴金银首饰。但由于佩戴保养不妥往往出现褪色、划痕、断裂等问题，影响美观。要使贵金属首饰较好地保持光泽，佩戴时应注意一些基本的事项。

佩戴足金首饰时，注意不要同其他较硬的物体碰撞或摩擦，因为纯金性能软，易磨损，如果与硬物接触，不但可使造型精美的首饰变形，而且还可使首饰表面损伤，产生擦痕，减弱了首饰表面对光的反射强度，降低了黄金的金属光泽。这样，不仅使首饰失去了美感，还降低了首饰的使用价值。在北方地区风沙较大的季节里佩戴足金饰品时，容易使饰品表面摩擦而失去光泽。佩戴纯金项链手链时，注意不要扣拉过猛；佩戴戒指耳环时，最好不要多次掰来掰去，以免发生断裂。

佩戴使用过程中要减少首饰与含汞、硫化物、氯化物等的物质接触，经常用适当的软布清洁首饰表面。尤其是白银首饰最怕潮湿，极易和空气中的硫起化学反应，表面会产生黑色的硫化银膜而导致银首饰发黑。佩戴银饰品时，应注意尽量使它少与香水、香粉、汗液和一些挥发性的工业废气接触。

二、 贵金属首饰的保养

人们在购买首饰时非常谨慎细心，但在佩戴中却常常忽视了保养。其实，保养不善，一件好的首饰，不但达不到装饰的效果，而且还损坏了其真正的价值，达不到装饰和保值的目的。因此，必须了解黄金珠宝的一般特性，加强对首饰的保养。

1. 经常除尘

首饰在使用过程中，由于空气中的尘埃和人体分泌的油脂，常嵌入首饰的缝隙之中。因此，首饰需经常除尘，以保持其应有的光泽。

除尘方法可用软毛刷轻刷、软布轻擦、胶皮气囊吹刷。

2. 经常清洗

由于化妆品、肥皂、洗涤用品、医药用品、大气与环境之中会有酸、碱、硫及其他化学污染物质，易引起首饰表面腐蚀出现斑点而变色。因此，首饰最好能经常清洗。

清洗方法：先在温水中倒入少量洗涤剂，将首饰放入用软刷轻刷，再用清水冲洗干净。随后用软布吸干擦净。如果还有潮湿感觉，可置于台灯下烘干，即可恢复光亮。

3. 经常上油

首饰的弹簧装置或小开关装置处要保持润滑并减少日常磨损，通常可在清洗后加 1～2 滴缝纫机油。缝纫机油易于挥发，便于清洗，不会构成油污。但需注意每次上油后，应用软布将粘在首饰上的多余油擦去，以避免粘灰。

4. 经常检查

检查首饰是否有异样，以便及时发现，予以解决。

5. 注意保存环境

首饰如果不使用，就要将它保存起来。在保存之前首先要清除首饰各个部位的污垢，以免使首饰有发生变异的条件。清除污垢后，注意要晾干、擦净。另外，要备一只密封性较好的盒子（最好是首饰专用盒）存放首饰，盒子的内衬用布或塑料均可，但大小要合适，一般是略大于首饰的容积，盒内铺些棉花或海绵，再准备一小包干燥剂，用纱布包好，把干净的首饰放入盒内，附上干燥剂，密封好盒盖，将盒子远离樟脑丸之类的物质，且周围尽量干燥。

保存一段时间后（一般半年至一年左右），要注意观察干燥剂是否返潮，如有返潮，应将干燥取出放在阳光下晒干后再使用。与此同时，可把首饰擦一擦，并且观察一下光泽是否有变化，如有变化应及时处理。而对一些较大的、做工精细的、带有艺术性的首饰，如果没有适当的盒具，可用透明的有机玻璃盒作为保存工具，这既保护了首饰，又能观赏到首饰，只是要避免阳光直射，且放置要安全，以防撞击。

三、 贵金属首饰的清洗

首饰的变色、变脏，不同程度地影响了其美感和外观，清洗已成了首饰行业的一个重要课题。从清洗方式来看，目前主要有两种手段：有损清洗和无损清洗。

所谓有损清洗，即利用化学反应除去首饰中的外来杂质。这种方式会使首饰损失一定的质量和成分。有损清洗最常使用的试剂（清洗剂）是王水。王水是强氧化酸性物质（由硝酸和盐酸按 3∶1 的比例配制而成）。它不但能与灰尘、油污等有机污垢反应，而且几乎能与首饰中的所有金属元素及其化合物在常温下反应，使金、银、铜、铂等部分损失进入溶液。这就是常说的"洗金"现象，进入王水溶液的黄金，经稀释以后可用其他活泼性的贱金属（如铝丝）进行还原。用王水清洗的首饰，外观上看不到明显的变化，但首饰的质量将会减小。一般来说，清洗时间越长，质量的损失也就越大。当然，除了王水以外，对于发生变色现象的某些首饰还可以用其他酸溶液处理。如 Cu_2O 就可以用 HNO_3 或 H_2SO_4 清洗，而对金没有影响，但有时会带进新的杂质而造成二次变色。

无损清洗主要处理灰尘、油污等有机物对首饰的污染。根据相似相溶原理，可使用有机试剂溶解清除首饰表面的有机污垢使其还原本色。可用的清洁剂有：丙酮、乙醚、乙醇、异丙醇，乙酸丁酯、洗洁精等。清洗方法也十分简单，只需把首饰放入溶液中搅拌片刻即可，溶液浓度要根据实际情况决定。对于佩戴时间长、污垢严重的首饰，为了加快清洗速度，可先在沸水里煮 10min 左右。若条件允许，也可直接在酒精喷灯上灼烧。最常用的清洗剂是乙醇溶液。下面就黄金首饰和白银首饰的常用清洗方法，分别介绍如下。

（一）黄金首饰的清洗

① 黄金首饰表面沾上污垢后，可用冲洗照片的显影粉，兑 30～40℃的温水冲成显影液，再加 1 倍清水稀释，将首饰放入浸泡几分钟后，再用软刷刷去污垢，然后用清水漂洗数次，即可使首饰恢复光泽。如在清洗后用一块细呢子蘸透明无色的指甲油薄薄地擦，也可使首饰变得金光灿灿。

此外，也可用有机溶剂溶解清除首饰表面的污垢。可用的清洁剂有：丙酮、乙醚、乙醇、异丙醇、洗洁精等，清洗方法十分简单，只需把首饰放入溶液中搅拌片刻即可，溶液浓度可根据实际情况决定。

② 金首饰泛白时可放在火里或酒精灯上烘烤一会，再用软布揩净，即可灿烂如新。

③ 金首饰褪色或轻微变黑时，可涂些牙膏，用软布反复擦拭，即可恢复颜色。

④ 如果金首饰严重变色，可用超声波清洗机或专用药水处理。超声波清洗机多利用超声波清洗液，在超声波的作用下不断摇动，而将首饰表面的污垢和变色去除掉。超声波洗涤液的标准配方如下：40℃温水 1000mL，无水铬酐 100g，硫酸 30mL。专用药水则是专门配制的稀硫酸溶液，以硫酸去斑法对金首饰进行清洗。

（二）白银首饰的清洗

1. 对于银白色有轻微变化的银首饰

这类银首饰，可用下述方法清洗：

① 用牙膏进行抛光。

② 用 $NaHCO_3$（小苏打）溶液浸泡后再用软刷刷干净进行抛光。

③ 用 50％以下浓度的草酸液浸泡。

上述方法均可去除银首饰表面轻微变化的色泽，使其变得光亮如新。

2. 对于受潮后发生斑迹的银首饰

这类银首饰，可用软布蘸取温热的食用醋擦拭，再用清水洗干净即可。也可用牙膏进行抛光。

3. 对于严重发黑的首饰

这类银首饰，可用以下方法清洗：

① 用 $NaHCO_3$（小苏打）溶液浸泡，再在首饰下加几块碎铝片，一起加热，即可去除黑斑，恢复原色。原理是铝与 $NaHCO_3$ 反应放出氢气，而氢气可很快使硫化黑斑还原为银并放出硫。

② 用 1％的热肥皂水溶液洗，再用硫化硫酸钠溶液润湿表面，然后用布擦，可使银首饰表面洁净。

③ 用超声波方法或家庭清洗方法在磷酸清洗液中进行清洗，这种方法最有效。磷酸清洗液配方如下：50℃温开水 1000mL，磷酸 200mL，浓缩洗衣粉 30g。这一配方的工作原理是，洗衣粉作催化剂，可加强液体浸润能力；磷酸作为反应剂，可与硫化银（Ag_2S）反应生成黄色的磷酸银沉淀；温开水作为稀释剂，可以加大除垢效果。

④ 用氨水溶液作为清洗液，这在传统首饰行中应用较广，但效果不如磷酸清洗液。

⑤ 在饱和硫代硫酸钠溶液中，在室温下浸泡并不断摆动工件，直至变色产物除净。

⑥ 室温下在含有硫脲 8%、浓盐酸 5.1%、水溶性香料 0.3%、湿润剂 0.5%、水 86.1%的溶液中浸泡直至变色产物除净。

通过以上的方法清洗，不仅可清洗掉首饰表面上的黑斑、灰尘和油污，还能恢复首饰原有的光泽，使其亮丽如新。

参考文献

[1] 高岩，王兴权，吕保国，等．贵金属在中国高新技术产业中的应用［J］．黄金，2017，38（9）：5-8.

[2] 王昶，申柯娅，李国忠．中国古代对黄金的认识和利用［J］．中国宝玉石，1998，（3）：48-50.

[3] 王昶，申柯娅．中国古代的白银及银币［J］．百科知识，2000，（4）：61-62.

[4] 朱佳芳．宋元时期首饰发展——以簪钗为例［J］．群文天地，2012，（6）：175-176.

[5] 扬之水．中国古代金银首饰［M］．北京：故宫出版社，2014.

[6] 陕西省考古研究院，德国美茵兹罗马-日耳曼中央博物馆．西安市唐代李倕墓冠饰的室内清理与复原［J］．考古，2018，（8）：44.

[7] 杨小林．中国细金工艺与文物［M］．北京：科学出版社，2008.

[8] 张盛康．老凤祥金银细工制作技艺［M］．上海：上海文化出版社，2012.

[9] 劳动和社会保障部，中国就业培训技术指导中心组织编写．贵金属首饰手工制作工［基础知识］［M］．北京：中国劳动社会保障出版社，2003.

[10] 陆太进，张健，兰延，等．千足金饰品表面"斑点"［C］//．珠宝与科技——中国珠宝首饰学术交流会论文集．北京：地质出版社，2013.

[11] 黄云光，王昶，袁军平．首饰制作工艺学［M］．武汉：中国地质大学出版社，2005.

[12] 张宏祥，王为．电镀工艺学［M］．天津：天津科学技术出版社，2001.

[13] 黄奇松．黄金首饰加工与鉴赏［M］．上海：上海科学技术出版社，2006.

[14] 杨如增，廖宗庭．首饰贵金属材料及工艺学［M］．上海：同济大学出版社，2002.

[15] 朱中一．金银首饰——鉴定·选购·维护［M］．武汉：中国地质大学出版社，1995.

[16] 唐克美，李苍彦．金银细金工艺和景泰蓝［M］．郑州：大象出版社，2004.

[17] 黎鼎鑫，王永录．贵金属提取与精炼［M］．长沙：中南大学出版社，2003.

[18] 刘道荣，丛桂新，王玉民，等．珠宝首饰镶嵌学［M］．天津：天津社会科学院出版社，1998.

[19] 邹宁馨，伏永和，高伟．现代首饰工艺与设计［M］．北京：中国纺织出版社，2005.

[20] 黎松强，吴馥萍，展漫军．18K金镀液的研制及黄金回收与精炼［J］．黄金，2001，22（5）：50-52.

[21] 孙仲鸣，周汉利，高汉成．21世纪首饰快速成形技术展望［J］．宝石和宝石学杂志，2004，6（4）：32-35.

[22] 金英福．电解铸造技术在首饰制作中的应用研究［J］．铸造技术，2004，25（6）：448-449.

[23] 赵怀志，宁远涛．古代中国的金银检测技术［J］．贵金属，2001，22（2）：43-48.

[24] 章晓兰，廖立兵，梁育林．贵金属首饰品精铸原料的研制［J］．矿物岩石地球化学通报，1998，17（2）：127-128.

[25] 金英福．基于蜜蜡制作首饰模型的研究［J］．宝石和宝石学杂志，2006，8（1）：30-32.

[26] 许珠信．精密铸造法首饰加工［J］．黄金，2004，25（1）：46-50.

[27] 陈澎旭，白晓军，李梦奇，等．饰品用银合金添加元素研究进展［J］．黄金，2006，27（7）：54-56.

[28] 吴馥萍．首饰工艺品光亮镀金锑研究［J］．海南大学学报自然科学版，1994，12（3）：7-13.

[29] 金英福．首饰精密铸造过程中的影响因素分析［J］．铸造技术，2005，26（7）：632-633.

[30] 张永俐，李关芳．首饰用开金合金的研究与发展（1）：彩色及白色开金合金［J］．2004，25（1）：46-54.

[31] 张永俐，李关芳．首饰用开金合金的研究与发展（2）：首饰开金合金的冶金学特性及强化机制［J］．贵金属，2004，25（2）：41-47.

[32] 朱荣兴．水平连续铸造技术在金银加工中的应用［J］．贵金属，2000，21（2）：30-34.

[33] 金英福．完善首饰精密铸造模型的工艺实践［J］．铸造技术，2006，27（5）：454-457.

[34] 孙仲鸣．新型贵金属材料工艺与首饰制造业的发展［J］．珠宝科技，2002，14（1）：26-30.

[35] Dabala M, Mafreini M, Poloero M, et al. Production and characterization of 18 karat white gold alloys conforming to European Directive 94/27CE［J］. Gold Technology, 1999, 5：29-31.

[36] 胡楚雁，邵敏．首饰镶嵌工艺类型的分类探讨［J］．珠宝科技，2003，15（3）：53-54.

[37] 袁军平，王昶，申柯娅．首饰蜡镶铸造中宝石失色问题的探讨［J］．宝石和宝石学杂志，2005，7（2）：25-26.

[38] 袁军平，王昶，申柯娅．蜡镶铸造技术在首饰制作中的应用研究［J］．宝石和宝石学杂志，2006，8（1）：

26-29.

[39] 康俊峰. 铂金首饰磨屑的处理 [J]. 有色矿冶, 2002, 18 (6): 24-25.

[40] 付明. 氰化镀银的回收及再利用 [J]. 材料保护, 1999, 32 (7): 18-19.

[41] 袁军平, 王昶, 申柯娅. 现代首饰熔模铸造设备进展概况 [J]. 中国铸造装备与技术, 2006 (3): 26-28.

[42] 巩春龙, 杜淑芬, 张微. 离子交换树脂处理含氰废水的试验研究 [J]. 黄金, 2007, 28 (2): 51-52.

[43] 杨富陶, 周世平, 李季, 等. 微量 Mn 对纯银的性能影响 [J]. 贵金属, 2002, 23 (4): 29-32.

[44] 黎松强, 吴馥萍. 金的化学镀 [J]. 黄金, 2005, 26 (1): 7-9.

[45] 邓小琼, 买潇, 方诗彬. 贵金属饰品表面变色现象分析 [J]. 中国宝玉石, 2011, (5): 120-121.

[46] 吴嵩, 许雅, 李晨光. 常见黄金表面的变色现象 [J]. 上海计量测试, 2012, (4): 13-15.

参 考 文 献